Design Courses for Higher Education
Design Theory Series

高等学校艺术设计学科教材
设计学系列

设计管理

Design Management

熊 嬿 编著

东南大学出版社 ·南京·

图书在版编目(CIP)数据

设计管理/熊嫕 编著. —南京：东南大学出版社，2009.10 (2015.9 重印)

ISBN 978-7-5641-1803-7

Ⅰ. 设… Ⅱ. 熊… Ⅲ. 设计-管理 Ⅳ. TB47

中国版本图书馆 CIP 数据核字(2009)第 135047 号

东南大学出版社出版发行

(南京四牌楼 2 号 邮编 210096)

出版人：江建中

江苏省新华书店经销 扬州鑫华印刷有限公司印刷

开本：787mm×1092mm 1/16 印张：18 字数：440 千字

2009 年 10 月第 1 版 2015 年 9 月第 4 次印刷

ISBN 978-7-5641-1803-7

印数：6001~7500 册 定价：42.00 元

(凡因印装质量问题，可直接向读者服务部调换。电话：025-83792328)

"设计学系列"丛书
前言

邬烈炎

"设计像科学那样，与其说是一门学科，不如说是以共同的学术途径、共同的语言体系和共同的程序，予以统一的一类学科。设计像科学那样，是观察世界和使世界结构化的一种方法，因此，设计可以扩展应用到我们希望以设计者身份去注意的一切现象，正像科学可以应用到我们希望给以科学研究的一切现象那样"①。设计学家阿克在《设计研究的本质述评》中对"设计"作出的阐释，渲染了它作为一门学科的学术性色彩，使"设计"与"设计学"之间的界限变得模糊。

长期以来，人们都将设计的学科性质定位为"边缘学科"、"交叉学科"、"综合性学科"，如"设计学是以人类设计行为的全过程和它所涉及的主观和客观因素为对象，涉及哲学、美学、艺术学、心理学、管理学、经济学、方法学等诸多学科的边缘学科"②。

可以认为，艺术设计是所有艺术门类中发展最为迅速的门类，也是高等教育中发展最为迅速的学科。作为一门新兴学科，虽然艺术设计的学科体系仍处于不断发展与完善的阶段，其知识内容仍处于不断建构与重构状态，但它已成为一门具有本体意义的、具有独立价值的学科门类乃是不争的事实，于是已有专家建议主管部门在学科门类、序列中将其单列，使它不再隶属于"文学"乃至"艺术学"的门类之下。而设计学则相反，是发展较为缓慢的学术领域，它在学科建设、课程建设和基础理论研究方面严重滞后，其基本事实是：从设计内在意义——事理学学理上描述历史发展与形态演化的并具有历史学价值的设计史著作还未出现，从作为"人为事物的"科学或"人工科学"的内在逻辑关系上论述"设计原理"的著述也还未问世，设计概论、设计美学、设计原理、设计学原理被混为一谈，大多停留于简史、分类、特性等一般格式的重复。设计心理学、设计符号学与语义学、设计方法论、设计管理学则处于名词解读与常识阐释的起步阶段，而设计批评学、设计思维与创意学、设计文化学等仍属空白。

设计学的内部结构与作为学科的知识体系正在被人们试图解读，一本《现代设计史》被克隆出数十种教材，而某些似是而非的理论又被迅速发展的学科数量，因扩招而迅速增长的学生人数，及非专业意义上的教师所授课程而误传。

---

① 朱铭、奚传绩主编：《设计艺术教育大事典》，山东教育出版社，2002年版，第4页。
② 朱铭、奚传绩主编：《设计艺术教育大事典》，山东教育出版社，2002年版，第205页。

学科与理论的缺项实际上也反映了课程设置的缺项与课程结构的偏颇，设计学——设计史、设计理论、设计批评等课程，与设计基础、专业设计是艺术设计专业课程群中的三大组成部分，显然，它在受重视程度方面，在课时、质量等方面，远未达到与后两者同等的程度，设计史与设计概论课程成为一种点缀或摆设。

因此，虽然我国设计教育界已经编著出版了为数不少的“设计概论”或“设计史”，但设计学领域仍有太多的空白有待填补，仍有巨大的空间可以开拓。本丛书的编著即是立足于当代设计实践与设计理论发展的新状况，立足于当代理论视野—当代设计景观，立足于设计学学科的研究、教学等发展现实及趋势。这一立足点的选择规定了本丛书的理论叙述取向、知识框架与设计视觉景观，决定了其体例、方法论关键词及讲授重心。这一切构成了它的一种令人兴奋的挑战性的阅读张力。

设计学系列教材的编写，以逐步建构设计艺术学学科的课程结构与教学体系为基本目标，具有理论研究与教学教材的双重性，又不乏设计艺术学科各专业发展的适用性与广泛性。着眼于各类高等教育中的艺术设计学学科的课程教学，也可用于研究生的参考与辅助读物，还可供其他设计研究者参考。

设计学系列教材在设计对象、设计问题结构、设计的价值形态等方面表达一系列见解，进而对设计媒介、设计文本、设计语义、设计体验、设计语境、设计文化、设计审美、设计批评等问题进行全面而深入的论述。还就后现代语境、设计的全球化现象、数码技术对设计的影响、反审美、无意识的商品化、后情感与惊慕体验、异趣沟通等概念与新现象方面作出敏锐的剖析。

事实上，正是理论研究、教学实践与教学编写三者的互动关系真正推动了设计学学科的发展，理论研究梳理历史演进的线索，从设计现象中挖掘具有规律价值的内在逻辑，建构原创性的知识；而教学经过课程设计、实施及相应的课题设计与作业安排，将理论与知识进行具有实验性、虚拟性与游戏性的验证与演绎，而教材则将知识秩序化，编织成清晰的可供操作的规则。于是，设计学丛书的编写出版将在其中起到独特的作用。

目 录

CONTENTS

设计管理

1 历史与理论

2 课程与课题

3 案 例

4 阅读与思考

引 言

这是一本写给初涉“艺术设计”、想了解“设计管理”的学生看的书。

除了对设计管理基础知识进行介绍，这本书最大的篇幅用在“课程与课题”和“阅读与思考”两部分。截至 2008 年 12 月，国内出版的设计管理教材已有十余种，各有侧重，与设计管理相关的高层论坛、研讨也越来越多。其中，对设计管理教学的分析基本是以学术论文形式出现，对具体课程细节的记述不多。从学生的反馈看，现有的设计管理教材显得比较专深，选取的大部分案例偏向产品设计专业，艺术设计专业本科低年级学生和跨专业学习的研究生希望能够有“浅”一些的读本。因此，本教材的编写就是一种尝试。

设计管理的研究内容很广泛，这一学科领域涵盖了与设计相关的纯理论、实践理论和实践行为三个层面的内容，当我们将研究对象按照这三个层面进行分类的时候，可以获得一个清晰的研究框架：首先，设计管理研究包含基础理论研究，如设计管理的思想源起、学科性质、研究对象、发展趋势、研究价值等，因为基础理论研究的难度较大，国内外可以借鉴的资料比较少，这部分内容受到的关注相对也较少；其次，设计管理研究包含分述理论研究，涉及如平面设计、动画设计、多媒体设计、染织服装设计、装饰艺术设计、产品设计、建筑设计、环境设计等多种设计门类，分述理论是对基础理论研究的专门化和细化，设计管理分述理论研究的发展表现出不均衡的状态，国内目前直接、间接以“设计管理”概念出现的研究成果集中在工科院校的产品设计领域，此外，建筑设计管理、机械设计管理、工程管理等研究早已自成系统；再次，设计管理研究还包含了应用理论研究，如从不同专业、行业的设计案例看设计管理，通过对设计行为和设计价值的分解、细化来了解设计管理的具体操作方式，这方面的成果比较丰富，因为一旦设计由创意转化为可见、可用的消费品，它也就会成为市场、品牌、文化等众多研究领域共同关注的话题。

为了便于理解，我们首先给设计管理几种基本定义：从实践层面看，设计管理是对可供自己支配的设计资源的分析、提炼和合理配置，倾向于项目与过程管理；从理论层面看，设计管理是对设计、设计服务对象及其价值系统的思考和把握，倾向于目标与策略管理；从评价系统看，设计管理是对设计专业、设计职业、设计行业、设计产业及其服务对象总体利益的论证和呈现，倾向于战略分析和标准建立。这三点也是设计管理者需要把握的基本内容，其中，“责任设计意识”是我们从事设计管理工作的大前提。

根据上述写作目的和研究对象的层次梳理，本教材分为四部分(四篇)内容，分别是：第一篇、历史与理论；第二篇、课程与课题；第三篇、案例；第四篇、阅读与思考。

第一篇 历史与理论

作为一门学科而言，设计管理(Design Management)的历史很短，直到今天，“设计管理学”仍然是一个未成形的概念。但人类的设计活动和管理活动自人类文明出现之时便已产生，不同地域、不同时代的文明成果都留给我们很多具有阅读价值的故事和经验。因此，设计管理面对的知识成果很丰富。

与20世纪后半期相比，21世纪的学者、设计师、企业家对设计管理的兴趣明显提升，越来越多的人意识到“设计资源的分析、提炼和合理配置”的重要性，这正是设计管理者的职责所在。几乎所有的研究者都认为“设计管理者”应该是一个知识渊博、思维敏捷、组织和行动能力强的人，这里的知识，除了指专业设计知识，更重要的是与设计生成相关的思想、技术、经济、文化等领域的知识，这要求设计管理者必须能够梳理和应用学科历史与理论知识。

了解历史与理论，其实是为自己明确一个学习坐标：历史帮助我们回顾前人的努力、出现的问题；理论帮助我们思考各种知识的价值、了解时代动态，作出判断与决策。

第一章　设计管理的基本概念

第一节　概念界定与认知

一、Design Management 概念提出

设计管理译自英文 Design Management，这一概念是 20 世纪 60 年代由英国人首创，随后在美国得到了全面推广。

1964 年，英国工业设计委员会（Industrial Design Council，1972 年改名为 Design Council，英国设计委员会）初次提议设立（工业）设计管理奖，英国政府采纳了这一建议。1965 年在英国皇家艺术学会（RSA）[1]产生第一届设计管理总统奖（Presidential Awards for Design Management），其目的是为了凸显在英国政府控制下的商业和工业组织中实施设计政策的优秀案例，只要是坚持在设计管理的各个层面达到委员会既定标准的组织，无论企业大小，无论项目大小，都可以获得此项大奖。这一奖项的设立在一定程度上刺激了英国商业企业和工业组织对设计及其合理化操作方式的重视，并让企业管理者们意识到，对于企业而言，设计不只是一项工作或专业技术，而是一种具有战略意义的生存和发展工具。

与此同时，针对设计管理的个人研究也正在展开。一般认为，初次将设计管理作为学术研究对象，并对其概念、内涵进行明确界定和分析的研究者，是英国设计师 Michael Farr。1965 年，英国工业设计杂志（*Industrial Design*）刊登 Farr 的论文"*Design Management*"，文中将设计管理定义为："界定设计的问题，寻找合适的设计师，且尽可能地使设计师在既定的时间和预算内解决设计的问题。"[2]这一表述已经被众多设计管理研究者引述，它包含了对设计、设计师和设计效用问题的关系思考，成为设计管理的经典定义。

继英国之后，美国学者开始更全面的设计管理研究。1975 年，美国设计管理协会（DMI：Design Management Institute，图

图 1-1 美国设计管理协会网站:http://www.dmi.org

图 1-2 国际工业设计联盟网站:http://www.icsid.org

1-1)在波士顿马萨诸塞学院成立,将已经在美国社会扮演重要角色的商业设计推向企业发展战略的高度,并使得设计管理研究的重心由英国转向美国。1985 年,美国设计管理协会脱离马萨诸塞学院而发展成为一个非营利性质的独立组织,确立了会员制度。此后,与设计管理相关的重要活动几乎都由美国设计管理协会组织,如与哈佛商学院合作推出第一个针对设计管理的国际研究项目"TRIAD"、出版《设计管理回顾》、设置"设计管理专业发展课程"、举办设计管理国际会议等等,DMI 的缩写渐渐被世界各地的研究者认同,最终成为这一研究领域的权威机构。

由于美国设计管理协会对"设计管理"卓有成效的推广,1989 年,国际工业设计联盟(ISCID: International Council of Society of Industrial Design,图 1-2)在日本名古屋召开会议,开始将设计管理问题作为一个重要议题,世界范围的设计管理研究就此展开,这一概念更在 21 世纪成为设计研究的热点话题。设计历史上的一些经典产品被不同国家的研究者重新解读,公司(Corporations)、交易(Business)、市场(Market)成为设计研究新兴的关键词,彼得·贝伦斯(Peter Behrens,1868—1940)与德国通用电器公司(AEG)、意大利奥利维蒂公司(Olivetti)、美国赫尔曼·米勒公司(Herman Miller)、荷兰飞利浦公司(Philips)等都成为设计管理研究的主要案例。这样,设计(Design)与管理(Management)这两个原本各自独立的单词组合之后,形成一种更复杂多义的研究体系。

事实上,设计管理概念的瞬间推广并非偶然,自 1851 年英国伦敦举办第一届世界工业博览会之后,设计研究者们对工业艺术方法、工业设计程序等相关话题的理论思考至少积蓄了一个世纪。可以说,设计管理的思想早在工业革命刚刚启动的时候便已萌生:正是因为机器生产带来的劳动分工细化,使得由合作完成的设计团队创作渐渐取代了传统手工设计制造中的个人力量。此外,正如设计史并不排斥将手工生产的历史视为古代设计的一部分,设计管理的思想同样也可以在工业社会之前的手工业行业中找到传承的痕迹,尤其是工业革命前后的社会生产方式转型阶段,通过早期的设计师群体和设计组织可以很清楚地看到设计管理是如何悄然渗透至艺术、技术、工艺、工业及商业之间,那段历史也告诉我们原初状态的设计管理其实就是培养设计协作关系,这是我们在阅读设计史的时候可以稍加注意的。

二、Design Management 概念拓展

自20世纪60年代初显设计管理的研究价值至今，近半个世纪过去，设计管理的内涵越来越丰富，设计学、管理学、市场学、传播学、社会学等众多学科都开始在这个话题上聚焦，随着设计理论研究本身的不断发展，设计与设计管理的交集也在迅速扩大。通过德国、英国、美国、日本等设计发达国家的设计研究专著、文献便可以感受到设计管理研究与设计研究的焦点问题基本是一致的：设计目的、设计程序、设计方法和效率等等，只是设计管理相对更依赖于实践经验带来的归纳与判断，也更容易给人一种"企业化"、"市场化"的导向。随着"设计战略"、"设计政策"、"设计产业"等概念的出现，设计管理所涉及的已经不仅仅是将管理学的原理导入设计，而表现出一种整合多种学科研究话题的趋势。

"狭义的理解，设计管理存在于设计事务所、设计咨询公司、企业设计部门等设计机构和团体中。广义的理解，一个国家或地区的设计政策和设计促进活动也可归入设计管理的研究范围。"[3]这种分析赋予设计管理的内涵以很大的弹性，包括基本研究范畴、要素以及若干关系研究，如设计管理与设计文化、设计管理与设计产业、设计管理与设计政策等等。根据这样的理解，我们可以将设计管理知识视为一种专业常识，它体现一个从事设计专业和设计研究的人对于本专业的理解程度和宏观把握，也体现设计者为了一定的社会目标，将自己可以支配的智力资源、物质资源有效组织和运作的全过程；从社会的角度看，不同国家、地区的设计管理研究水准将影响着全球设计资源的整合力度和作用方向。

三、解读 Design Management 的几种基本思路

设计管理呈现出各种复杂和不确定的理解方式，为了便于掌握它的核心内容，这里提供几种基本思路作为参考。

1. **设计管理的学科属性**：设计管理被视为一门交叉学科，是用管理学的基本原理和研究方法对人的设计行为进行分析和再造，使之更加合理、更加高效。因此，设计管理是理论与实践相互检证、相互磨合的产物。

2. **设计管理的研究目的**：设计者希望获得清晰的设计程序和卓越的设计成果；企业管理者期待能够有效地组织各种设计资源，以实现产品创新，强化企业竞争力。对设计师而言，设计

管理研究可以帮助他们了解如何通过管理获得“好”的程序和结果。而对于管理者而言，设计管理研究涉及的设计类专业知识可以帮助他们了解“创新”的标准与趋势，做出正确的设计决策。

3. **设计管理的研究层次**：可以分解出宏观层面的设计战略、策略管理（指向社会形态构成），中观层面的设计组织、资源管理（指向企业形态构成）以及微观层面的设计营销、程序管理（指向设计项目形态构成）等。对于研究层次的把握有助于确定对象，并对实际项目进行定位和归类。

4. **设计管理的研究要素**：人和人造物是最基本的研究要素。但是，无论是作为研究的主体或客体，人与人、人与物、物与物之间的“关系把握”比简单的要素认知困难得多，这也正是设计管理的变数所在。处在关系中心的设计管理者需要具备敏锐的洞察能力和成熟的理解能力才能找准问题的症结、控制项目的进展，因此，设计管理者的专业知识结构、职业素养和工作方式成为设计管理研究的主要内容。

5. **设计管理的研究价值**：主要体现在对设计附加值的总体提升。它不仅仅是指一个项目或一件作品的意义，而是指整个设计学科对社会生产、社会形态、社会发展等方面的影响，其中，人造物质系统的净化与人类社会的持续发展是设计研究者们最宏大的理想，而设计管理研究可以帮助我们更高效地将理想转化为现实。

第二节　几种英文出版物

自 Design Management 概念及其内涵正式发表，英美政府、高校纷纷建立设计管理研究机构，更专业化的出版物也越来越多，了解国际设计管理出版物有助于明晰这一概念的多重含义和研究者们的研究动机、方法与目的，此处简要介绍几种比较重要的英文出版物。

一、Peter Gorb：*Design Management*[4]

伦敦商学院（LBS：London Business School）教授彼得·高博（Peter Gorb）是推动设计管理研究的代表人物。早在 1976 年，伦敦商学院便设立相应机构从事设计管理教学与研究，同年，高博提出了“设计分类”的观点，对于设计管理研究工作的细化起了推动作用。1982 年，学院成立了设计管理学会，有更多专职人员从事相关研究，设计管理的概念也因此得到极大丰富。

1990年,伦敦建筑设计与技术出版社出版高博编著的《设计管理》论文集,收录了15位研究者的14篇文章。这本书分为"观点"和"案例"两部分。"观点"有6篇文章:"有效利用设计";"为什么设计难以管理";"工业和设计";"设计的社会心理学";"设计、商业和文化";"设计作为企业武器"。"案例"有8篇文章:"设计、产品计划和远景";"英国铁路设计管理";"将设计导入管理";"合脚的设计";"设计和策略转换";"理查兹的设计管理";"企业策略实施";"为了利润的设计"。

在这本书的前言和简介中,高博以一个问题作为标题:"什么是设计管理?"文章从设计管理的定义、设计分类、设计如何被管理以及设计组织等几方面对这一问题进行了分析。高博认为:"设计管理是指部门经理有效配置各种设计资源,使之形成一定的组织,并完成项目所希望达到的要求。"

高博将设计分为产品设计、环境设计、信息设计和企业形象系统设计四种。如何对这四种设计进行管理,他提出以下几点:

首先,无论在何种条件下,企业形象系统设计始终应处于最核心的位置,只有这样才能全面影响和调整商业运行中不同的设计活动。然而,每一类设计活动都需要用一种与企业组织方式本身相关的方法进行管理,如果条件允许,则产品设计是进行市场区隔的必然方式。因为产品设计更易展现风格,并直接与业绩相关。部门经理们往往更多陷入产品设计管理的情境,但他们自己有时并不能意识到这一点。而信息设计同样需要认真操作,它通过包装与广告和产品设计紧密联系在一起。环境设计管理往往表现出连续或非连续的突变中:企业的主要投资策略设计总是由外部咨询专家决定,他们常常身处更大的企业中。然而这样的投资计划的维护又往往掌握在设备(资源)经理手中,他们是快速成长的受过设计训练的专业人员。部门经理们更不愿意受到环境设计的控制,除非企业处于一种连续环境的不连续的运作中。最显著的例子便是多种零售业主、银行家和酿酒厂老板、餐馆或旅馆经营者以及更多的信息服务业。

至于设计组织,高博认为这比定义设计管理要困难。设计管理如何可以被有效组织、运作,并不像文字概念那样可以清晰化,但设计界的价值可以通过专业培训认识。高博认为伦敦商学院的研究揭示了一个事实,即:"很多管理者并没有意识到自己正在从事设计、管理设计。多姆斯(Dumas)将这种现象称为'沉默的设计'。而设计管理研究者的任务正是在于通过一系列的培训使设计管理的应用达到完美状态。"

二、Mark Oakley:*Design Management*[5]

早在1970年,马克·欧克利(Mark Oakley)就推出了“设计草案管理”的概念(The Managing Design Initiative)。1990年,他组织了四十多位学者分别撰文提出各自对设计管理及相关问题的见解,是对设计管理问题最集中的一次大探讨。

这本论文集分为7部分,收录45篇文章。

第1部分“设计与设计管理”,包含6篇论文:“设计和设计管理”;“设计及其管理的未来”;“伦敦的设计管理”;“奥利维蒂(Olivetti)的设计管理”;“邦和奥卢夫森(Bang & Olufsen)的设计管理”;“设计完善:阶梯与途径”。

第2部分“商业环境”,包含6篇论文:“产品设计和企业业绩”;“设计管理中的新回应”;“将设计作为战略管理工具”;“设计管理的十二条原则”;“设计作为商业战略”;“政策、目标与标准”。

第3部分“企业设计管理的方法”,包含7篇论文:“发展一种企业(管理)的方法”;“产品创新程序管理”;“福特打破底特律模式”;“管理者和设计师:两个作战部落?”;“设计:组织和测评”;“穿越组织边界的管理”;“企业形象”。

第4部分“设计程序的本质”,包含8篇论文:“设计项目准备工作”;“设计程序的本质”;“工程设计的系统方法”;“概念中的工程设计”;“生命周期设计”;“创意方法”;“视觉:图片带来的创意”;“企业形象设计中的信息角色”。

第5部分“市场与设计的链接”,包含6篇论文:“关于设计的未来”;“市场与设计的链接”;“稳健性设计和产品设计家族”;“计划、摘要和规范”;“前瞻性设计”;“用设计去创新”。

第6部分“管理设计项目”包含7篇论文:“组织和管理一个设计团队”;“产品评估”;“设计评估”;“管理设计师”;“实践中的设计保护”;“委任与许可”;“具有持续竞争力的产品设计”。

第7部分“面向未来”包含5篇论文:“日本企业战略”;“未来:设计与新技术”;“设计和管理教育的新趋势”;“成千上万的目标:发展或更新?”;“结论:设计策略”。

论文集的首篇文字奠定了这本书的阅读态度,欧克利在其中写道:“这不是一本介绍设计技能的书,也不是为了宣扬设计师如何运用技能,更不是想将管理者变为设计师。所有的一切也许只是为了让大家更好地理解设计师实际在‘做’的事情。”

三、Margaret Bruce, Rachel Cooper: *Marketing and Design Management*[6]

这是由马格瑞特·布鲁斯(Margaret Bruce)和雷切尔·库珀(Rachel Cooper)编写的一本论文集,收录了10位研究者的11篇文章,谈的较多的是设计项目管理。论文集分为三部分:设计与市场;案例;学术论文。

"设计与市场"收录三篇文章:"设计及其组织";"市场和设计:一组工作关系"以及"有效利用设计"。

"案例"收录四篇文章:"设计专利实践:Irgo-Pic";"一个设计管理的专用方法:皇家邮政";"Stirling Cooper:设计程序";"一个商标改进计划:咖啡奶酪"。

"学术论文"收录四篇文章:"沉默的设计";"设计投资中的商业冲突";"设计:一个强大却被忽视的战略工具";"R&D关系管理与新产品研发项目的市场调查"。

此外,还有不少研究者撰写了设计项目管理方面的专著,如1979年,艾伦·托普里安(Alan Toplian)的著作 *Design Project Management*[7],于1980年由英国联合商业出版社出版,这是较早针对设计项目管理的细节问题进行分析的著作,此后,设计项目一词也成为设计管理研究的主要对象。托普里安拟订了8个问题展开设计项目管理的讨论,如:"设计过程的意义及控制";"问题、设计问题以及不同类型的设计项目";"设计项目中的前项目阶段:纲要准备工作";"什么类型的设计项目团队?";"你认为自己需要一位企业设计经理吗?"等等,这些问题可以视为对设计管理实施层面即微观层面的解析。又如格瑞夫·博伊尔(Griff Boyle)编写的 *Design Project Management*[8] 通过10个问题分析了设计项目管理:①设计管理的要点;②委托团队的信息汇编;③简报步骤;④设计顾问列表;⑤观念和估价建议陈述;⑥设计顾问委任;⑦设计研发、设计协调和信息管理;⑧项目承包人的投标和合同策略;⑨项目管理;⑩结项任务评价。

当我们把这些论著的主要论题并置在一起,可以获得一个基本印象,早期设计管理研究者关注较多的还是产品设计领域,这一事实也直接影响到中国设计管理研究的侧重,而设计管理的基本原理并没有得到更多的关注,它实质就是 Toplian 提出的"问题、设计问题以及不同类型的设计项目",设计管理学习也需要自问:究竟如何让"问题"和"设计"的现实状态产生关联。

四、Brigitte Borja de Mozota[9]:*Design Management*:*Using Design to Build Brand Value and Corporate Innovation*

2003 年,纽约奥尔沃斯出版社(Allworth Press)出版了布丽吉特·博尔雅·德莫索塔(Brigitte Borja de Mozota)撰写的专著——《设计管理:设计构建品牌价值与企业创新模式》,这是当代设计管理研究比较重要的一本著作,也是法国学者迄今撰写的第一本设计管理专著。

在这本书里,作者用三篇内容介绍了她对设计管理研究对象的理解:

第 1 篇"设计管理的基础问题"包含四章内容:设计的范畴;设计史:企业家肖像;设计和经营业绩;设计管理。

第 2 篇"设计的价值"包含三章内容:设计与市场——设计的差异性;设计与创新——设计的共生性;设计与策略——设计的转换。

第 3 篇"实践过程中的设计管理"包含四章内容:设计公司;经营性设计管理;功能性设计管理:管理设计部门;策略性设计管理。

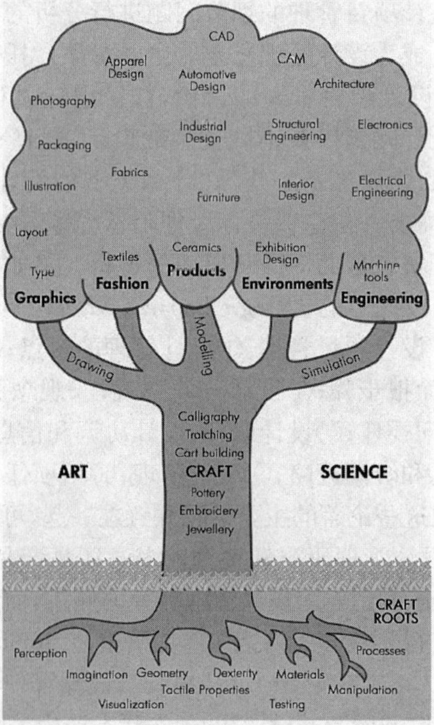

设计之树

2007年，市场学研究者马里奥·维兰蒂(Mario Vellandi)在阅读了布丽吉特的专著后，按照大卫·沃克(David Walker)的设计构想，描绘了这个设计之树(A Design Tree)，将现有设计门类和各自的研究缘起与范畴进行了比较直观的表达。

小　结

从概念形成到分述理论形成，从英美研究阵营到全球范围的探讨，设计管理经历了半个世纪的论证和充实，在这个过程中，设计历史与理论研究的方式、重心也影响着设计管理研究的趋势。这里存在几种共生模式：历史研究、思想研究、方法研究，因此，设计管理知识的完整获得还取决于读者对设计原理、设计史、设计方法、设计批评等相关知识的了解，也就是说，这一课程想在本科阶段运行良好，还需要一个相辅相成的课程群。

知识点

1. 设计管理概念的提出及其背景。
2. 解读设计管理的基本思路。

第二章 历史回顾:设计管理意识的萌芽与成熟

第一节 工业革命催生现代设计

工业革命改变了世界,也催生了现代设计。

工业革命之前,艺术家和手工艺人实际承担着不同阶层人群(包括自己)的日常生活用品设计。工业革命以后,针对“工业产品”和“消费社会”出现的专门人才需求,刺激了设计师职业的形成。19世纪末至20世纪初期,与设计师职业化过程同步出现的,是设计的组织化、产业化。这是手工生产与设计方式向工业生产与设计方式转型的关键时期,设计、生产、销售、消费、使用等各个环节比手工业时代更具独立性,而它们之间的关系又比以往更复杂,并共同为逐渐成型的各种产业链条提供动力。

工业革命起源于英国,因而对“现代设计”的思考也首先出现在英国,无论是理论或实践,19世纪前后的英国都表现出一种领袖气质,毫无疑问成为欧洲现代设计思想启蒙的中心。但是,这个中心在20世纪有所转移,艺术史学家尼古拉斯·佩夫斯纳(Nikolaus Pevsner,1902—1983)曾经这样分析“转移”的原因:“其中一个原因可能是:只要这种新风格实际上只是和上层富裕阶级有关,那么英国可以为之付出代价。但当这件事一旦把全体人民都卷了进去,别的国家就会跃居于领先地位,这些国家从来没有生活在、或者不再生活在‘古代政体’的氛围之中,这些国家也不能接受、或者并不了解英国的特权阶级和生活在城市郊区与贫民窟中的阶级在教育程度和社会地位上的强烈对比。”而德国和美国继英国之后成为设计思想和设计实践的主要实验场,正因为这两个国家此时都在奋力通过设计、设计师、设计教育进行各种社会改造,特别是美国积极兴起的“大众”意识形态塑造和物质生活革命。20世纪中后期,世界设计进入全面发展时期,各知识领域和地域的协作关系得到加强,法国、意大利、奥地利、西班牙、荷兰、比利时、斯堪的纳维亚地区以及亚洲的日本、韩国、新加坡纷纷推出把设计作为企业发展战略甚至国家发展战略的具体计划，设计管理成为新兴话题也就不足为奇。

从19世纪的生产方式转型到20世纪的消费社会形成，逐渐走向职业化发展的设计师在寻找一些可靠的组织或集群形式共同应对工业生产中对艺术和技术提出的全新要求。分散在世界各地的早期的设计组织，虽然并没有形成清晰的组织章程和战略发展思路，却已经萌生了设计管理最朴素的观念：联合一切可以联合的资源——手工艺者、建筑师、商人、艺术家——实现艺术设计的共同目标。

第二节　艺术与手工艺运动时期的设计组织：提升潜在的专业设计水准

19世纪中期出现的艺术与手工艺运动不仅仅是设计历史上的重要变革，也是设计管理意识萌芽的重要事件，其间酝酿的设计思想、设计组织已经模糊地指向了“专业设计”，也指向了专业设计的若干形态：手工艺设计、建筑设计、工业设计、艺术设计。1851年的水晶宫世界博览会实质已经表现出对于独立的设计人才的需求，而对水晶宫及其内部展品感到失望的是一些真正的艺术家们。

一、莫里斯、福克纳和马歇尔公司（Morris & Co.）

普金（A. W. Pugin，1812—1852）、拉斯金（John Rusikin，1819—1900）、森帕尔（Gotried Semper，1803—1879）、莫里斯（William Morris，1834—1896）等众多设计史上的著名人物，对工业革命以后的设计行为方式进行了重要探索，其中，以莫里斯做出的实践成果最为丰盛。莫里斯公司（Morris & Co. 图1-3）是莫里斯与马歇尔（P. Marshall）、福克纳（Ch. Faulkner）在拉斯金的参与下，完全按照艺术与手工艺运动的主旨开办的实业，目的在于改善大众的生活品味和审美情趣。此外，莫里斯还参与创办了手工艺研究同业行会、保护古建筑协会等，这些努力也直接影响着更多国家创办各种手工艺协会，以提升工业生产模式下手工艺术品的设计水准。

图1-3　现在，以William Morris为关键词进行网络检索，可以看到大量历史文献和历史资源的整合与利用，莫里斯、福克纳和马歇尔公司网站是其中之一：www.william—morris.co.uk

二、世纪行会(The Century Guild)

1882 年,麦克默多(Arthur Heygate Mackmurdo,1851—1942)在伦敦创建世纪行会。作为自由设计师组成的团体,行会的主旨也显得充满激情:提升设计的质量以生产出在整个世纪都不会消失的作品。麦克默多曾跟随艺术与手工艺运动的精神领袖拉斯金游历法国和意大利,这使他对英国设计的形态有了更多的分析和取舍,因而形成了一种完全不同于维多利亚风格的设计语言。行会还出版名为《霍比马》(*Hobby Horse*,图 1-4)的刊物,对于印刷品质的关注使得刊物更加精致。1888 年,世纪行会解散。

图 1-4 世纪行会 *Hobby Horse* 杂志装帧设计

三、手工艺者行会(Art Worker's Guild)

手工艺者行会 1884 年 5 月成立于伦敦。这是一个由建筑师、设计师和手工艺人组成的团体,继续着英国艺术与手工艺运动以来的思考,力求彻底分析工业革命与美学标准之间的矛盾,并寻找解决方案。首届主席是一位雕塑家,乔治·布莱考尔·西蒙斯(George Blackall Simonds,1843—1929)。1888 年沃尔特·克兰(Walter Crane,1845—1915)担任行会主席,设计了组织的标志与会徽(图 1-5)。1892 年,威廉·莫里斯担任主席,将艺术与手工艺运动的主旨完全带入了手工艺者行会。100 多年过去,手工艺者行会的组织形式已经发生了较大变化,但对手工艺和工业设计的关系思考仍在继续(图 1-6)。

图 1-5 手工艺者行会会徽

图 1-6 以手工艺者行会命名的网站 www.thecenturyguild.com

四、艺术与手工艺展览协会[11] (Art and Crafts Exhibition Society)

1888 年,手工艺者行会的部分成员又组建了一个新的团体,即艺术与手工艺展览协会,其目的是通过定期举办展览来推广艺术与手工艺运动的精神,首届主席沃尔特·克兰(图 1-7)。与这一时期成立的其他组织不同的是,展览协会将团队的工作成果推向前台,更集中地聚集了优秀的手工艺人和他们的作品,展览的"公共"方式也使成员们能有明确的参照物,并获得一定的成就感。

图 1-7 沃尔特·克兰插画作品《孩子们的伊索》(*The Baby's Own Aesop*,1887)

第三节　20世纪形成的设计联盟制度：从专业到产业

18—19世纪的设计师们已经开始建立了各种合作、同盟关系，这为20世纪的设计组织、设计机构以及设计事务所的发展奠定了基础。而20世纪以来科学技术的发展，又使大部分设计组织天然地带有企业的性质，尤其是美国早期的工业设计组织，极大地推动了商业设计在全美的盛行，并因其获得的丰厚回报而引起世界各国的仿效。20世纪中后期，欧美以及亚洲部分国家成立的一些设计组织由政府促成，因此能够更直接地将设计转化为国家生产力和竞争力，这些组织与政府政策、企业战略、市场运作之间的关系都具有较高的个案研究价值，此处选取几种，它们的共同之处在于潜移默化地将“专业设计”和“设计产业”联结在一起，并渐渐彰显设计管理的作用与优势。

图1-8　维也纳生产同盟标识

一、维也纳生产同盟（Wiener Werkstatte）

1903年，约瑟夫·霍夫曼（Josef Hoffmann，1870—1956）和科罗曼·莫瑟（Koloman Moser，1868—1918）在银行家弗里兹·瓦恩多夫（Fritz Warndorfer）的资助下，在维也纳创建生产同盟（图1-8），这个“同盟”从实践行为看类似于一个手工艺工厂，从组织模式看又很像英国工艺美术运动时期建立的手工业行会。维也纳生产同盟生产符合“分离派”设计思想的家具、金属制品、装饰品，同时出版杂志。

图1-9　德意志制造同盟命名的网站：www. Deutscher-Werkbund. de

功能性、实用、良好的比例、适当的材料、理性的装饰是维也纳生产同盟进行设计、制造的宗旨。

二、德意志制造同盟（Deutscher Werkbund）

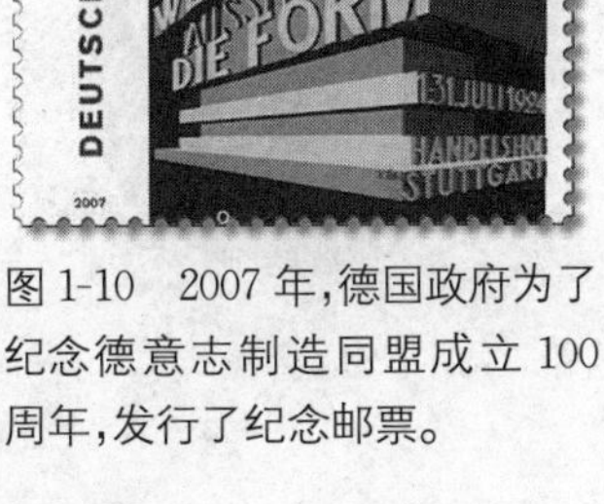

图1-10　2007年，德国政府为了纪念德意志制造同盟成立100周年，发行了纪念邮票。

德意志制造同盟成立于1907年，主要讨论技术产品形式的审美本质和标准化对艺术发展的影响。从德意志制造同盟开始，一种寻求艺术家、企业家、设计师之间的有效合作的想法正式实现（图1-9、图1-10）。同盟由一批热心设计教育与宣传的艺术家、建筑师、设计师、企业家和政治家组成，希望通过艺术、工业与手工艺的合作，用教育、宣传及对相关问题采取联合行动的方式提高工业劳动的地位。同盟的核心人物是建筑师赫尔曼·穆特修斯（Hermann Muthesius，1861—1927）、彼得·贝伦斯

图 1-11 彼得·贝伦斯在 1908 年设计的电水壶，以标准件配置自由组合形态的：壶身、壶嘴、提手、底座分别有两种造型，三种尺寸，三种材料（黄铜、镀镍、镀铜）和三种表面肌理（光滑、捶打、波纹），而插头和电热元件则是通用的。

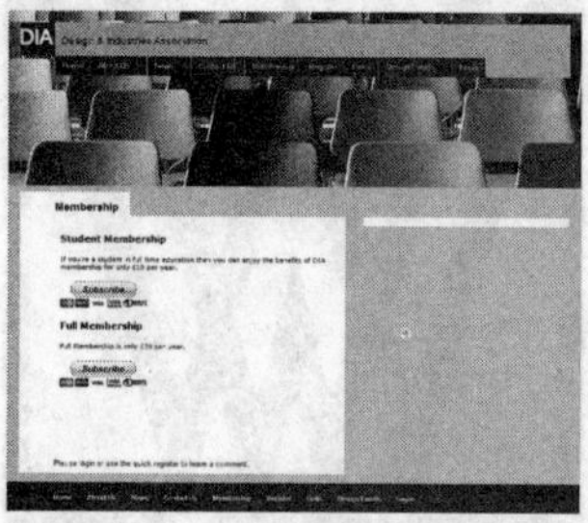

图 1-12 现在的 DIA 为学生（全日制教育背景）提供了会员申请通道。

图 1-13 CSD 会徽

(Peter Behrens)等。

值得注意的是，20 世纪 20 年代，由彼得·贝伦斯主持的 AEG 企业识别系统直接促成了企业形象系统设计理念和方法的形成，并被后来的设计管理研究者们视为这一学科早期的经典案例（图 1-11）。

三、英国设计与工业协会（DIA：Design and Industries Association）

1915 年，一些英国设计师、商人、教育家和普通公民以德意志制造同盟为范本，在伦敦组织成立设计与工业协会。协会的工作包括寻求订单、举办展览、确立艺术家和设计师的地位（图 1-12）、保障艺术家和设计师的权利、制定艺术设计工作评价标准等，协会的宗旨在于改善人们生活中一切物品的制作工艺，使其“符合功用”（Fitness For Purpose），并以此作为提高英国工业设计水准的基本理念。DIA 的主要思想被后来的英国工业设计委员会继承并发展。

四、英国工业艺术家协会（SIA：Society of Industrial Artists）

英国工业艺术家协会成立于 1930 年，艺术家们由若干艺术经理和公选委员会领导，协会后来发展成为世界上最大的特许设计师组织 CSD（见下文）。协会的目的在于：协调与客户和其他创作团体的关系，如英国皇家艺术协会、广告艺术家协会、国际艺术家协会、英国建筑家协会。

五、英国（皇家）特许设计师协会（CSD：Chartered Society of Designers）

CSD 经历了几次更名，从中可以看出 20 世纪早期设计从工业艺术概念中脱离的大趋势。1930 年，工业艺术家联合会（Society of Industrial Artists）在伦敦成立，不久便更名为“工业艺术家与设计师联合会”（Society of Industrial Artists and Designers），最终为了显现联合会的权威性质和专业设计的评判能力，再次更名为特许设计师协会（图 1-13）。1976 年 5 月 19 日，伊丽莎白二世代表大不列颠及北爱尔兰联合王国授予 CSD 一枚英国皇家宪章，成为拥有皇家特许权的权威组织。

目前，CSD 是世界上最大的也是唯一的特许设计师注册机构，只接受在专业领域内具有最高水准的设计师成为会员。同时，它也关注设计领域中的新兴设计和设计人才，通过一个专业的设计师组织促进设计与社会的联系（图 1-14）。

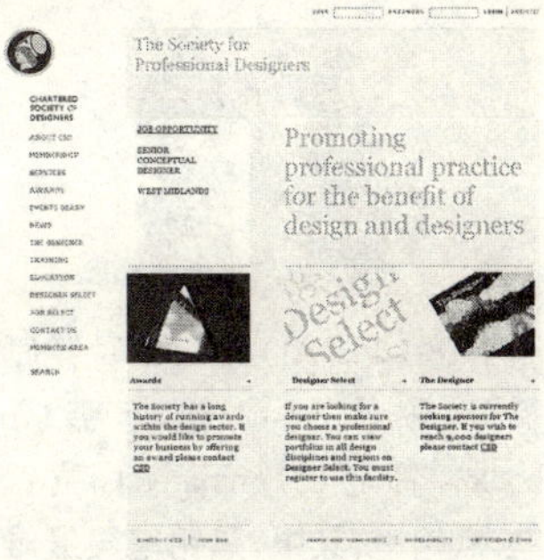

图 1-14 CSD 官方网站：www.csd.org.uk

六、英国设计委员会（Design Council）

1944 年，英国政府倡议成立了工业设计委员会（CID：Council of Industrial Design），主旨在于用一切可能的方式提升英国工业产品设计的发展，这个组织对英国工业设计的发展起了重要的作用（图 1-15）：1946 年发起名为“英国可以做到”（Britain Can Make It）的设计制造展；1949 年创办《设计》杂志（*Design*）；1951 年参与策划英国世界博览会百年庆典（Festival of Britain）；1956 年创建伦敦设计中心（Design Centre in London）；1957 年设立年度设计奖（Annual Design Awards）；1972 年，为了更全面地促动英国设计的发展，委员会更名为“设计委员会”（Design Council）；1994 年，这一组织再次重组，提出了“通过优秀设计提升英国竞争力”的目标。设计委员会自成立以来出版有很多设计研究论著代表着这个组织的理想，在今天的设计委员会网站上可以看到这样一句话：“帮助企业更加成功，帮助公共服务更有效，帮助设计师更有作为。”（图 1-16）

图 1-15 1950 年，由迈克尔·法尔（Michael Farr）、高登·拉塞尔（Gordon Russell）等人参与的小型研讨会，地点：布莱顿大学设计委员会与设计历史研究中心。

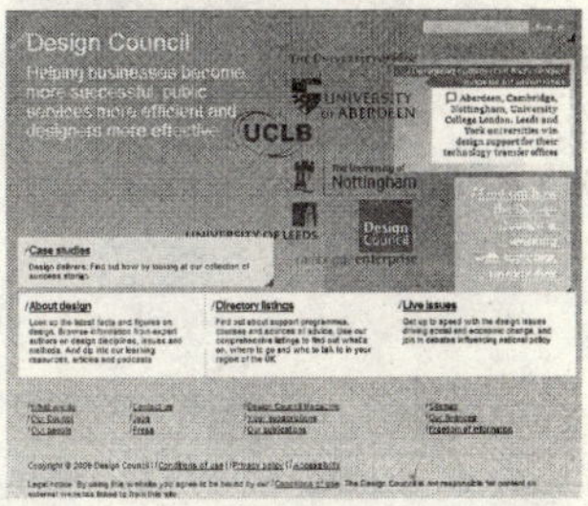

图 1-16 设计委员会官方网站：www.designcouncil.org.uk

七、英国设计师与艺术总监协会（D&AD：Designer and Art Directors Association）

1962 年英国设计师与艺术总监协会在伦敦成立，这仍然是一个为提高英国的设计水准而成立的组织，有不少优秀设计师和艺术家为其服务。如今，D&AD 已经成为一个全球范围的教育慈善机构，致力于培养青年艺术总监、设计大师，推广创造性的艺术与设计，并制定相关的行业标准（图 1-17）。这个组织对于会员的选拔有比较严格的规定：必须入选 D&AD 展览或 D&AD 年鉴。D&AD 设置 D&AD 奖作为选拔新人的途径，其中的优秀作品将获得机会与优质客户联系（图 1-18）。D&AD 还通过在全球范围出版经典案例的方式展开普及性教育，对艺术、设计与营销、产业化之间的关系进行深入分析。

图 1-17 D&AD 官方网站：www.dandad.org

八、美国工业设计师协会（IDSA：Industrial Designers Society of America）

1944 年，几位在设计领域卓有成就的大师：德雷夫斯（Hen-

图 1-18 D&AD 设有四种奖励等级，依次为：入选年鉴（in book），提名（Nominated），黄铅笔，黑铅笔，其中，黑铅笔奖最难获得。

图 1-19 美国工业设计师协会历经多次更名、分离与合并，目前拥有约 3300 名会员与 28 个分会组织。Idsa 官方网站：www.idsa.org

图 1-20 一些协会官方网站首页出现的 IDA 标注意味着国际设计联盟组织成员。国际平面设计协会联合会与国际工业设计协会同属 IDA。Icograda 官方网站：www.icograda.org

ry Dreyfuss，1904—1972）、提格（Walter Dorwin Teague，1883—1960）、罗威（Raymond Loewy，1893—1986）共同创建了美国工业设计师协会（SID：the Society of Industrial Designers）。德雷夫斯期待通过协会的工作培育有责任心的、高级的职业设计师，培育有品味的消费者。这一时期的设计师们有着共同的特点，即掌握了工业设计的多种技能，聪明、热情、善于观察市场，正是他们的集体水准加速了设计师职业的正式形成。1965 年，美国工业设计师协会正式更名为 IDSA，并合并了三个与工业设计相关的组织：工业设计师协会（IDI：the Industrial Designers Institute）、全美工业设计师协会（ASID：American Society of Industrial Design）以及美国工业设计教育联合会（IDEA：Industrial Design Education Association），成为工业设计领域最重要的设计联盟组织之一（图 1-19）。与 IDSA 功能相近的设计组织还有国际工业设计协会（ICSID：the International Council of Society of Industrial Design），平面设计领域则有 ICOGRADA（International Council of Graphic Design Associations），即近年在中国举行了系列活动的国际平面设计协会联合会（图 1-20）。

九、美国设计管理协会（DMI：Design Management Institute）

1975 年，美国设计管理协会在波士顿马萨诸塞艺术学院成立，主要创办人是小威廉姆·J·哈农（William J. Hannon Jr.）。1976 年，设计管理协会举行第一届年会，协会的各项工作开始逐渐正规起来。这是目前专业资源最集中，也是唯一一个以设计管理命名的组织，这个组织以推广设计管理的概念和意义为主旨。从协会的官方网站上可以看到关于设计管理的 18 种理解，这是设计管理教学和研讨必定会涉及的内容：

1. Torsten Dahlin（瑞典工业设计基金会主席），强调客户体验及产品质量（customer experiences and product quality）；

2. Lizbeth Dobbins（美国邮政服务企业品牌与识别公司经理），强调一种富有远见的领导能力（visionary leadership）；

3. Patrick Fricke（柯达公司设计资源中心图形与视觉界面设计师），强调设计的引导作用和品牌管理、品牌主导（design leadership，brand management，brand leadership），这些属于设计管理的无形价值，而卓越的设计方法是设计管理可视的、有形价值所在；

4. Timothy Bachman（*Bachman Miller* 集团总裁），强调一

种有策略的、有目的的组织过程(strategic and purposeful),尤其是对各种有益的价值观的协调、维护与推广;

5. Miranda Moss(*Yamamoto Moss* 品牌顾问公司总裁),强调设计管理中的品牌策略(brand strategy)能够持之以恒地在各种媒体中发挥作用,设计将会因此准确地将品牌信息传达给合适的客户或目标市场;

6. Martin Gierke(*Black & Decker* 公司工业设计总监),强调设计管理的效率助动作用(facilitation),设计管理应该让设计变得更容易,而不是更混乱,同时,企业内部职员和外部人员共同组成的团队能够更有效地展开设计工作;

7. Tim Girvin(*Tim Girvin* 设计有限公司总裁),强调设计管理对于品牌的贡献:赋予品牌定义和声誉(definition and voice to a brand);

8. Tomas Kelly(*IDEO* 设计公司总经理),强调创新的应用(applied innovations),即利用一切可能的资源(包括人力资源和物质资源),创造新产品、新环境和新的用户体验(user experience),有设计管理意识的人会认识到设计是一种有价值的战略工具(a valuable strategic tool);

9. Jeremy Rewse—Davies(伦敦交通设计总监),强调有效控制设计以实现共赢(harnessing design for a common purpose),这一目标可以是生产性的、商业性的或者社会性的;

10. Fennemiek Gommer(*Scan* 咨询公司合伙人),强调视觉管理(visual perception management)的作用,认为设计管理可以被描述为是对视觉感知的管理,它可以使企业的视觉语言和企业给消费者的知觉感受渐渐统一;

11. Dr Jurgen Hausler(国际品牌 *Zitmeyer & Lux* 科隆公司执行总监),强调设计管理者的创造性思想,认为在企业识别系统中(in the context of an identity programs)设计管理的目标是培养企业、组织或品牌的竞争力;

12. Tim Larsen(*Larsen* 设计+互动公司总裁),强调态度,认为设计管理在某种程度上意味着态度管理(attitude management),即,设计管理不仅仅使公司处于日常事务性状态(state of mind),也处于一种心理状态;

13. Tetsuyuki Hirano(*Hirano & Associates* 有限公司总裁),强调全局和长期的战略性活动,这种特质的设计管理将帮助企业在不稳定的市场(unstable markets)和不可预见的状态中(unforseen conditions)找到新的机遇;

14. Gary Van Deursen(*Stanley* 工作室合伙人、工业设计总监),强调将设计管理视为策略创新和变革的关键,提出设计管理通过制定产品策略、产品目标、公司愿景和选拔员工等程序制定设计的标准；

15. Brain Vogel(*Genesis* 公司副总裁)，强调设计组织和基本工作规则的作用，认为成功的设计管理需要组织和规则(structure and discipline)，以明确计划、选择最佳方案；

16. Raymond Turner(*BAA* 股份有限公司设计总监)，强调企业的使命和价值(corporate mission)，认为设计和设计管理正是可以提升企业价值的方式，并特别提出管理者的设计决策问题(design decisions)；

17. Sohrab Vossoughi(*ZIBA* 设计公司总裁)，强调资源整合的过程(integration process)，将设计管理的作用比喻为一支管弦乐队的指挥：将不同的乐器、不同的音符整合为流畅优美的旋律，并提出设计管理在设计作品的艺术性和商业性之间的权衡作用；

18. Peter Trussler(*Nortel* 设计公司副总裁)，强调通过建立一个恰当的管理体系来确保组织将精力花费在必要且有战略意义的项目上，设计管理只有掌握了这个体系各要素之间的联系，并提交、参与到具体的实施计划中，才真正开始发挥作用。

小 结

从上述设计组织的工作目标与设计管理的18种定义看，设计管理其实并不简单是在实务层面的操作，而是对于整个设计运作前后的总体思考、计划、协调与控制，换言之，设计管理其实是扩大了设计的内涵，使之既要遵守设计本身的规定，又要联合不同领域的专业人士完成相对设计程序、设计方法、设计价值而言更宏观的社会化构想。因此可以说，设计管理是使设计实现生产力价值的一种经过优化的团队行为方式。

知识点

1. 设计管理是在团队中产生的设计行为方式。
2. 工艺美术运动时期成立的手工艺设计协会提炼了“设计”的独立形态。
3. 20世纪以后成立的设计协会促进了设计与产业的结合，促进了不同专业领域的人才在设计领域的聚集，设计管理随之成为设计研究的重要内容之一。

小资料

亚洲的设计组织

1. 韩国设计振兴院（KIDP，Korea Institute of Design Promotion）

为了提高韩国的设计竞争力，自 20 世纪 70 年代开始，韩国政府加强了对产业资源部的投入，并组织成立（工业）设计振兴院（图 1-21、图 1-22）。2004 年在中国世纪坛举办的韩国设计展上，可以清楚地看到韩国设计的发展思路，官方网站“设计韩国”（http://www. designkorea. or. kr，图 1-23）展示着韩国政府大力推动韩国设计的决心。设计振兴院现任院长郑庆源曾在中国举办专题讲座“设计管理的特性”（北京国际工业设计管理培训班），讲座内容也正代表着韩国政府、产业资源部及设计振兴院对设计管理的基本认识，大部分内容与英国、美国设计管理研究的步调一致，但韩国政府十分关心韩国设计在亚洲设计以至世界设计中的位置，从多种层面对设计进行投资和宣传。从理论研究的成果看，设计振兴院理解的“设计管理的特性”包括：①“什么是设计管理？”具体介绍有“定义”、“设计管理与商业管理的比较”、“设计管理的完善”、“设计管理系统”；②“设计管理的功能及过程”，内容有“基本功能”、“设计管理过程”、“设计管理的原则”；③“设计管理的标准”，内容有“战略标准：合作设计管理”、“战术标准：设计组织管理”、“操作标准：设计工程管理”。从实践的成果看，由于上下一致的政策推行，韩国设计正走进世界一流设计大国的行列。

2. 日本产业设计振兴会（JIDPO：Japanese Industrial Design Promotion Organization）

日本产业设计振兴会成立之初相当于一个创意推广中心，如 1957 年推出的 Good Design Award（优良设计大奖，也称 G-Mark），这是日本唯一的综合设计评价与授奖体系，现在已经与德国 IF、Red Dot Award（均创办于 20 世纪 50 年代中期）被公认为世界三大工业产品设计奖项。从官方网站（http://www. jidpo. or. jp，图 1-24）可以看到，1969 年，产业设计振兴会正式成立，这意味着这一组织的关注焦点从 good design 延伸至产业、贸易等更多、更大领域的资源整合。

图 1-21　韩国设计振兴院官方网站：http://www. kidp. kr

图 1-22　韩国设计振兴院网站的英文版具有“全球”意味：http://global. designdb. com，这是韩国设计全球化战略的推广工具。

图 1-23　“设计韩国”的主页设有韩文和中文两种语言，这是一个面向中韩设计师的推广网站，每年主题不同。从 2004 年至今，在韩国政府和设计界的共同组织下，“韩国设计”的总体印象已经渐渐渗透至中国设计领域。

图 1-24　日本产业设计振兴会是日本政府唯一的综合性设计振兴机构，这一机构自创建以来始终强调“创造性”对于社会的意义。

3. 中国现代设计组织

中国尚未形成一个具有统一的官方话语权的设计促进机构，因此中国政府与中国设计之间的关系松散，各设计行业虽然也通过行业协会的形式组织工作，但并未真正提升中国设计产业的形象，力量分散，这是需要向西方国家和韩国、日本多多学习的。

（1）中国建筑学会：1953 年成立，官方网站网址 http://www.chinaasc.org；

（2）中国工业设计协会：1979 年成立，官方网站网址 http://www.chinadesign.cn；

（3）中国设计协会：即 1981 年成立的中国包装联合会设计委员会（原中国包装技术协会设计委员会），官方网站网址 http://www.chinadesign.org.cn，协会目前口号为：“致力于中国设计事业拓展的专业协会机构”，宗旨是“设计服务中国”；

（4）中国广告协会：1983 年成立，官方网站网址 http://www.cnadtop.com；

（5）中国家具设计协会：1988 年成立，官方网站网址 http://www.cnfa.com.cn；

（6）中国室内装饰协会：1988 年成立，官方网站网址 http://www.cida.gov.cn。

（7）台创中心：官方网站网址 http://www.boco.com.tw。

第三章　走近设计

如果将设计的含义简单归纳，可以得到这样几种认识：设计(动词)是一种无处不在的创造性思想和行为，这种解释侧重于“创意”(图1-25)；设计(名词)是一种存在于知识精英头脑中的精粹信念，这种解释侧重于“价值”(图1-26)；好的设计(可以是动词如“行为”、可以是名词如“方案”)＝好的生意，这种解释侧重于“关系”(图1-27)。

图1-25　创意田子坊

图1-26　丢勒(Albrecht Durer, 1471—1528，文艺复兴时期德国画家)铜版画《忧郁》是美术史家热衷解读的对象，其忧郁气息的根源正是智者在面对“创造过程”的时候，产生的困惑、矛盾与思辨。

第一节　设计的基本概念

一、人的造物

从“神”的造物、“知者”或“圣人”造物，进而到“人”造物，是人类对造物起源与文明起源认识的不断调整，在这个过程中，人获得造物的“合法性”是个漫长的过程，它与人的“自我”意识的激活有着密切的关系。

被称为古人类学第一世家的英国利基家族(The Leakey Family)经过长期勘察和分析，提出人类起源地在非洲：至迟在二百万年前，一种直立行走的灵长类动物就在非洲草原上生活。路易斯·利基(Louis Leakey, 1903—1972)将之称为“能人”(Homo habilis)，逐渐增大的脑容量更使它们的优势凸显：动作可以更灵敏、更协调，并可以开始兼顾几种活动。这为它们带来日后造物行为的可能，但这种进化的过程非常漫长：“双手的解放可以走向工具的制造，但在一两百万年的时间里，这种情况没有发生。”[12]所幸的是，“这种情况”终究还是发生了。当人的脑部进化到足以对石头、泥土、树枝、动物骨头进行分析和改造的时候(图1-28)，细致的造物需求和复杂的物质系统得以确立，一些看起来灵光乍现的想法渐渐改变了人的生活。

《这个男人来自地球》(*The Man From Earth*，图1-29)是一部无特效的小成本科幻片。小小的美式客厅里，几位教授近 80 分钟的对话便是整部影片的内容，这种叙述方式有一点危险，容易让人感觉枯燥、刻意，但这部片子却凭借一个悬念引导观众进入一种奇怪的思考状态：35 岁的历史学家约翰(John)终于决定向几位科学家朋友坦白自己的真实身份——他是一个来自新石器时代的古人。约翰用自己 14000 年来积累的知识和经验使那些生物学家、人类学家、心理学家同样利用毕生所学、试图辩驳他是“疯子”的尝试显得很幼稚，这使学者们的专业信仰受到威胁，并产生极大的愤怒情绪。在对约翰的质疑中有这样一个问题：“你难道不会随身带着什么手工艺品吗？可以证明你身份的手工艺品（一件古物）？”约翰拿起一支笔反问：“14000 年，我该带什么证明我自己？我想不出来，是这个吗？”教授们一时不知该如何回答，约翰接着说：“不，我不需要任何手工艺品。”

图 1-27　法拉利(Ferrari)碳瓷刹车盘、刹车钳，2003 款。碳瓷刹车系统通常只用在价格极为昂贵的超级跑车上，在车辆使用周期内不会磨损，也无须更换。

研究各个年代创造的工艺品类与艺术特征的时候，我们忽略了这样的前提：在一个极其漫长的可以忽略数百年甚至数千年时间的大历史中，不断更新换代的物质本身可能是没有意义的。因此，约翰的塑造者、编剧杰罗姆·比克斯拜(Jerome Bixby，1923—1998)才会这样描述：时间是一种景观。人类各个族群最初因为生存所需进行的被动造物，已经被热烈、多样的主动造物完全取代。现在，一切人造物活动都是在一点一滴地让“彼时”的景观不同于“此时”。虽然 14000 年是一种虚构，但正是在这种假设中，我们才可能彻底反思现代社会中人的造物活动的过程与结果，并思考设计在整个造物行为中的作用。设计，实质暗示着造物的动机、技巧与可能。因此，设计的概念应该还原到人类造物行为中解读。

图 1-28　核雕艺人使用的工具。

二、设计的独立形态

1. 与艺术的剥离

一般认为，最早提出 Disegno 是在意大利文艺复兴时期（图 1-30），意思是“艺术家心中的创作意念”。15 世纪时期的艺术理论将 disegno、colorito（敷色）、composition（构图）、inventione（创意发明）列为绘画的四要素。因此，早期的 design 更多的意义是在绘画领域中表现，这时的设计尚未和艺术分离，但它的独立形态正在显现。

图 1-29　*The Man from Earth* 电影海报。

小资料

关于 Disegno:“边线与结构”(曹意强,2007 年)

“最初,切尼尼这类画家将前两个要素即 disegno 和 colorito 并举,认为它们共同构成了绘画的基石。至 16 世纪,瓦萨里明确地把 disegno 提升到其他三要素之上,甚至比创意更重要。他认为,所有的艺术都产生于 disegno。因此,它之于欧洲绘画的发展就如谢赫六法中的‘气韵生动’之于整个中国绘画史。这一提升,使 disegno 具有了新柏拉图主义色彩,因此而产生了其广义:即指艺术家心中的创作意念。不过,这种意念必须具体在草稿上得到落实。巴尔迪努奇(Baldinucci)将之定义为:以线条的手段,具体表明事先在艺术家心目中已有所构思、后经想象力使之成形,并借助熟练的技巧使之再现的东西……它也决定了布局,以及线条与明暗层次的构成,并确定何处需设色,或采用其他方式,而这种种方式实则是再现某件业已在心中完成之作。与我国六法中的“气韵生动”一样,Disegno 原是品评再现技巧的具体标准,但自 18 世纪以来,随着艺术家的创作行为被日益等同于造物主的神圣创造力,该技术标准被附上了神秘的色彩。神依据理念或原型创造世界,艺术家也基于同样的灵感源泉创造其作品。因此 disegno 与理念同质,它使艺术家有别于工匠。祖卡里(Zuccaro)曾将之区别为‘内在的 disegno(构思)’与‘外在的 disegno(描绘)’。前者指‘理念’,后者指借助艺术媒介和材料去实现理念的行为。这类观点,是柏拉图哲学在艺术中的滥觞。亚里士多德学派则认为,理解事物的结构体系必须依靠经验,注重种种特殊个体所具有的共性,因而提出 disegno 应以细心观察自然为本。皮尔斯(Roger de Piles)在《论绘画原理》(*Cours de peinture par principles*)一书中把它定义为‘对对象的界定’(*la circonscription des objets*)。”

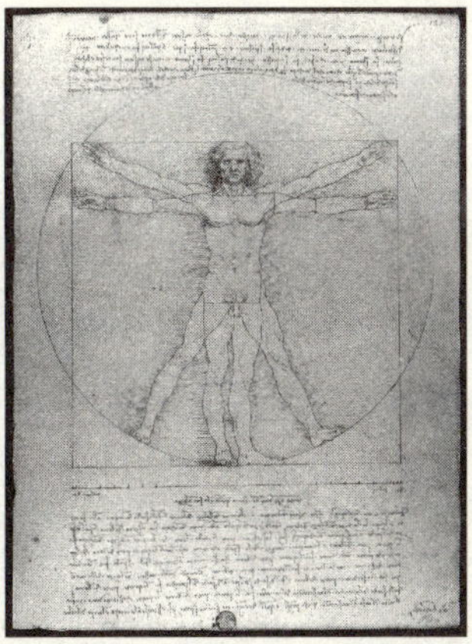

图 1-30 文艺复兴时期的艺术家创作了大量作品阐释“真、善、美”的一般规律,达·芬奇(Leonardo da Vinci,1452—1519)为维特鲁威(Marcus Vitruvius Pollio,约公元前 80—70 出生,约公元前 25—15 年去世)撰写的《建筑十书》(The ten books on architecture)创作的插图《维特鲁威人》(Vitruvian Man,1487)。

2. 从“创作意念”到“协调”

十八世纪,初版《大不列颠百科全书》(1786)对 Design 的解释是:“所谓 Design 是指艺术作品的线条、形状,在比例、动态和审美方面的协调。在此意义上,Design 和构成同义。可以从平面、立体、色彩、结构、轮廓的构成方面加以思考,当这些因素融为一体时,就产生了比预想更好的效果……”这可算作近代的解释,这一解释已经不单纯是创作意念,开始指向更多限制创作的

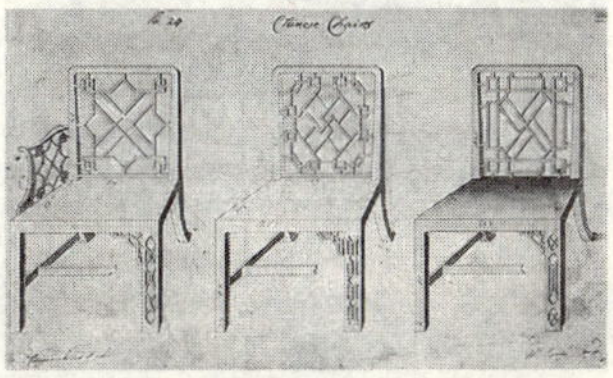

图 1-31 托马斯·奇彭代尔绘制的中式风格坐椅

因素。

这一时期，在英国产业革命的大背景下，出现了一些将艺术表达与工业化生产结合起来寻找创新思路的产品品牌，如奇彭代尔家具（Thomas Chippendale，1718—1779，图 1-31），韦奇伍德陶瓷（Josiah Wedgwood，1730—1795），“韦奇伍德”更是成为品牌史研究的重点。从设计研究的角度看，约西亚·韦奇伍德已经在协调多种设计资源，并履行着我们现在称为“设计管理者”的职责。

3. 进入工业社会后对“协调”的细化

进入工业社会以后，Design 的词义随着社会需要而扩大，第十五版《大不列颠百科全书》（1974）的解释：“设计是进行某种创造时，计划、方案的展开过程，即头脑中的构思，一般指能用图样、模型表现的实体，但最终完成的实体并非设计，只指计划和方案。设计 的一般意义是，为产生有效的整体而对局部之间的调整。有关结构和细部的确定，可以从以下四方面考虑：a，可能使用什么材料；b，这种材料适用何种制作技术；c，从整体出发的部分与部分之间的关系是否协调；d，对旁观者和使用者来说，整体效果如何。”可以看出，这次定义已经考虑到材料、技术和设计感、人的使用感（图 1-32）等多个层面的内容。

4. 从 Design 到设计科学

经过几个世纪的词义扩展，Design 已经成为一种更克制、思考周全地创作行为：它既不同于艺术家的图式想象，也不同于一般技艺的复制模仿，它是一种更密切地与人的生活方式直接联系的人生态度。需要注意的是，国际设计界对 Design 的定义先天带有针对“物”的形成方式的解释，中国设计学研究者在介绍这些概念的时候也基本认定设计的最终目的是一种创造活动。这实际是人为回避了 Design 本该具有的社会属性，即设计除了“完成造物”，还有“选择和取舍”的过程。特别是在工业革命以后形成的工业设计、产品设计、信息设计等一系列设计热潮中，造物似乎已经成为设计的唯一目的，这是我们在定义“设计”时需要警惕的。

1978 年，62 岁的赫伯特·西蒙（Herbert Simon，1916—2001，图 1-33）因对经济组织内的决策程序进行了细致调查和研究而获得当年的诺贝尔经济学奖。西蒙的主要著作有《管理行为：对行政管理机构决策过程的研究》（1947 年），《人工科学》（1969 年），《有限理性模型》（1982 年），其中，《人工科学》（图 1-34）被视为人工智能领域的经典著作，正是在这本书的三次修订

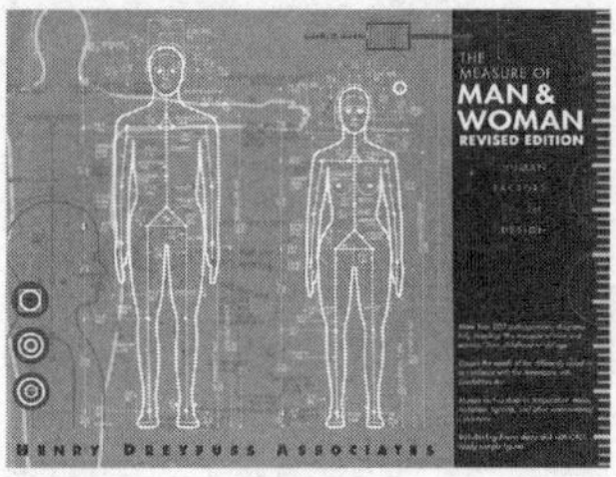

图 1-32　1961 年，亨利·德雷夫斯出版了《人体度量》一书（《the Measure of Man》），“人体工程学”、“为人的设计”正式成为设计师思考的课题。需要注意的是，《人体度量》列举的所有数据反映的都是人与物品、空间和环境的关系，对这些复杂关系的合理把握与协调才是数据测量的最终目的。

图 1-33　赫伯特·西蒙

图 1-34　2004 年，上海科技教育出版社出版 *The Sciences of the Artificial* 的中译本：《人工科学：复杂性面面观》。

中，西蒙提出了系统的“设计科学”(Design Sciences)的概念，并将之视为创造人工物品的科学，设计从此成为了科学。中国设计理论研究者也尝试通过西蒙的设想，构建设计科学的框架：设计现象学、设计心理学、设计行为学、设计美学、设计哲学、设计教育学等(《设计史》朱铭、荆雷)；工业设计研究领域则有学者将之更笼统地表述为设计现象学、设计行为学、设计哲学(《工业设计方法学》，简召全)；国内第一套设计学丛书(《白马设计学丛书》，尹定邦等)则以“设计学理论”命名设计理论研究，其研究对象包含设计理论、设计史、设计批评等；另有学者根据研究对象的性质，将设计学更具体地指称为“艺术设计学”，提出三个层面的研究对象(《艺术设计学》，凌继尧、徐恒醇)。对设计学或设计学科的这些分类方式从不同角度反映了目前中国设计学学术体系研究的状态。

为了与工程设计、工业设计等概念进行区分，也为了与国际设计研究接轨，中国国家教委于 1998 年修订《普通高等学校本科专业目录》，用艺术设计专业取代了工艺美术专业，下设环境艺术设计、产品造型设计、染织艺术设计、服装艺术设计、陶瓷艺术设计、装璜艺术设计、装饰艺术设计等 7 个专业。从名录上便可以看出，艺术设计专业主要偏重于造型、装饰及相关理念的研究，虽然也涉及结构、机械原理等内容，但并不作为主修内容，这实际是将工艺美术专业的各方向进行了名称上的改换，从大部分设计院校艺术设计专业课程设置的具体内容看，仍然是以素描、色彩、图案训练作为基础练习，近年才有部分院校逐渐改设或增设了设计素描、设计色彩、设计创意等更加贴近“设计”本质的新兴课程。

此外，需要注意的是，中文“设计”一词有谋略、设想、计划、组织、安排等，基本涵盖了 Design 的词义在西方社会经历的几种变化。随着工业生产和信息技术的发展，越来越多的研究者开始认识到，生产方式的变化不该干涉设计概念的变迁，设计，直接导致社会物质产品的产出，它需要有一个恒定的前提，即以整个社会物质系统的构成、形态和作用方式作为思考对象，从这个意义上说，设计是对物体系的思辨和价值整合，这也正是古代中国造物文化赋予设计的正解。

三、“问题式”解读设计

1. “问题式”与“症候阅读”

问题并不仅仅代表疑问、困惑，提问题的方式反映着人的教育背景、经验和性格。从混沌中走出的第一个直立人并不能串联头脑中的各种问题，但经过数百万年的进化，人脑的提问系统也变得越来越庞大，因而开始有学者专门研究问题本身的功能、结构与范式。其中，路易斯·阿尔都塞（Louis Althusser，1918-1990）在研究马克思主义过程中提出的“问题式”（problem）和“症候阅读法”（symptomatic）可以视为最具价值的解析方式之一，它们或许很难在短期内应用，却赋予思考以不同的深度，并覆盖了从最普通的表象到最异类的思辨。对于设计研究而言，“问题式”的思维训练可以培养研究者“结构思考”的能力。

问题式：不同的译者将之译作“问题结构”、“问题设定”、“疑团”、“问题提法”，南京大学哲学教授张一兵将之译为“问题式”，这种译法包含着问题本身和追问方式，即一个问题系统的形成方式。阿尔都塞认为“人们往往不去深究文章的内在整体性和思想的内在本质”正是因为缺乏问题式的锻炼：“因为，说一种思想是一个（有机的）总体，这仅仅就叙述而言是正确的，而就理论而言则不然，因为这种叙述一旦被改变为理论，就可能使我们只想到毫无内容的空洞整体，而忽略其整体的特定结构。相反，如果用问题式的概念去思考某个特定的思想整体（这个思想整体直接以一个整体出现，它明确或不明确地被人们作为一个整体或一个‘总体化’动机而‘体验’），我们就能说出联结思想各成分的典型的系统结构，并进一步发现该思想整体所具有的特定内容。”[14]在很多领域，会提问题是人最基本的素质，但很少有人定期给自己提的问题、回答的问题进行结构剖析和层次整理，当这种剖析成为习惯的时候，一种问题式的思考方式便开始形成，这是一种建立在社会历史、社会生活和社会发展多种物质现实基础上形成的思辨，但在阿尔都塞的研究中，问题的评价系统并未同时确立，即“出口”问题还需要读者自己探索。

症候阅读法：所谓症候阅读法，“就是在同一运动中，把所读的文章本身中被掩盖的东西揭示出来并且使之与另一篇文章发生联系。”问题式在确定其范围内所包含的内容时，也就必然确定了它相排斥的内容。因此，被排斥的概念（欠缺部分、空白点）和未能充分提出的问题（半沉默之处、分析漏洞）或根本没有提出的问题（沉默之处），便与那些被提出的概念和问题一样，构成问题式的一部分。由于这个原因，对原文中明确的论述，仅靠简单的字面理解或者直觉的阅读，就很难把握。要掌握它就必须进行“症候阅读”，即把明确的论述与那些欠缺部分、空白点和沉默之处结合起来理解。后者是另一种“未曾言明的论述”，它们正是潜藏在原文中未被人意识到的问题式的许多症候。设计中的“症候阅读”可以通过不同时代同一主题的表征体会(图1-35、图 1-36、图 1-37)。

图 1-35　这是艺术史、美术史、设计史都会提及的作品,波普艺术家理查德·汉密尔顿(Richard Hamilton)创作于 1956 年的拼贴画《是什么使今天的家庭如此独特,如此具有魅力?》半个多世纪过去,消费文化并未走向成熟,今天的家庭生活中可以拼贴的元素更加杂乱而丰富,设计师身在其中,主动或被动,时常会丢掉对于“症候”、“问题”的思考。

2. 设计面对的问题系统

在这个关系网中,由内而外的对策机制的思考成为原理问题阐释的关键所在。其中,关于“基本问题”的考证与解答是大部分设计问题的思考路径,这就是“原点”与“现象”之间的联系,没有原点——问题——线索,就没有设计问题的系统结构。

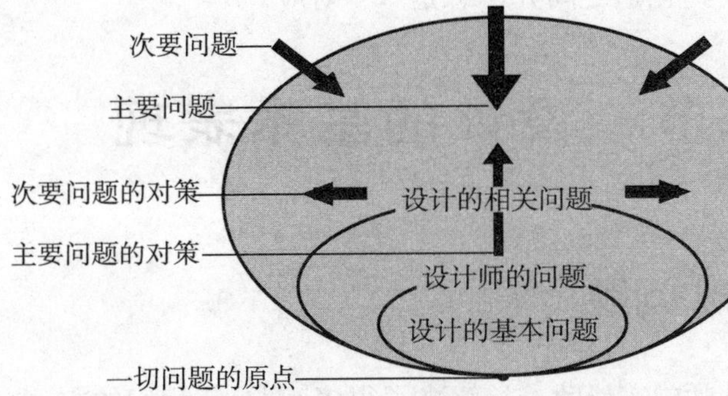

图 1-36　简单宅

图 1-37　混合宅

网络上流传着各种宅人生活实录,最常见的便是游戏族,原本借用的日文おたく之意(音 OTAKU,译成中文为御宅族),已经变成了自我封闭甚至迷失的同义词。

问题一:什么是设计的基本问题?

从一切问题的原点看,设计的基本问题是人的造物行为与自然之间的差异性的永恒存在;从人类的造物方式看,设计的基本问题是手工业设计形态与工业设计形态的矛盾与调和;从设计的历史分期看,设计的基本问题变成几个关键词:功能、审美、工业技术、设计伦理。

问题二:什么是设计师的问题?

设计和制造一体的时候,没有设计师的说法,但对“设计意识”的要求和限制已经产生了。文艺复兴以后,工业革命前夕,设计和制造已经分离,设计师的身份略显尴尬,艺术家们在进行宇宙冥想,手艺人踏踏实实地干活,设计师则处在“创作意念”和“干活”这两种状态的分分合合中。因此,“工业设计”、“工业美学”和“设计师责任”之间出现了思考的连线。今天,当“制造”被淡化的时候,“设计”忽然跃上社会发展的动力层,设计师的问题在于社会责任意识的缺失,即便是专业能力突出的设计团队,也可能对社会物质系统造成破坏。

问题三:什么是设计的相关问题?

相关意味着无穷,这其实是提示我们寻找自己的设计价值

图 1-38 粗绳包

图 1-39 最简单的改造是加彩绘

图 1-40 过时的衬衫改布包，环保又实用

图 1-41 过时的裤子改短裙

观里的关键要素，从宏观层面看，可能是设计在自然界与人类文明史中的作用和价值；从中观层面看，可能是可以和设计平行的一切范畴，如文化、经济、政治、历史、哲学等；从微观层面看，可能是人性化、情感化、简约化、细节化等等……这些相关问题的求解过程为我们带来各种不同的设计人生。

问题四：现代社会需要什么样的设计？

需要和事实之间仍然有一定的距离，但作为一种提醒，我们仍然可以肯定地说，现代社会需要的是一种合乎“理性”的设计，因为需要与创造之间并不总是一一对应。

第二节 设计的基本表现

一、解决问题

设计师确实帮助人类解决了很多问题，使我们的衣、食、住、行、用趋于完美、合理、适宜，使我们的视觉文化越来越丰富。从威廉·莫里斯等人强调艺术家要关心日常生活、关心大众的审美品质开始，有很多设计师都在努力改善我们的物质生活。从现有的设计专业看，不管专业名称如何表述(如平面设计、服装设计、室内设计、动漫设计、建筑设计等)，设计的目的仍然是解决人类衣、食、住、行、用的问题。此处通过一些与“衣”、“住”、“行”有关的学生作业来加深理解。

1. 旧衣改装

服装设计专业的学生有时会陷入一种误区，即更多关注表演的问题而不是设计的问题。对于刚刚开始进入专业学习的学生而言，“改”也许可以作为“做”与“设计”之前的准备工作。而课程要求寻找“改”的“商机”，也可以让大家配合思考更多相关问题。

这个选题的价值在于将服装设计放置于日常生活所需，并做出实物。从学生的角度看，小店的想法具有实施的可能，她们也在课题深入阶段实地调查了各类档次的服装店、订制服装店，对“做衣服”有了比较全面的认识。

组员：赵颖、罗甬、吴光艳、朱灵平、朱静(2005 年 6 月课题，图 1-38～图 1-42)

赵颖(组长):我们的选题是在磨难中诞生的。刚开始我们选择的是看上去比较时髦的话题,希望能够吸引大家的眼球,这是关于"大学生同居"现象的讨论,并希望可以设计一种大学生校外住宿空间或社区,但是我们经过一两天的资料收集和讨论,发现这个话题深入不下去,并且不是我们擅长的,和专业也不能很好的结合。考虑到我们不应该流于形式只追求表面的华丽,而放弃这个课题最根本的目的,即关键在于设计工作如何妥善地分配及管理。所以在我的提议下我们做了重大决定换题目——旧衣扮靓。这个题目比较平实,但是能结合组员的专业,更容易深入,也更容易发挥组员的特长,激发组员在团队中最大的作用和潜能。

图 1-42　开一家原创小店是最终目标(资料收集:法国设计师 Christian Ghion 设计的空间,2004 年)

我回家翻箱倒柜地找旧衣服,不找不知道,一找还真的发现家里的旧衣服多的不得了,有些衣服根本就是才穿了几次就觉得不时髦了,就再也没穿过了。如果能将这些衣服改制成新衣服或者改制成一些能用的物品,岂不是减少了浪费也为衣橱节省了空间?

于是我翻出一件旧的棉布衬衫,想把它改制成一个小背包,并且想保留棉布衬衫原有的格子图案颜色和款式结构,让改制出来的背包独特而有创意。妈妈的话提醒了我,这样的材质容易破损,所以我想用内部衬厚布来解决这个实际的问题。

在周日的清早我和罗甬就聚在我的房间里将一件件旧衣服展开拍照,配搭上蕾丝花边,不断的揣摩样式,修改造型,用草图记下一些想法。怎样改、怎样才能说服自己、说服顾客都值得商榷。准备工作做的很多,但是还是无法确定结果是否令人满意,再努力。生病对于一向体质虚弱的我来说也是没有预料到的阻碍。有压力才有动力吧。只有加油!!!

朱静:我们这一组的课题确定为"旧衣扮靓",关于开一个这样的小店,想法不错,这也是很多朋友能够接受和支持的。但是关于如何开店,怎么样争取市场等等问题,作为学生的我们也很难准确地说出方案,毕竟大家对这方面知之甚少,但是大家都很努力的想要做好这个课题。这种相互支持与协作的合作精神,我想,正是开设管理这门课的目的。关于课题二的演示如何来进行,每个人都有许多好的想法和建议,但是我们已经不似课题一[20]进行时那种有些松散又互不理解的状态,我们已经不只是为了做课题,更像是朋友们一起想要做好一件事。组长赵颖的安排也很明确,她和罗甬负责服装修改,我和吴光艳负责搜集关于店面装修和选址的资料和图片,朱灵平还是负责后期剪辑。

吴光艳:在上这个课之前,我似乎从来没有如此完整的去思考一个关于设计的构想!从构想的可能性、现实性、可行性,可持续发展和具体操作等，如此多方面来考虑问题！我们最先打算做的题目虽然现在已经是过去式了，但现在想想还是觉得蛮有意思的，就是从开始去做那个题目似乎渐渐唤醒我潜存的思维和能量，不断把问题往下延伸和发展，不断的争论和探讨，不断的发现问题也就不断地去想如何较全面的去解决问题，在不断的深入思考中体会一种的快乐！发现，其实我们不仅可以做，而且可以做得很好！

2. "住在报亭里的人"PK"住在临时建筑里的人"

"住"的概念可大可小。关于住的问题主要由环境艺术设计师们解决，近几年这一专业方向的学生毕业选题大多集中在社区规划、旧建筑改造等规模比较庞大的课题，学生有时会觉得难以驾驭。对"单体建筑室内外环境"的思考可以帮助学生确定一个大小适中的入口。

这是在同一次课程上出现的两个课题，这两组学生在课堂论证环节相互提了不少问题，并采取互补形式完成课题：报刊亭小组侧重于"调查"，以表格形式表现作业过程，临时建筑小组侧重于"改造"，以制图形式表现作业过程。学生做的过程很认真，但是两个课题都存在共同缺陷，即没有尺度、没有预算、错字别字、中外实例不具可比性等等，这是学生思维的盲点。

住在报亭里的人

组员：许诗淇、许馨之、张萍萍、康洁然、黄珊珊、雷少艳、刘鹏、刘硕（2008 年 11 月课题）

国外的报亭

学校门口的报亭。报亭主人基本都是蜗居在 1 平方米的空间里。

调研——

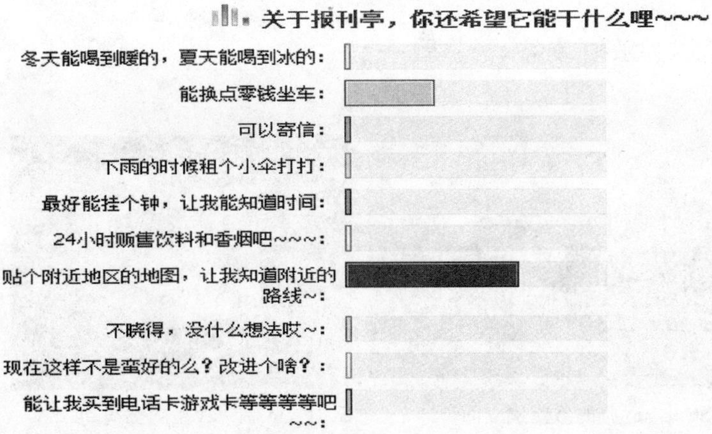

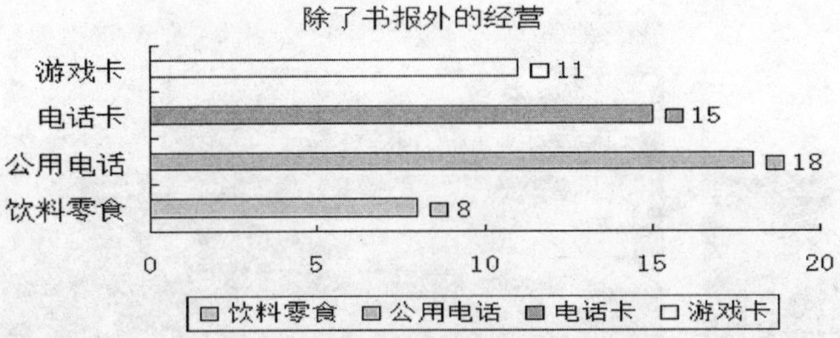

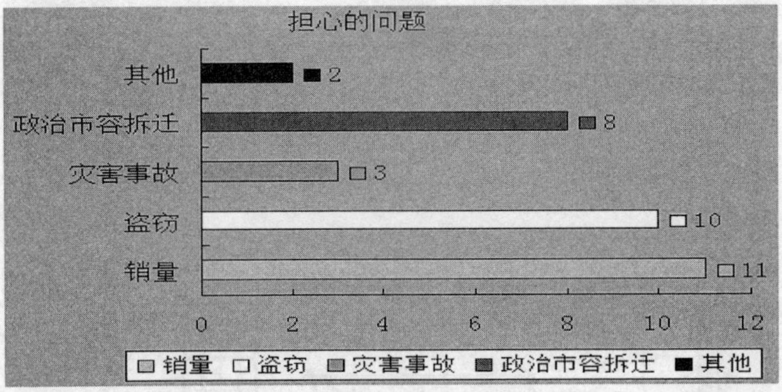

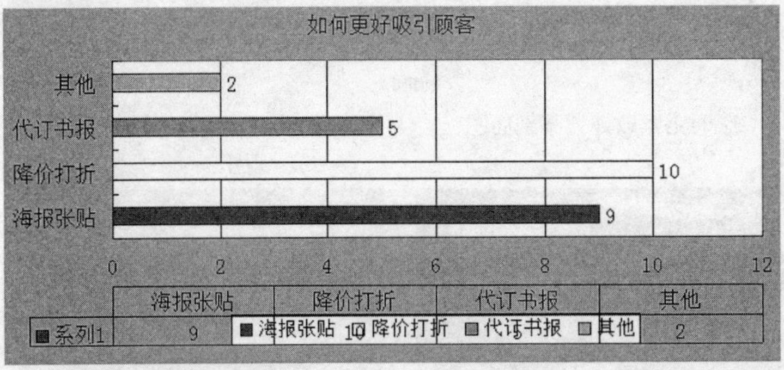

学生预想的问题往往比较简单，由于此前没有接触过类似工作，在文本中也容易出现表述口语化、小标题语义层次混乱等问题。

住在临时建筑里的人

组员：丁蓉蓉、成果、窦微、浦茜、吴敏祯、吴洋、汤慧楹

国外的临时建筑——

St. Loup 临时教堂,位于瑞士 Pompaples

St. Loup 临时教堂侧立面

St. Loup 临时教堂内部空间

我们身边的临时建筑——

公交车站临时管制点

学校的临时浴室

改建——

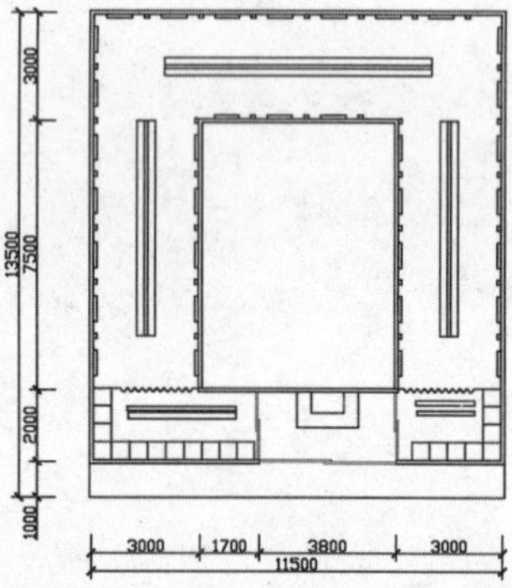

平面图

临时浴室改建方案平面图

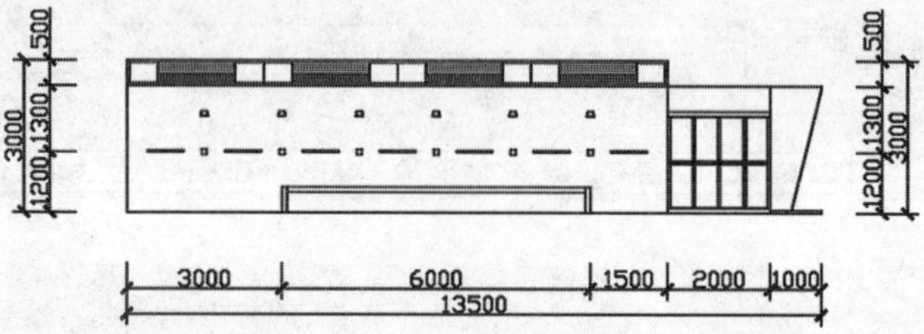

剖面图

临时浴室改建方案剖面图

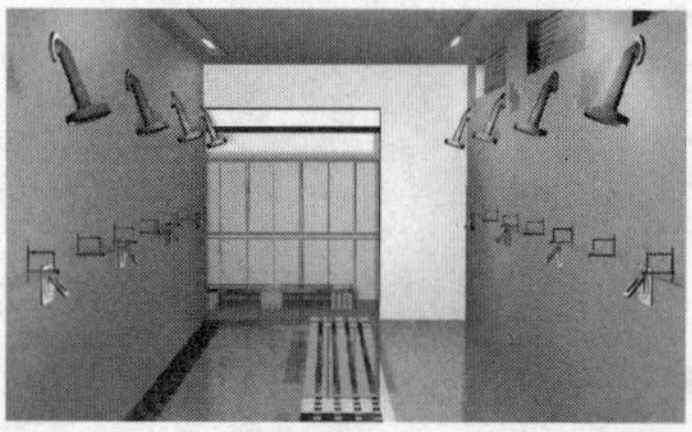

临时浴室改建方案内部效果

临时浴室改建方案外观效果

校园小店改建方案

3. 交通工具设计——拼车

交通工具设计类选题涉及的知识领域很多，专业性强、难度较大，但因为“交通工具”可以更直接地让学生想到“便利”、“行为方式”等问题，从而使他们更主动地展开联想、观察生活，所以可能在生活调查和专业思维训练两个环节给设计教学带来意想不到的收获。而且国内现有交通工具类别相对比较固定，人们也养成了比较稳定的使用习惯，对于设计创新而言，这些状况既是约束也是机会，正是创新的“可能性”会让学生乐于尝试。

这个小组通过在户外行走和关键词筛选，找到“儿童大巴（娃娃车）外观设计”和“拼车”两个切入点，经过课堂论证，大部分学生认为“儿童大巴”已经有很多人在做，他们更希望看到这个小组究竟通过什么方式“拼”，这样就出现了“颐和”概念车。

成员：宋春燕、孔梅、周衎、刘晓雪、韩聪、张文琦、陈燕、田敏芳（2008 年 4 月课题）

分析——目前交通工具所存在的问题

乘车难：乘车难，乘车实在太难。特别是在上下班高峰时期，公交车站人海茫茫都在等车。出租车一车难求。地铁也是人挤着人。总也等不来的车，人山人海的车厢，使得上班族们身心俱疲。等车、挤车、堵车……这一系列的交通问题实在是既浪费时间又耗费精力。

道路拥挤：道路拥挤是城市经济发展不可避免的一个问题。随着私家车的不断增多，对道路的要求也越来越高。城市的道路已经难以负荷如此沉重的压力。

沟通少：城市的发展带来的另一个问题就是沟通。楼越来越高，路越来越宽，而人与人之间的距离是否越来越远了？出租车、私家车提供的都是一个私密的空间，而公交车作为公共交通工具也未能提供良好的交流环境。

必须做出改变！

聚焦——更环保、更和谐、更共享的交通工具

随着人口的日益增长和道路上车辆的拥挤，现在的交通状况不容乐观，所以我们的设计理念就当下盛行出的“拼车”（图 1-43、图 1-44、图 1-45）风，把拼车作为一个新兴的事物推出，设计出一种结合于公交车和出租车优点的新型交通工具。“颐和”概念车（图 1-46、图 1-47、图 1-48）的登场，秉承了环保、空间、和谐等理念，使乘客避免等车、节省时间，并从使乘客从拥挤的道

图 1-43　故事 1

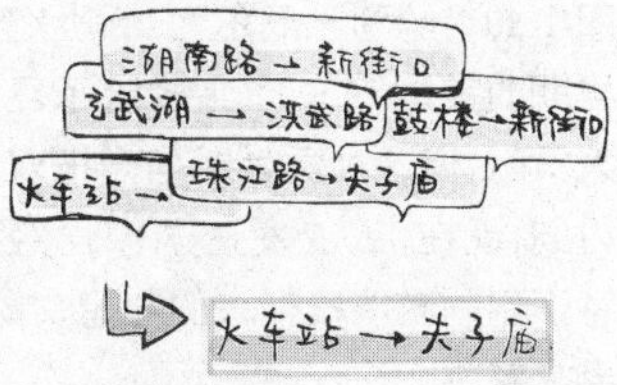

图 1-44　故事 2

图 1-45　故事 3

图 1-46　故事 4

图 1-47　故事 5

图 1-48　外观

图 1-49　哈利·厄尔为 20 世纪早期的美国汽车产业做出了巨大贡献，但这种贡献却是一把双刃剑，现在，工业发达国家已经意识到刺激消费带来的隐患，并寻求解决方法。

图 1-50　这本书的封面直接让每一个读者自问：车奴、房奴、卡奴，今天你又花钱了吗？

图 1-51　南方报业《南都周刊》第 320 期封面报道——儿童购物狂。

路中释放出来……

更环保：长久以来，环保一直是汽车设计的主题，汽车能耗仍是个本质问题，根本解决方法应该在于如何保证汽车使用中的低能耗。拼车这一概念能有效的节约能源、减轻污染和缓解道路拥挤。汽车设计也会贯彻环保的理念，使用可回收的材料并从可持续资源中再创造，不断持续“自循环”。

更和谐：在这个日趋冷漠的快餐式时代，汽车的产生无疑都是为人类服务的，“颐和”打破这种传统的概念，充满着人性化的感情色彩，让乘客去服务于汽车、装饰于汽车，使乘客与汽车和谐的沟通而不是机械对话。使汽车、司机与乘客之间有交流和沟通。

更共享：在空间设计中，所有坐椅都是旋转式和收缩式的，最大的节约空间并且加强乘客之间的交流。“颐和”只有五个座位，而且行李箱也非常小，有助于节能和空间分享。

二、制造问题

设计师也制造了更多的问题，尤其是制造了各种消费病症，使消费者迷失在物质生活中，因此产生了像“流行性物欲症”这样的奇怪病例。设计史上著名的“有计划的废弃制度”(planned obsolescence)正是一种“制造问题”的集中表现：20 世纪 30 年代，工业设计师厄尔(Harley Earl，1893—1969)与美国通用汽车公司高层一起制定了汽车设计的原则，即，新的汽车式样设计必须有所保留，必须有计划地考虑未来几年可以替代和更换的局部设计，人为造成二至五年内汽车式样老化，消费者必然会因此追逐新的产品(图 1-49)。现在，这样的有计划的废弃已经渗透至一切设计领域，虽然已经有不少设计师、企业在反思其中的问题，但刺激消费与提升生活品质的平衡点究竟如何把握，在短期内还很难得到改善。

小资料

1. 关于“物欲症”：

《流行性物欲症》(图 1-50)，约翰·格拉夫等著，闾佳译，中国人民大学出版社，2006 年。

前言：油价飙升、天气恶劣；经济持续增长、贫困人口增加；消费者信心强劲、债务盘旋上升。这一切之间存在什么联系吗？

第 3 页：这天是感恩节，8 岁的詹森·琼斯刚刚吃完流行的节日大餐：火鸡、酸果曼沙司和南瓜派。他坐在电脑前，没完没了地打着一份自己希望得到的圣诞礼物清单。他心里打着小九九，巴望明天就去把这份清单交给商场里的促销圣诞老人。这份清单里包括 10 个愿望：去迪士尼乐园玩一趟，买一辆山地车、一部手机、一台 DVD 机，还有几张 CD，儿童购物狂的出现是消费社会的一大特征(图 1-51)。

第 6 页：在中世纪，世人的精神支柱，是高耸入云的哥特式大教堂。而在当今的文化里，惟一能和哥特式大教堂比肩的，便是超级购物中心。它们不断排挤、吞并规模还不够大的购物中心，并散发出更强烈的购物荷尔蒙，向那些住得更远的消费者大抛媚眼。它们霸占了一片又一片物产富饶的肥沃良田，造成一场又一场的交通赌赛。实际上，在美国，每个小时都会有 55 公顷的肥沃土地，被“发展”打得丢盔卸甲，溃不成军，最后烟消云散，变成了购物中心。

2. 关于“非物质设计”的主题研究：

记忆唤醒(张应鲲等，2008 年 4 月课题)

现代社会，快节奏的生活模式，便捷的信息交流平台，给人们带来方便的同时却抹去了人的部分情感，所以想找到一种方式将这种情感重现，将人们的记忆唤醒(图 1-52)……

在课题讨论中，我们突然发现了一个问题，我们在前期进行讨论时希望制作一种软件，使它成为一种可以帮助人们相互联系或者交流的工具……在不特定的时间向设定好的联系人进行问候，程序自动发送文字(祝福，问候，回忆……)可是在深入下去的同时发现这样一种产品带来的结果未必就是真正意义上的对记忆的唤醒……一切交流靠高科技的产品的替代是否又会形成一种新的情感流失呢？虽然是打着所谓“情感延续”的旗号，不是自愿的情感交流假借科技产品又有什么意义(图 1-53)。

能否将所谓的“唤醒仪器”做成一种产品？也许就是一种装饰品，可以使用，它是实实在在存在的，它的作用就是让拥有者自己去体验一种过程，这种过程给使用者带来一定的感受，可能很平淡但却是真实的。

然而，这样的思路也有危险，也许只是添加了另一种无用的东西……

点评：在这个思考过程中，有一组矛盾很有价值，即新的情感流失问题，“切入点”的问题有可能使学生感到困扰，是否最终会解构一切的设计和研发？是否要中止一切造物行为？这样就引出主要问题、次要问题的关系，以慎重地思考“解决”的方案。

图 1-52　加拿大歌手菲丝特(Feist)在 2007 年发行并热销的专辑《The Reminder》是课题思考的起点。

图 1-53　近年来的新媒体艺术展也常借用多媒体方式表达“梦境”与“记忆”。2008 年，中国美术馆举办的国际新媒体艺术大展“合成时代”，最具梦幻色彩的作品是英国艺术家安东尼·马可考的灯光装置：你我之间，水平 III。

三、解决自己制造的问题

图 1-54 玩具，是体现中国设计、中国制造、全球消费的经典话题。2008 年，上海当代艺术馆举办第二次文献展，站在迈克尔·沃尔夫的装置作品《真实的玩具总动员》前，感受到的是一种真实的混乱。

图 1-55 世界上第一个生态村，英国伦敦南郊的 bedZED（The Beddington Zero Energy Development，即零能源居住区）将成为环保、简单生活的样板。

图 1-56 bedZED 室内陈设和城市居民并没有多少区别，但却能节约大量能源。

设计师除了解决衣食住行用的基本问题，也要解决前辈设计师们制造出来的新问题。在大量的社会产品面前，思考"非物质"的设计需要勇气（图 1-54）。"设计伦理"其实正是这样一个提案：让那些不必要的"物"彻底消失而让那些必须的日常用品、居住空间接受更理性的分析（图 1-55、图 1-56）。这样的提案靠设计师自己是无法完成设计的，他们需要投资人、生产商、经销商、消费者的支持，因此，设计师在完成本职工作之余，还有义务向更多人传达人类设计思想史上出现过的各种设计反思与批判。

小资料

关于"解决问题"：

《自然设计》，[英]艾伦·鲍尔斯著，王立非、刘民、王艳译，江苏美术出版社，2001 年。

第 8 页，维克多·帕帕奈克："有些职业甚至比工业设计对人类的危害更大，但这种职业只有很少几个。"

第 8 页，乔纳森·波里特："人们现在争论的焦点是，我们赖以生存的自然系统到底还能持续多久就要崩溃，乐观主义者说，我们有足够的时间，可以解决问题，而悲观主义者每天清晨醒来几乎都在想，他会不会一起床就直接掉进生态恶化的无底深渊。"

第 10 页："设计工作具有独特性，主要表现为要求设计者同时或分别在现实和虚构的两个世界里工作。在整个人类历史上，设计是人们认识人类环境的重要途径；设计的诠释功能与'有针对性的'功能同等重要。这正好验证了泰伦斯·坎兰所说的设计中的'神奇要素'，它可以识别，但不能被量化，也不能按需要机械地制造出来。有时两种功能共同作用，人们渴望找到两种功能都包含在内的理论，但自然游戏表现出的规则让人应接不暇，似乎自然的存在就是为了戏弄人们。"

知识点

1. 问题式、症候阅读。
2. 从设计的问题到设计的相关问题。
3. 通过设计解决的问题类型。

第四章 走近管理

摩根·威策尔写《管理的历史》(*Buildings and Dreamers: the Making and Meaning of Management*)的时候，曾经提到："如果你让周围任何一个人说出几位探险家的名字，他能不假思索地告诉你哥伦布和麦哲伦……如果你拦住街上的行人，请他们说一说三位著名的音乐家，你得到的回答通常是巴赫、贝多芬和莫扎特……如果你请出席晚餐会的客人列举三位伟大的科学家，你立刻就能听到爱因斯坦、牛顿和伽利略的名字。再问他们有哪三位著名的艺术家，他们会告诉你伦伯朗、莫奈和米开朗基罗。就这样一直问下去，哲学、文学、数学、体育、战争……每一个领域都有自己的英雄。然而，当同样的问题问到杰出的工商业领导者和管理者时，被问者很可能会一脸茫然。"[21]十年不到的时间，这个现象已经完全改变了，书店里的畅销书始终有几本管理大师们的力作，而管理的理论、方法也被赋予神性，创业、赚钱似乎变得像点金术一样轻而易举，这时，管理学又面对着学术与非学术的论战。争论从"管理是怎样产生的"、"管理可以带来什么"等等最基本问题开始。

第一节 管理的基本概念

一、游离态的管理

1. 喊口令改变了什么

管理的产生有一种解释：两个人一起干活，有一个在喊口令，管理就产生了(图 1-57)。

图 1-57 景德镇古窑厂，老师傅指导调研的学生做陶碗。在很多场合，带有经验总结性质的口令仍然是协调动作的手段，只是我们很少将之与"管理"联系起来。

在成为一门科学之前，管理已经为人类社会服务了很多年，因为人们从不怀疑世界需要管理。口令式的管理无处不在。眼神、动作、情绪都可能表达着某种命令或劝服，自然界的其他生物也存在这样的关系，只是人可以通过千变万化的语言表达内心想法，人类也是自然界唯一可以对行为过程进行优选并使之成为规范传承的物种。人类的语言和规范可以是最简单的“一、二、一”的口令，也可以是繁杂的工作流程和心理分析，这种跨越随着人的造物活动的丰富而越加明显。可以说，管理理论是伴随人类的造物史而发展、变化的，一旦管理介入到人类生活的各个方面，人作为“社会人”的约定就开始了，权利、义务都是在服从管理的基础上衍生的福利与责任。

从目的看，喊口令是为了动作协调，动作协调则是为了更快、更稳地完成任务，这是管理最直接的功能：提高效率。而当人的工作渐渐被序列分工，每个人和工种都被编号入座的时候，管理的独立形态也开始得到重视。众多的管理理论其实都是在探讨一个问题，即如何将人的能动性发挥到最大，如何将人、物资源调整到最佳使用状态，最终实现目标。

今天，处于裂变状态的管理理论和方法研究都在强调创造性的管理方法，比如时尚管理、混沌管理、个性管理等等，这些著述通常因为案例极具戏剧性，吸引了不少管理者和管理专业的学生，这里有一个问题值得注意：事实上，大多数人既不会接触宏大的规划、改造项目，也不会真的只面对两个人的管理。如果从最复杂也最庞大的“中层”管理看，起实际指导作用的仍然是早期管理学家开创的几条规则，当代管理理论的创作者们只是在他们建立的基本规则的基础上，不断了解社会发展的总体趋势以调整思路。这意味着，创造性的管理思想只是管理理论结构中的一个步骤，而不是产生效率和品质的唯一答案。

2. 人对管理的潜在需要

文化意识留下印记的方式有古物、古文献和口头文化，当人类学家将这些结合起来研究的时候，文明的鲜活面貌便得以展现，而维持着文明不断裂的重要因素之一，便是一系列言行规定的形成。习惯、制度、法律等不同层次的规定，可以对人的身体和精神量刑，可以框架化人的言行方式，这并非完全是“统治者”的单方面意愿，也是人对管理的潜在需要。

我们曾提及人脑的进化对于人的造物行为的影响，可以肯定的是，当人脑有更多的功能去考虑生存以外的话题，人就会对自然界的混乱感到不满，就会希望建立更多的秩序，包括群居方式、居住空间、日常生活用品等等。历史学家常常提起那些古老的岩洞壁画，在表达生活内容和审美意识的壁画中，人的理性思维和感性思维都被完整地触动了。随着生活经验的不断积累，人类意识到有组织比无组织更容易获得安全感，家庭就是人类社会最小的组织。从夫妻二人发展为家族，其中的关系磨合、利益分配教会了人类应用管理。随着人口、家庭、家族、组织越来越多，需要管理的“人”和“事”越来越复杂，简单的口令和经验无法驾驭这样庞大的关系网，管理的原则与方法研究渐渐受到重视。这一点，在信息社会表现得尤为突出。

针对信息社会的复杂性，约翰·奈斯比特曾这样解释出版《大趋势》的原因：“我感觉在一个越来越复杂、用冷冰冰的方法来分析周围事件与思想、信息量如此庞大以至于个人的声音微不足道的世界中，我们是急需组织结构的。有了简单的框架，我们才能开始了解这个世界，而且随着社会的发展，我们也可以随时对这个框架进行修正。”[22]可以说，社会关系网络的组成方式将决定整个社会发展的基调，创建、选择和调整“何种类型的组织”显得至关重要。

图 1-58　1910 前后米德维尔钢铁工厂（Midvale Steel Works），泰勒正是在这里正式开始了科学管理的实验。

二、管理成为科学

从管理思想的发展看，19 世纪末期正是古典管理理论形成的时期，今天我们之所以可以大谈管理理论，也正是得益于当时的研究者对于管理基本原则和方法的探索。其中，以泰勒的科学管理理论、法约尔的一般管理理论和韦伯的组织管理理论最具代表性。这几位研究者的成果使存于经验中的管理思想和方法得以量化，为现代管理理论提供了最重要的思路。

1. 泰勒与“科学管理”（图 1-58、图 1-59）

弗雷德里克·泰勒（Frederick Winslow Taylor，1856—1915），美国古典管理学家，科学管理的创始人。泰勒认为：管理就是确切地知道要别人去干什么，并让他找到最好的方法完成工作。

图 1-59　1911 年，《科学管理原理》一书的问世，使泰勒成为管理学的先驱，并被后人称为“科学管理之父”。科学管理的核心思想包含了今天在企业中已经普遍应用的行为分析与效率管理、人力资源分析与管理等，他为了使工作流程更加清晰有效，建立了更直接的奖惩机制，提倡管理与执行相分离等。泰勒的科学管理思想实质是为管理学科的基础理论和实践方法提供了思路和资料。

泰勒出生在美国费城一个富裕的家庭里，19 岁时因故停学进入一家小机械厂当徒工。22 岁时进入费城米德维尔钢铁公司，开始当技工，后来迅速提升为工长、总技师。28 岁时任钢铁公司的总工程师。1890 年泰勒离开这家公司，从事顾问工作。1898 年进入伯利恒钢铁公司继续从事管理方面的研究。在泰勒的管理生涯中，他不断在工厂实地进行试验，系统地研究和分析工人的操作方法和动作所花费的时间，逐渐形成其管理体系——科学管理。

通过在伯利恒钢铁公司的实验，泰勒发现：物质方面的直接浪费，人们是可以看到和感觉到的，但由于人们不熟练、低效率或指挥不当而造成的浪费，人们既看不到，又摸不到。由此，泰勒提出了他的重要观点：国家资源的损失在于缺少科学的管理，尤其对时间、行为和标准件的研究。尽管列宁曾经认为泰勒的管理模式实质增加了雇主对工人的剥削程度，管理学研究者们仍然将他奉为“科学管理之父”，标准化研究是使管理从经验到科学的必经之路。

泰勒的主要著作是《科学管理原理》(1911)和《科学管理》(1912)。在两部书中所阐述的科学管理理论，使人们认识到了管理是一门建立在明确的法规、条文和原则之上的科学，它适用于人类的各种活动，从最简单的个人行为到经过充分组织安排的大公司的业务活动。

2. 法约尔与“一般管理”(图 1-60)

图 1-60 一般管理理论的核心主要表现在三个方面：将管理从经营活动中分离；强调管理教育的必要性；提出管理活动的 5 大职能和 14 条基本原则。一般管理理论为管理学科提供了普遍原则和科学构架，被誉为管理史上的第二座丰碑。

1841 年，亨利·法约尔(Henri Fayol，1841—1925)出生在法国的一个资产阶级家庭。1858—1860 年期间，他就读于圣艾蒂安国立矿业学院，此后，他的一切管理思想和成就几乎都是围绕矿井产生的。

法约尔四十多岁的时候，就职的矿井公司濒临破产，由于他在管理方面的才能，由经理被任命为总经理，艰难地改革和整顿帮助他彻底整理了自己的管理思想，最终从企业经营思想提炼出管理的一般原则，即一个“办公桌前的经理人”该如何行使手中的权力，法约尔同时倡导普及管理教育。

1908 年，法国矿业学会 50 周年大会上，法约尔提交了论文《论管理的一般原则》，8 年后发表了著名的管理学著作《工业管理与一般管理》。为了让更多的人认识到管理原则的重要性，法约尔的晚年致力于创办管理学研究中心，联合政府官员、实业家、工程师、社会活动家、哲学家等共同讨论管理研究的目的和意义，并尝试通过一切可能的途径向公众宣讲一般管理理论。法约尔认为，管理并不仅仅是一个公司的内务，它也影响到国家机器的运行，1921 年，法约尔在《政治与国会评论》上发表了一篇题为《国家在管理上的无能》的重要论文，以一种批判的方式阐述了他对管理学的理解。

1925 年，法约尔去世，在他去世后 20 多年，法国人才通过对泰勒的科学管理思想的好奇延伸至对法约尔的一般管理理论的发掘，并最终意识到计划、组织、指挥、协调、控制等五大管理职能的重要价值，直到今天，它们仍然是管理学著作不可回避的核心内容。

3. 韦伯与“组织管理”(图 1-61)

图 1-61 马克斯·韦伯

马克斯·韦伯(Max Weber，1864—1920)德国政治经济学家、社会学家，他是一个著述丰富的学者、思想家，被公认是现代社会学和公共行政学最重要的创始人之一。

韦伯对于古典管理理论的贡献在于确定了一个关于人事关

系的组织模式，他的组织管理理论诞生于德国企业从小规模世袭管理到大规模专业管理转变的关键时期。韦伯认为：任何组织都必须以某种形式的权力作为基础，没有某种形式的权力，任何组织都不能达到自己的目标。他提出人存在于社会中的三种权力"传统权力"（比如世袭）、"超凡权力"（比如英雄人物的个人崇拜现象）和"法定权力"，强调"法定权力"体现的"慎重的公正"，而他的组织管理基础正是这样的一种制度保障系统。有了适合于行政组织体系的权力基础，韦伯勾画出理想的行政组织模式（Bureaucratic Ideal Type），并用六项原则表述这一模式：①组织人员要有固定职责，可以依法行使职权；②组织结构中必须存在命令与服从或控制与被控制的关系；③组织成员的关系必须围绕工作展开，而不是针对人；④组织成员需要按照职务需要进行资历、能力考核；⑤组织成员必须按照个人专长进行适当培训和合理分工；⑥建立相关制度奖励和提拔有优秀表现的组织成员。

韦伯的代表作非常多，从管理理论研究的角度看，《新教伦理与资本主义精神》、《一般经济史》和《社会和经济组织的理论》都体现了他对"行政组织理论"的研究热情。

除了上述几位古典管理理论大师，还有很多"现代之父"，如第一个提出"质量管理"概念的"现代质量管理之父"威廉·爱德华·戴明（William Edwards Deming，1900—1993）、第一个提出"目标管理"概念的"现代管理学之父"德鲁克（Peter F. Drucker，1909—2005）等等，他们都从不同的角度补充着管理学的研究框架。21世纪，管理学的"经典著作"越来越多，需要注意的是，经典的意思不仅仅是流传广泛，更重要的是具有"长远意义"。

第二节　管理的基本表现

一、静态表现

管理的静态表现主要是指管理者、管理学研究者们撰写的各种文字资料和相对稳定的规章制度。静态管理的优势是很容易看明白：条例、流程、表格、数据，一目了然，而且大部分管理文本都很通俗易懂。

但是，文本虽然能够帮助我们直观理解管理的内容，却不能提供解决问题的具体办法。这是因为，当管理条例白纸黑字写出来挂在墙上的时候，管理在人、事关系中产生的动态调配功能就消失了。因此，文本的阅读者需要主动思考静态语言背后的管理行为：哪些静态内容是需要定期分析和调适的，哪些则是可以作为核心观念或框架保留的。当我们能够主动思考这些看不见的问题的时候，管理的思想才真正起作用。这意味着，管理者要习惯于在静态管理和动态管理模式中灵活转换研究思路。

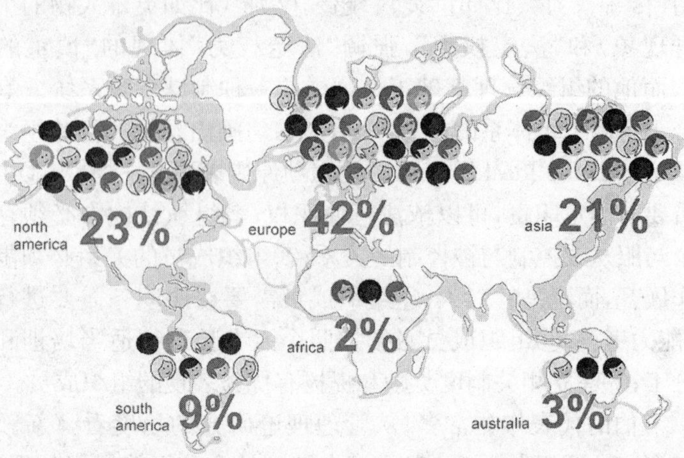

意大利设计资讯网站 Disignboom 对阅读人群构成的分析，它只是提示我们阅读人群的分布情况，并不会直接影响网站的运行和传播效果，因此不必过多关注动态变化。

环境/设计与用料					
	2005	2006	2007	2008	2009 财政年度目标
产品中使用的可再生材料					
	n/a *	72%	71%	72%	75%
循环、回收或用于发电的废料					
商场	80%	80%	84%	85%	90%
分拨中心	86%	86%	76%	90%	90%
Swedwood 集团				72%	90%
回收或重新使用的产品					
商场总计	65%	64%	64%	61%	75%

瑞典宜家(IKEA)集团 2008 年可持续发展报告，对 2005、2006、2007、2008 年的环境、设计与用料相关数据进行汇总分析，通过静态比较得出一组动态关系，并据此制定 2009 年财政年度目标值。

二、动态表现

管理的动态表现是指管理者、管理学研究者在一系列“人”、“事”、“关系”中采取的具体措施。管理的魅力正是在于它能够创造人事关系的动态平衡，这需要管理者有比较好的沟通能力，并能够意识到关系缔造的重点是满足被管理者的成就感。

设计管理课程中，作为小组组长的学生曾经提过这样一个问题：团队的同学都很好，有的在前期访谈出了大力，有的是勤恳的纪录员，有的负责后期，分工很明确，可是我严重地觉着这样根本没有发挥一个小组应有的能力，虽然每个人在专业上的认识和水平确实有差异，但是怎么能统筹协调好？我们小组成员基本都是一个班的，关系都不错，软了调动不起来，硬了怕有逆反心理，毕竟不是真正的工作团队……希望老师给我些建议，对以后工作生活可能很有帮助的。这是在做课题、做项目的过程中，很多实质具有管理者身份的人可能遇到的问题。

管理不是单向行为，如果没有协作的意愿和动力，管理就会变成令人生厌的东西，在不同的人群中产生紧张和对抗。那么，人究竟如何才会认同管理者？答案其实很简单，也是马克斯·韦伯坚持要在企业内部实施奖励机制的原因，即团队成员的"成就感"是否得到足够的重视。这种成就感表现在几个方面：工作能力得到认可；职务升迁；经济回报；实现理想。这几方面内容是和人的需求层次联系在一起的，即美国著名心理学家马斯洛(Abraham H. Maslow，1908—1970)提出的需求层次理论(Hierarchy Theory of Needs)，这是一个由低级需求到高级需求的金字塔结构：生理需求、安全需求、社交需求、尊重需求和自我实现需求。

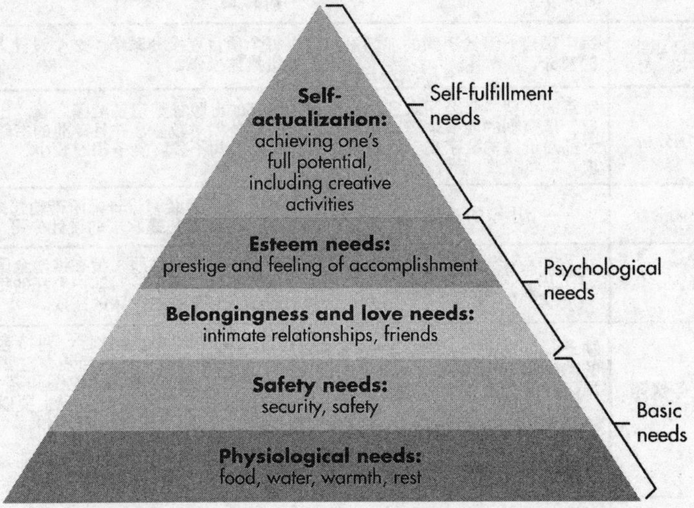

马斯洛的需求层次金字塔，"需求"正是最需要动态把握的概念。

可以说，管理者首先是一个愿意思考、追问、不断体会对方需求的人，只有明白需求才可能形成协作关系。从服务对象的角度看，同样存在这样的沟通原则，能够与客户"共赢"的团队往往有一个善于发现"共同需求"的管理者。

知识点

1. 古典管理理论的主要代表人物及其贡献。
2. 管理的“静态表现”和“动态表现”。

学生作业：设计公司经营管理模式调查（2005年课题）

设计管理调查报告

调查人员：李清 ：撰写文案
高晓丹：查找企业企划方案
吴之吟：对两家设计公司做考察

调查内容：比较分析南京，北京的两个设计公司，旨在归纳总结一些设计管理的经验，撰写经营计划管理方案。

被调查公司：南京某广告公司　北京某书籍装帧设计公司

	南京某广告公司	北京某书籍装帧设计公司
公司性质	私营	私营
公司规模	小规模（10余人）	小规模（10余人）
人员结构	总经理1人，副总经理1人，市场部，文案部，设计部各3人，并在每个部门设主管1人，财务部1人。	总经理1人，副总经理1人，艺术总监1人，设计人员7人财会1人。
技术设备	PC机6台，打印机彩色黑白各一，扫描仪，刻录机等必须设备若干。	苹果机9台，PC机两台，打印机2台，扫描仪2台，刻录机1台。以及其他办公设备若干。
物料供应与安排	平面用的图库一套，书本资料若干，大部分其他物料属于随时用随时买的状况。	定点的纸业公司一家，定期提供纸样和所需纸张。各色图书资料万余册。
生产组织安排	每个项目分派给不同的部门做不同的部分。	每个项目直接分派给1-2个设计人员具体操作。
市场分析	南京的小型广告公司众多，竞争激烈。承接到的业务琐碎。并且客户大多对价钱的要求高于对质量的要求。	北京的出版社数量是全国之首，出版业务相对较多，并且专业的书籍装帧公司不多，竞争相对较小。
企业形象	一个小型的普通广告公司。	由著名书籍装帧设计师所带动起来的一个专业化高水准的设计公司。
经营宗旨	纯赢利性质。宗旨是在最短时间内做出让客户满意的设计。	带有学术研究性质，旨在推动全国书籍事业的发展。对客户委托的每一项业务都精益求精的完成。
业务伙伴关系	缺乏长期的业务伙伴，对待客户的态度看起来是在最大限度的满足，其实更多的是以应付了事。 没有稳定的价格。	有较多的长期业务伙伴，对待客户的态度诚恳，认真负责，注意交流。（当自己的设计意图和客户的意图产生矛盾时，也主要以引导客户的方式进行修定。） 给所有客户的价格都是一样的，并且处于长期稳定状态。
合作伙伴关系	有合作伙伴，但并不是很固定。	有固定的长期合作伙伴。并且关系
内部人员关系	层层管理质，造成顾主和员工之间缺乏直接交流，员工之间关系平平，每个人的工资状况也属于保密状态。并且员工的流动性很大。	每个项目几乎都是直接由顾主和员工合作完成，所以直接交流很多。并且会不定期的给员工很多学习的机会。每年会带员工出门旅游一次。员工之间的关系良好，工资制度明确，以工龄划分。

（表一）

分析结果：两家公司规模类似，创建初期的投资金额也差不多。
但在人员结构，组织生产，经营宗旨和处理内部，外部关系等方面的差异点很多。
事实是：一年半后一家公司的年收入是 50 万，另一家是150 万

在一年中两家公司的资金分配形式：

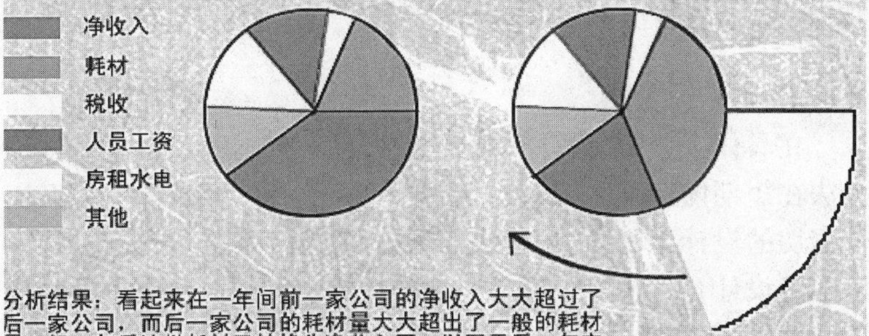

分析结果：看起来在一年间前一家公司的净收入大大超过了后一家公司，而后一家公司的耗材量大大超出了一般的耗材量。但一年后这批耗材又转换为净收入了，以至于后一年它们的净收入已经是前一家公司的 3 倍了。并且在次年之后耗材量也没有增加，反而减少了。

（表二）

针对表一、表二，我们做出如下分析：

首先，每个企业的具体情况都不相同，在做管理的时候要具体问题具体分析：

虽然绝大多数企业起作用的是树状层层管理的方式，但它们大多数是大型企业，像这种 10 人左右的小型企业就显得不是很适用了。如何强化目标化管理、明确每个员工的责任、发挥他们最大的潜力和价值，才是更重要的。

在一般的企划管理思路中，最大限度地节省投资和耗材都是重点，但影响经济效益的至高点是质量，如何针对每个企业和市场的不同情况，以长远的眼光看问题，才是保证每个企业长期、稳定发展的关键。

其次，经营者的战略眼光和企业定位至关重要：

一个企业的主要经营者的个人态度和眼光对企业的发展有着全局性的影响。它会直接影响到企业内部员工们的工作态度，以及企业和合作伙伴、业务伙伴之间的关系，在企业成立初期，如何物色好一个适合发展的环境，并且针对这个环境和市场做出一个定位准确的企业形象和经营宗旨，以及在外部环境不断改变的同时，适时调整其战略方向，都是身为一个经营者所必须做好的。

再次，人性化管理和发挥精神作用的重要性：

人性化管理是这几年经常被谈起的一个话题，我们认为它注意到的问题就是：无论是企业内部或者合作，业务伙伴都是由人组成。更加尊重对方，就是加强了企业内部的合作精神和外部的诚信形象，这种精神在一个企业的长期发展中起着举足轻重的作用。

第五章　走近设计管理

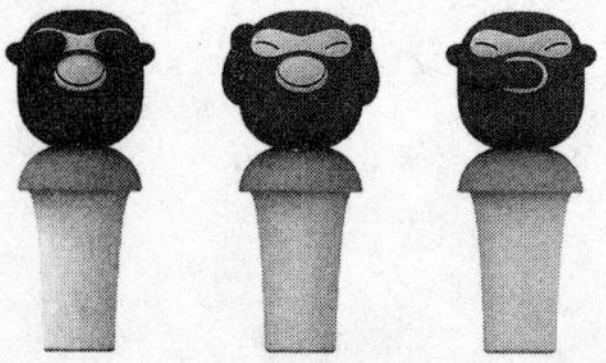

图 1-62　孔子曾教育弟子："非礼勿视，非礼勿听，非礼勿言，非礼勿动。"（《论语·颜渊》）2008年，意大利著名设计公司阿莱西（Alessi）根据这一典故出品由斯蒂法诺·乔万尼（Stefano Giovannoni）设计的三勿猴（Monkey Boy）瓶塞。对设计师而言，"非礼勿动"才是取舍原则的起点。

图 1-63　Fabric 设计工作室。当代社会，设计之"礼"的生成首先来自设计师对物质文化和生态文明的反思。艺术家可以用画笔描绘生活景象，设计师却是真实地从事生活形态塑造的群体，除了对自己的设计意图进行辨析，设计师还需要和设计投资者、生产者甚至消费者共同探讨设计的目的和意义。

在具体工作中，设计管理者会涉及很多知识环节，这些知识无法在短期内全部掌握，我们首先了解一些与设计管理关系比较密切的设计原则，它们代表着设计管理行为的起点；此外，了解两组设计管理学习中容易忽视的概念：目标与计划、价格与价值，这两组概念分别代表了设计管理的两种表现形式，前者指向过程，后者指向结果；最后，本章介绍设计管理者的几种职能，帮助我们初步进入设计管理者的工作状态、了解设计管理研究的触角。需要注意的是，对设计管理知识的利用效果总是与个人或团队思维的活跃程度联系在一起，多做一些概念群的关系分析，可以有效地训练思考的主动性。

第一节　设计管理的行为起点

一、取舍原则

设计教学里最常出现"创造"、"创意"、"创新"，少有关于"不造"、"舍"的思考，它并不是指产品功能或某个装饰环节的加减法，而是直接指向"物"的"有"或"无"，即造物本身的取舍问题，这是一个公共话题，也是一个哲学命题(图 1-62)。

人类造物行为中的道德意义的双重性，是自有文明史以来交织于人类社会整体的一个极为矛盾的现实。人类向自然世界的每一项索取，既拓展了人与自然相处的可能性，但同时也在破坏着一个完整的和谐世界的根基。今天的人类社会的造物行为已经演进为一个过程与结构都极为繁复、明确的大生产体系，不管自觉与否，作为其中一个独立的生产环节，"设计"的执行者——设计师的道德标准与责任内涵，将别无选择地从生产与消费的总过程中凸显。在现代物质产品生产与精神服务生产中，在联系并贯穿于世界各地、各种社会层面的物流、价值流、资金流运转体系中，广义上的"设计师"是决定生产服务方式与方向的决策者，即使狭义的"产品设计师"也是物质生产的产品形态与价值形态最直接的操作者。在生产与消费构成了现代商品经济最基本的环节时，设计师是连接着生产者利益、消费者利益、市场利益与社会整体利益的中介点（图 1-63）。作为职业需要的责任规则，与作为人格内涵的道德追求将构成一个设计师的双重伦理动机（图 1-64）。

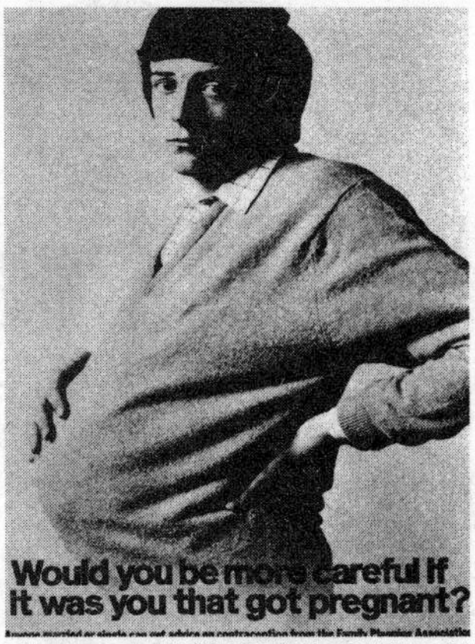

图 1-64　公益招贴往往最能够直观体现设计师对社会的洞察力，这是创作于 1970 年的公益招贴 Would you be more careful if it was you that got pregnant。

二、少多原则

“少与多”是设计界的经典话题，它可以表达为具象的“极简与矫饰”，也可以表达为抽象的“单一与多元”、“正形与负形”等，而米斯·凡·德·罗提倡的“少就是多”（Less is more）赋予了这组关系最为辩证的理解（图 1-65）。在从事设计管理工作的时候，这组关系可以帮助我们整理信息的主次关系，与其相关的若干设计原则都更直接地干预着设计管理者的行为，因为与上文所说的“取舍”的“伦理动机”相比，“少多”是可以量化的。

1. 奥卡姆剃刀原理（最简原则）

“Entities should not be multiplied unnecessarily”，中文一般译为“如无必要，勿增实体”，据说 14 世纪英格兰萨里郡逻辑学家、圣芳济会修道士，奥卡姆的威廉（William of Occam）用拉丁文写下了这样一句格言，几个世纪之后，它变成了经济学、管理学研究者最热衷的话题之一。仔细想像，“Less is more”的本质精神和奥卡姆剃刀是一致的，即把那些没有必要设计、制造、生产和消费的无用功能和视觉添加统统去除（图 1-66）。

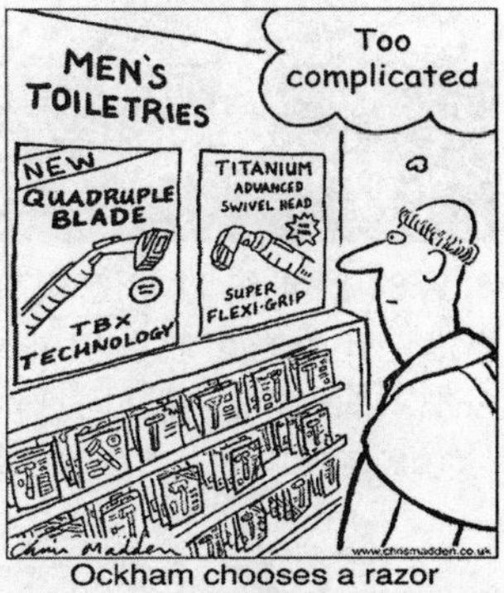

图 1-65　奥卡姆剃刀原理的关键是“如无必要，勿增实体”，类似于我们熟知的设计格言“形式追随功能”。

2. 80/20 法则（最省力原则）

19 世纪 80 年代，意大利经济学家威尔弗雷多·帕累托（Vilfredo Pareto，1848—1923）发现 20％的意大利人占有社会 80％的财富，随着研究的深入，他发现这种现象出现在不同国家、不同地区，关键变量的比例通常在 10％—30％之间。这一现象被简称为 80/20 法则（图 1-67）。二次大战期间，哈佛大学语言学教授乔治·吉普夫（George K. Zipf）称之为“最省力原则”，并大力宣传，而真正使之在社会生活中广泛应用的，是约瑟夫·M·朱兰（Joseph M. Juran），1951 年，麦格劳—希尔公司出版了他编写的《质量管理手册》，其中很多内容是讲解 80/20 法则的应用，朱兰称之为“关键少数原则”或“帕累托原则”。从设计的角度来说，80/20 法则可以帮助设计师思考“关键因子”，最大限度实现设计的效益。与奥卡姆剃刀相比，80/20 明确了一个关键数值，当我们考虑多功能、多元设计的时候，这一限定

图 1-66　1951 年，路德维希·米斯·凡·德·罗设计的范斯沃斯住宅是“极简主义”的代表作(Ludwig Mies van der Rohe. 1886－1969. Germany. Farnsworth House.)。设计历史中的极简主义设计观念至今仍受到设计师、消费者重视，越来越多的产品品牌塑造出“简单生活”的形象，其根源来自人对清晰、秩序、可操控的要求。

就显得很有价值(图 1-68)。

图 1-67　在一个男性时尚网站中(www. kinowear. com),时尚顾问 Jae 针对 80/20 原则撰写了文章“How the 80/20 Rule Applies to Style”,分析 20%的设计贡献和穿着品位如何产生 80%的时尚感。

三、适用原则

实用的东西很多人都可以造,而“适用”却需要设计师更进一个层次思考“用”(图 1-69)。

1. 通过深度观察生活了解“用”的细节

设计,始于调查还是始于创意,往往会让设计师左右为难。如果从市场调查入手,很可能最终什么方案也无法形成,因为仅仅是商业设计与消费伦理就会产生很多自相矛盾的问题;从创意入手,则可能带来更多的设计垃圾,因为创意往往脱离生活所用,也未必能迎合市场和社会之用。生活调查,提供的是一种和生活质量、追求深度接触的途径,它的着眼点并非是刺激消费、扩大市场,而是以一种追踪生活本质的态度来思考设计的发展趋势。

图 1-68　20 世纪 90 年代,安藤忠雄设计的光之教堂(Tadao Ando, Church of The Light)将“关键因子”利用得无可挑剔。

2. 通过真切体会人的理性需求了解“用”的价值

二战以后,美国大力发展商业设计,形成了一种以购物中心、超级市场为城市区域划分的方式,尤其是超市模式,它已经成为一个社区是否完整的重要指标之一。充斥于超市中的各种日用品满足着不同层次人群的基本生活需求,而那些“针对个人的销售”的策略实际在左右着社会发展的基本方向。在这样的社会环境中,人对日用品的概念已经发生巨大变化,强调“适用原则”首先对设计师提出更高要求:设计师只有真切体会到人的理性需求,才可能做出适用的成果(图 1-70)。

图 1-69　“用”的层次有多重,为自然界的生物进行设计也可以成为设计师的职业范畴。图为荷兰 droog 设计公司设计师马塞尔·旺德斯设计的鸟巢(Marcel Wanders,Birdhouse)。

四、总体原则

“总体”分为几个层次:特定物件的细节改良;细节对于特定物件的意义;一个物件对于同属性的一组物件的意义;物件群和社会物质形态之间的关系。

设计的动机、行为和结果是相互联系的思考整体,当我们可以明确目标层次,明确行为的趋向,明确单个结果可能产生的社会连锁反应,就会对设计的整个过程有更慎重的安排,这里特别需要强调的就是创意的总体性。

只要涉及设计的程序,几乎都要从创意谈起。设计创意来自何方?大部分思维训练、创意方法都会以一个或一组关键词展开,目的在于发散一切可能的联想,刺激头脑产生新意。在这个过程中，思维收敛的步骤往往被忽视了。设计创意和一般创意不同的地方在于，设计创意的目标是为设计产品做基础铺垫，而一旦涉及社会产品，创意便带有了责任的限定。从这个角度说，好的创意实质是基于社会生活现实状态的反思，因此，设计创意尤其需要强调一种总体意识。

图 1-70 1986 年，台湾“全日美”公司创立，主要开发成人纸尿裤与婴儿纸尿裤，其中，“包大人”牌成人纸尿裤系列和医疗耗材系列因其幽默的品牌命名和准确的品牌定位已经成为很多消费者的首选，这里体现了设计师、生产商与消费者的良性互动关系。

第二节 设计管理的两种表现

很多刚刚从事设计工作的毕业生在做设计的时候，比较注重方案本身是否能够符合老板或客户的要求，基本处于被动设计的状态，虽然这些年轻的设计师对此表示不满，但这种经历可以帮助他们更真实地了解社会需求和市场需求。几年后，一些人可能会更好地消化被动设计期间所见、所闻，真正开始做设计。事实上，如果在学校期间能够对一些影响设计实践活动的知识要素有所了解，并能够主动收集相关案例，工作的时候就可以减少被动设计的不适感。

一、目标与计划——指向设计管理过程

1. 基本概念

目标，是指人们在一定时期内预期的并且可以达到的状态，这种状态的获得需要个人或群体付出努力，否则只能称为想法。

而管理学科通常所说的目标管理，指的是目标的分解、落实、执行、协调、检查等，目标管理的首要工作是确定“一定时期”的具体所指，即时间线，然后才是成果内容。有不少设计管理教材会将设计目标与设计策略进行比较，一般来说，策略是指在较长的时间里，要达到目标的方法和手段，既要决定“应该做什么”，也要决定“不能做什么”。

与确定目标关系密切的工作是制定计划。在制定计划的时候，存在一个信息前馈过程(Feed Forward)，这是指计划制定者根据经验、案例或他人研究成果对工作可能遇到的问题进行预测，并采取相应措施规避，以更有效地确定工作目标、确定难题、划分目标层次和难题等级、准备工作方案或解题方案(根据项目的不同，制定者还会列出几种备选方案)。当方案确定以后，计划就进入到信息反馈阶段(Feed Back)，即通过评价系统对方案的评估、论证和决策，正式进入到计划实施、调整和巩固阶段。计划的拓展将会涉及如程序、流程等更大的概念，如新产品开发

的程序，通常会包括概念形成（关键词、草图）、初步方案形成（草图、略图）、情境研究（正稿、模型）、工艺计划、设备计划、试制试产计划、正式投产计划等，可以说这种程序、流程是一个个具体的小的目标、计划组建而成的。所以我们在阅读一些管理学著作的时候，不用担心术语，把各种术语的关系找到，就可以更快速地把握要领。

2. 设计目标与计划

设计本身已经隐含目标和计划的概念，只是有些设计师会将目标更明确地提炼出来，针对目标制定计划，防止设计方案偏离需求。在设计的具体化的过程中，计划可以作为一种定向行为分析的方法，同时，计划本身也是一种有特定目标对象的创造性行为，目标属性会规定设计活动的基本属性，比如为特定人群做设计、为特定品牌做设计、为特定功能做设计等等，在这些目标之下，还可以细分更多小目标，这样可以帮助设计师绘制比较完整的目标结构图和具体的计划列表，以找到自己的用力点。

设计界有很多关于“好设计”的解释，其中有一句“好（成功）的设计总是伴随着好（成功）的程序”，指的正是设计师或专门的设计管理者通过合理设置目标、制定计划，使设计过程中涉及的所有程序总是尽可能有效。美国工业设计师理查德·巴克敏斯特·富勒（Richad Buckminster Fuller，1895—1983）将“Dynamic”（动力的）、“Maximums”（最大的）和“Tension”（有张力的）三个词整合为一个新的单词“Dymaxion”，体现了设计师对设计的有效性的重视，这个词的意思是“最大限度地利用能源的，以最少结构提供最大强度的”，这也正是整个设计师群体都希望达到的目标，富勒一生所有的设计项目、实验、计划几乎都围绕这一个词展开，并在 1940 年推出自己最成熟的作品之一——“高效能住宅单元”（DDUs—Dymaxion Deployment Units）。

二、价格与价值——指向设计管理结果

1. 基本概念

一般认为，价格是商品价值的货币表现，或者说是商品价值在流通过程中的转化形式。价格总是直观的，近年来影响产品价格的主要因素除了原材料价格、劳动力价格等传统因素，还有全球商业销售模式的变化，如营销渠道（marketing channel）的变化。营销渠道指的是商品的销售路线，一件商品从生产商手中走向消费者，有可能要经过多个中间商，商品价格就会包含中

间商的利润，优秀的经销代理，可以帮助生产商扩大知名度，获得地区市场占有率，但也可能凭借销售路线复杂，对生产商进行欺骗。简单地说，渠道越长，企业产品线的拓展可能就越大，但企业对产品终端的控制能力和信息回收能力就会降低。随着电子商务的成熟，渠道扁平化（取消或削减产品中转环节）已经成为一大趋势，越来越多的企业开始考虑渠道设计的问题，以获得与消费者双赢的销售结构。

价值，虽然是价格生成的直接因素，却无法像价格那样让人心里“有数”，我们虽然很熟悉宏观经济调控、市场调节、价格杠杆等概念，却很少在日常生活中将之与产品价值联系起来。但设计师必须对设计、设计品及设计师自己的价值有所了解（见第三篇“案例”之“案例检索与分析”课题）。

2. 设计（品）的价格与价值

就像一百多年前的艺术家、设计师、理论家们那样，今天的艺术设计专业的学生仍然会问，设计到底更注重实用性，还是更注重审美；我们到底为大众设计，还是为小众设计？为什么那些看起来无法使用的产品，特别是国际 T 型台上的服装，却那么贵？

这些问题都指向“设计的附加值”。那么，设计的附加值究竟有没有计算的方式？简单地说，这是对“好设计”的另一种界定：“好（成功）的设计就是艺术”。当设计等同于艺术的时候，设计师所创造的设计品的价值，就不仅仅是设计、生产这件商品耗费的材料费、人工费、物流费等基础成本，更包括了设计师经验、生产者品牌、质量监测与服务、收藏价值等影响设计品气质的社会文化因素。

不同领域的设计师，也会获得不同的价值认可，设计的附加值或高或低。比如建筑设计师，从建筑师行业的总体情况看，建筑师资格考试提升了行业门槛，行业知识与结构也更复杂，建筑设计师们更容易为自己的设计获得比较稳定且形成一定行业规范的价格。而手工艺品则最能体现价格落差，因为它们往往是跟随艺术品销售趋势进行调整，且更强调个人创作经验，因此手工艺品价格的升或跌，具有更多的偶然性，当然，手工艺品一旦进入一些高端的艺术市场，就将成为艺术管理研究的对象，涉及画廊、拍卖行、艺术经纪等话题。一些“限量版”的奢侈品（包括服饰品、电子产品、汽车甚至房产等）也常常出现在艺术管理学的案例中，这正是因为目前的设计管理学科结构还不完善，无法就设计品价格、价值等问题做出更加市场化的分析。

小资料

垂直整合,成为世界电子产品的中心——韩国三星

数据来源:世界品牌实验室 www. brand. icxo. com

近年来,韩国在文化、经济、设计等众多领域的发展都取得了显著成绩,三星电子集团正是一个注重组织构架,并随着社会发展不断调整组织坐标的典范。

三星公司正式成立于1938年,近70年的发展使之在食品、纺织、电子、飞机、机器、化工、船舶等领域都占据了重要的位置,尤其是在电子行业,三星创造了持续发展的神话。2002年,美国工业设计奖(the Industrial Design Excellence Awards,IDEA)评选活动中,三星获金奖1个,银奖3个,铜奖1个,自1998年至今,三星电子共获得了18项IDEA工业设计金奖,获奖数目仅以1项之差落后于美国苹果公司,综合排名第二位。"以价值为基础"的品牌管理,使得它在2002年度美国工作设计奖中连夺5项大奖,成为大赢家。2007年7月,《财富》杂志发布年度500强排名,三星以895亿美元的年营业额排在28名,确立全球第一电子品牌的地位。2007年9月,由世界品牌实验室编制、《蒙代尔》杂志中文版发布的2007年度《亚洲品牌500强》排行榜揭晓,共有13个国家和地区的500个品牌入选,日本丰田、中国移动和韩国三星名列前三。"以人才和技术为基础,创造出最高品质的产品和服务,为人类社会的发展作出贡献。"1988年,在三星株式会社成立50周年庆典上,会长李健熙决定抛弃"替日本三洋打工"的角色,宣布三星进入"二次创业"阶段。在李健熙的蓝图里,三星将是全球排名前5位的电子品牌。李健熙将公司的半导体业务合并入"三星电子",最大限度地配置技术资源,开发增值产品。1999年,"三星电子"成立30周年庆典上,李健熙决定集中精力发展优势业务,将不具备优势的业务统统砍去。同时,看清了未来的电子产品将向数字化方向发展,进而推出"数字文艺复兴计划",将旗下系列电子产品向数字化方向演进。而此时的索尼,还沉醉在自己工业技术的高贵之中,而且不遗余力地崇尚工业设计的精耕细作之美。看清了数字化趋势之后,接下来的问题是,如何发挥产品的综合优势?李健熙给出的答案是:基于下游的系列数字化电子产品(数字电视、显示器、笔记本、手机、存储器),在上游开发共有的与数字化相关的核心部件(半导体芯片、LCD)及核心技术,以达到整个纵向产业链的整体领先。三星借助这种模式,在电子业领域

成功崛起，成为全球首屈一指的强势品牌。学者们在研究三星时，给这种模式取了一个名字——垂直整合。于是，“垂直整合”成为三星商业模式行走全球的名片，进而引发诸多企业纷纷效仿。

思考：“垂直整合”是否也存在生命周期？

相关话题：《经理人》2007 年第 9 期“三星的垂直整合需要扬弃”，作者：郎咸平。

第三节　设计管理者的职能

一、了解专业属性，制定设计目标

在设计方案送达客户手中之前，设计管理其实是设计师对委托项目的主观管理，在这个环节中，设计师需要对自己从事的专业和事业的基本要求有比较深入的了解。

一般来说，了解需求是制定目标的关键。对大多数产品设计计划而言，需求指的就是消费需求，但是作为一个设计管理者，则需要跳出“做设计”的限定，首先了解专业属性，进而了解人的深层次需求，确定多种层次的设计目标。

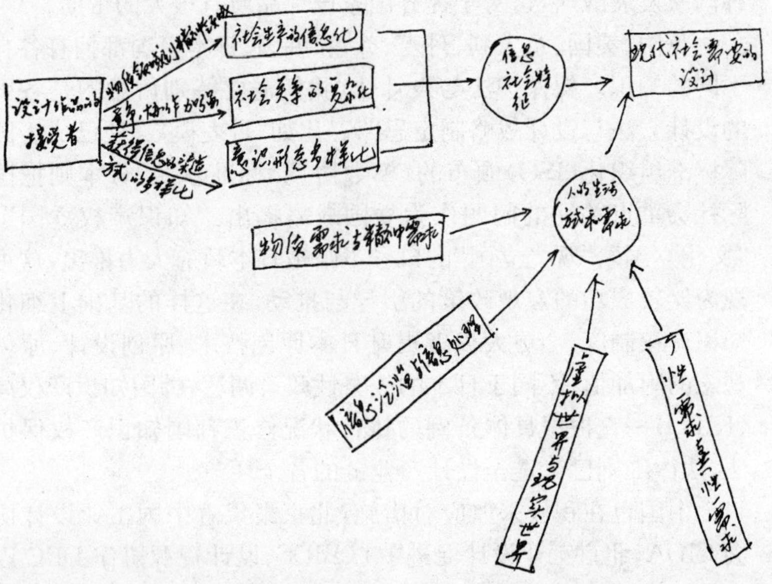

比起提供目标样板，让学生在课堂上自己绘制目标关系图更有效。

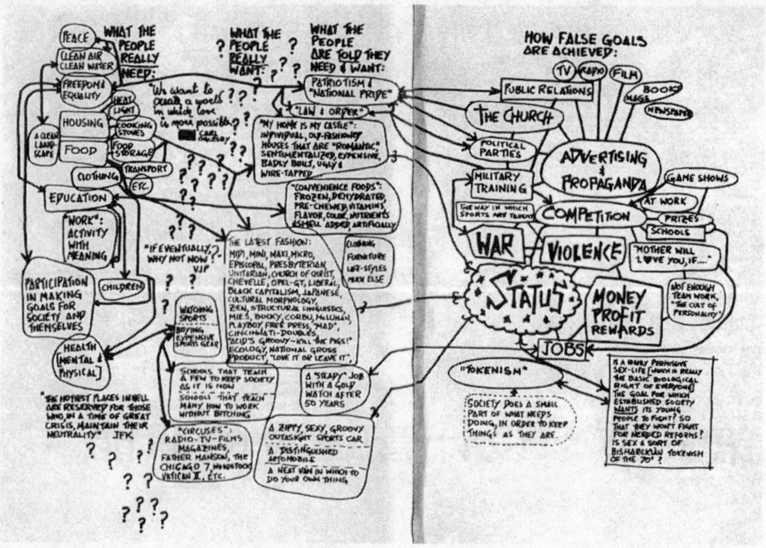

讲解设计史论研究者和设计师们的设计目标,学生将通过比对开始明确自己的思维坐标:维克多·帕帕奈克在《为真实世界而设计》一书中,对于如何为真实世界设计提出了一个庞大的思考结构,而帕帕奈克本人正是这样实践着自己的目标。

二、关注行业动态,制定设计战略

设计管理者,不仅仅是敏锐的问题处理专家,还要能够带动团队持续发展。系统观念、总体观念对于设计管理者而言尤为重要。创意产业升温以后,越来越多的国家政府将设计视为一种国家发展战略,这对于提升国家设计品质有很大的帮助。

英国、美国、意大利、丹麦、芬兰、韩国、日本等国都拥有各自不同的知识产权保护法与设计法,我们需要特别留意的是各国的设计立法与设计战略制定思路。比如"丹麦模数"便已成为国际标准组织化(ISO)颁布的《模数协调》标准参照;日本则把国际社会重点关注的问题作为立国战略提出:"知识产权立国"、"文化立国"、"观光立国"的口号不断被日本政府大力推出,这可视为比较成功的宏观政策的引导与推动,在这样的基础上细化知识产权制度,会更大程度提升日本原创技术、原创设计、原创观念的附加值;不同于日本的战略性政策调适,韩国知识产权局(KIPO)一直根据具体条例的执行状况修正韩国知识产权保护法,法律细则已渗透至设计产业链的各个环节。

中国也在积极采取应对措施,北京聚集着中国工业设计协会 CIDA、北京工业设计促进中心 BIDC、设计资源协作 DRC 以及前文提到的中国设计产业协会 CDIA 等众多研究机构,都在尝试制定相关的产业政策,从中寻找可以制度化的设计保护与助动方式。制定设计产业政策或成立设计公共政策研究机构，再由政策带动相关法律法规的建立也是一种有益探索，这样做的特点在于可以更好地整合各种文化资源，建立国际设计合作关系并更清楚地了解国际设计政策。

从 2001 年开始的国际设计交流看，英国、法国、德国、意大利、芬兰、日本、韩国都在中国顺利展开了各自国家设计文化与政策的推广，中国北京、广州、上海、深圳等地在与这些国家合作的过程中，必然感受到国际设计文化与政策的取向，越来越多的中国设计研究者、设计师、企业家开始思考企业设计战略和国家设计战略。这种意识影响着设计管理者的层次和作为（如下图）。

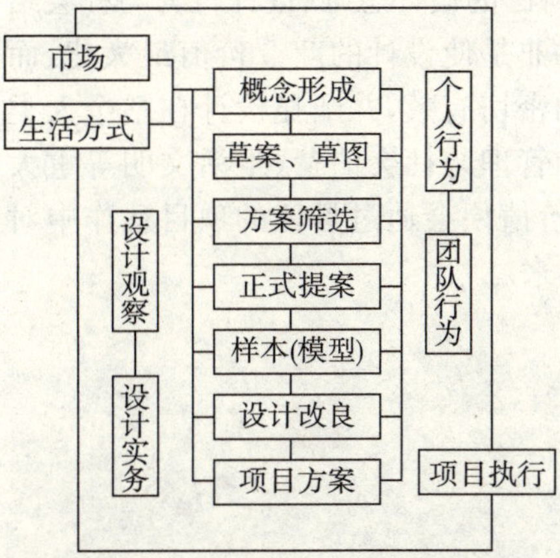

项目设计管理主要由项目经理（Project Manager）和产品经理（Product Manager）共同负责。

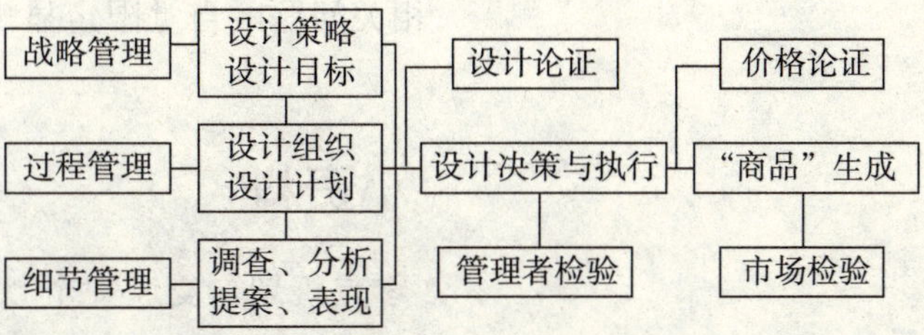

企业设计管理主要由企业管理者、设计经理（Design Manager）共同负责。

三、进行设计决策

所谓设计决策，其实就是指“设计管理者如何解决问题”，决策而不能解决问题，设计管理就是无效的。因此，设计管理研究需要研究者保持一种清醒的问题意识，并能有效地把一系列问题组织在一个整体之中。设计师在设定问题的时候，通常会根据客户的要求做相应的提案，而大部分“客户要求”往往就是消费需求，即使是不直接产出产品的研发机构，其研发的基础参照也仍然是市场与消费需求。这三者的关系必然是在一个“消费需要——消费设计”的小圈子里循环，从更长远的发展看，这样的问题设计已经不能满足设计本身的特性了。以荷兰飞利浦公司的产品广告语的微调为例，可以看出飞利浦正在从一个具体的产品、一系列产品走向更为广阔的社会产品责任与设计贡献的问题思考中。2004 年 9 月 14 日，飞利浦公司高层宣布启动“全球营销计划”，对飞利浦品牌进行重新定位：蓝白背景中“让我们做得更好”的温和语调被直观和简单（sense and simplicity）取代，这意味着“设计”将成为新的营销重点，结构、外观均强调适用、简单，从飞利浦投产商品的真实表现看，它确实在引导消费者走向“简单生活”。

如果将设计管理理所当然理解为是对设计的管理，设计管理者就必须要意识到，设计并非是直接产生产品，在构思、生产、制造之前，还有一种更为宏观的设计论证，包括对人的生理行为和精神行为的安排。学习设计管理，其实是培养一种整体理解设计及其程序、效用、价值的思维方式。只有不局限于局部的设计创意与改良，才有可能使自己的设计思维、设计行为与社会结合起来。设计管理的目的并非是使设计的商业价值最大化，而是使设计与社会的关联更加密切有效，并凸显设计在整个人类文明活动中的意义。当设计管理与社会消费、生活文明等重大问题链接的时候，它的社会价值便会通过具体的项目运作中对相关问题的自觉限定显现出来。

小资料

零点规划与交通安全[24]

2007 年 9 月，亚洲及太平洋经济社会委员会驾驭全球化委员会在曼谷召开第四届主题会议“运输和旅游业问题：改进亚洲公路的道路安全”，大会秘书处撰文说明了这次会议召开的背景：“亚洲公路网的开发取得了长足进展。仅在去年一年就在亚洲公路上投资了大约 1,700 亿美元，亚洲公路网已得到超过 200 亿美元的承付款。遗憾的是，目前亚洲道路的安全记录在全球最差。去年，有 50 多万人死于公路事故，2,000—3,000 万人受伤，经济损失高达 1,000 亿美元左右。尽管 14 万公里长的亚洲公路大多数路段的安全性高于本区域其它公路，但某些路段的安全记录令人担忧。去年，在亚洲公路网的 125,000 次交通事故中有 19,000 多人丧生。本区域决策者认识到迫切需要改进道路安全。《亚洲公路网政府间协定》缔约方正式承诺“充分考虑道路安全问题”，亚太经社会《改善亚洲及太平洋区域道路安全部长宣言》提出“2007—2015 年期间在亚洲和太平洋公路上拯救 60 万人生命并防止相当数量重伤事故”的目标，并请亚太经社会成员“将亚洲公路树立为道路安全的模范”。根据这些呼吁，秘书处于2007年6月21—22日在曼谷召开了改善亚洲公路道路安全专家组会议。会议吸引了代表31个亚太经社会成员国公路部门和负责道路安全的其它组织的专家。包括道路安全目标和指标、筹资以及道路评估在内的会议成果载于本文件中，供委员会审议。基本结论是：改善道路安全具有良好的经济意义。例如，实现上述部长宣言的总体目标有可能使本区域每年节省大约150亿美元。本文件的具体目标为：(a)综述亚洲公路网道路安全现状；(b)总结改进现状方面的国家经验；(c)讨论资源筹集以及道路安全最佳资源分配的办法；以及(d)报告亚太经社会改善亚洲公路道路安全专家组会议的成果。

会议日程中提出的国际道路评估方案和瑞典“零点规划”引起较大反响，这一规划的最终目的便是使交通事故中的儿童死亡率降至“零”。

思考：设计师可以为“零点规划”作出怎样的提案？如何使之可行？

[注释]

[1] 即英国皇家艺术制造与商业促进会:Royal Society for the encouragement of Arts, Manufactures & Commerce。
[2] Design Management, Farr M. Warwick. Hodder and stoughton. 中译文采用 2002 年(中央美术学院)国际设计管理专业发展课程班讲义。
[3] 许平. 中央美术学院设计学院设计管理课程讲义,2003。
[4] Design Management. Edited by Peter Gorb . Architecture Design and Technology Press, London, 1990.
[5] Design Management: a handbook of issues and methods. Edited by Mark Okley. Basil Blackwell, 1990.
[6] Marketing and Design Management. Edited by Margaret Bruce and Rachel Cooper. International Thomson Business Press, 1997.
[7] The Management Of Design Projects. Wrote by Alan Toplian. Associated Business Press, 1980。
[8] Design Project Management. Wrote by Griff Boyle. Ashgate Publishing Limited, 2003.
[9] Brigitte Borja de Mozota,法国设计管理研究专家,1995 年加入美国设计管理学会,撰写过多篇与设计管理相关的论文。
[10] [英] 尼古拉斯·佩夫斯纳著,王申祜译.《现代设计的先驱者》. 中国建筑工业出版社 2004 年版,P8。
[11] society, institute, association 应分别表述为"学会"、"协会"、"联合会",为了遵循以往翻译的惯例,也为了表述方便,本文一律使用协会,需要深入了解此类组织的读者则应该区分其中的微妙差别。
[12] 罗伯特·E. 勒纳等著,王觉非等译.《西方文明史》. 中国青年出版社 2003 年版,P7。
[13] 同上,P9—10。
[14] 张一兵著.《问题式、症候阅读与意识形态》. 中央编译出版社,2003 年版,P25-26。
[15] 陈学明、吴松、远东编.《痛苦中的安乐》(马尔库塞、弗洛姆论消费主义). 云南人民出版社,P2。
[16] 同上,P3。
[17] 同上,P190。
[18] 许平著.《造物之门》. 陕西人民美术出版社,P53。
[19] [加]理查德·沃则尔著,高卓、张葆华译.《未来 20 年的生活》. 新华出版社,P140。
[20] 关于课题一和课题二的介绍见第二部分"课程与课题"。
[21] [英]摩根·威策尔著,孔京京、张炳南译.《管理的历史》. 中信出版社 2002 年版。
[22] 约翰·奈斯比特著,魏平译.《定见》. 中信出版社,2007 年 4 月,导言。
[23] 全增嘏主编《西方哲学史》. 上海人民出版社 1995 年版,上册 P185-186;转引自凌继尧、徐恒醇著.《艺术设计学》. 上海人民出版社,2006 年 9 月版,P3。
[24] 资料主要来源:亚洲及太平洋经济社会委员会驾驭全球化委员会第四届主题会议文本。

第二篇

课程与课题

2002 年 10 月，南京艺术学院设计学院正式为本科生开设设计管理课程。课程教学目的：通过学习设计管理知识，使学生能够将原有专业知识与管理学相关知识结合，将设计师的功能从创意、执行的层面扩展至组织、协调、策划等更多领域，形成专业设计及其研究结构的“思路”。课程主要内容分为两部分：以 40 课时的教学时段为例，约 4 课时介绍设计管理的基本概念、主要知识和研究趋势，4 课时介绍案例，其余时间做课题，如主题词分析、课堂访谈、课题论证、设计调查等。

经过 6 年时间的教学磨合，设计管理课程已经发展成为一门介于设计史论和设计实践课程之间的“实践理论型”课程。“实践理论”的意思是指先用最简单的方式介绍课程性质和课题格式，接着就做课题，先实践、后总结，以培养学生对设计问题思考的主动性和完整性。这种方式最初会让学生感到无从下手，但只要进行 1～2 次课题讲评，大部分学生就能够了解课程目的。同时，通过团队课题、个人课题、课堂作业、课后思考、自选题、命题等多种形式的课题设置，让学生逐渐学会担当不同形态的设计资源的分析者和管理者的角色。在这个过程中，教师也处于不断的思考中，同时尽可能完善自己的知识结构，拓展自己对设计管理的理解。

设计管理课程在本科阶段讲授的必要性，也就是体现于两点：帮助学生将“设计”置放于一个比较大的社会环境中考察；将“个人”置放于一个比较大的社会群体中考察。

第一章 课程概述

第一节 课程缘起

一、Newman 教授与国际设计管理专业发展课程

2002 年 4 月，澳大利亚悉尼大学悉尼美术学院院长、新威尔士大学美术学院设计分院前任院长让·纽曼教授(Ron Newman)第二次到中国介绍“设计管理”，并在中央美术学院开设“国际设计管理专业发展课程”(中方翻译及主持：中央美术学院对外文化交流中心主任晋华)，参加课程的多为高校教师和企业的项目经理，这 6 天的课程成为中国很多设计院校开设设计管理课程的起点(建筑设计和工科院校工业设计专业开设时间较早，约在 20 世纪 80 年代末便有少数学校设有专门课程)，南京艺术学院设计学院是其中之一。

1. 课程内容

这次课程共 6 天，分为两组课程群。

课程一：设计管理程序与高水平的设计作品之间的关系，如法律环境、设计作品的专利权、版权及注册、设计准备工作和预算概要、财务方面：报价、现金流通监控、付款日程及分段、收款。

课程二：设计管理程序与高水平的设计作品之间的关系(进一步分析)；设计师的社会责任；一般管理与设计管理的关系；在一个机构、公司或学术单位中设计文化的重要性。

此外，Newman 讲解了三个设计管理研究的主要案例：美国赫尔曼·米勒公司、意大利阿莱西公司、荷兰飞利浦公司，并特别提到劳埃德·赖特(Frank Lloyd Wright，1867—1959)，认为他是一个经历了诸多挫折、值得尊敬的设计师。

2. 听课印象

在 Newman 的课程中，印象最深的部分是提问与回答。因为课程大纲的很多内容和中国的设计市场、设计师状况以及中国设计法规不能对接，在沟通上有比较大的障碍，大家的兴趣渐渐转向 Newman 讲故事，因为他不只是设计管理的研究者，也是澳大利亚知名的工业设计师，了解他个人的设计管理经验同样有价值。

小资料

课程问答小记

问：怎么看中国申奥标志？

答：悉尼的申奥标志(1992 年)由麦克·布瑞斯设计。中标后，新闻界一片批评声，太简单。设计的作用其实降到很低，却达到很好的效果。设计师出生地昆士兰州以香蕉种植为主，所以用到香蕉的元素，很独特的 T 恤上有"祝贺"的文字，有香蕉(Newman 设计)。

从一个比赛到标志的最后产生有三个故事：

申办标志：悉尼奥运会组委会请了 8 个设计师做设计，每人 2 万澳币，其中 7 位说没问题，第 8 个说，我不做(最好的平面设计师 Kankaito，以下简称"K")，我不参加这种竞赛，告诉我你的要求，付你该付的钱，我会作出好的设计；我是最好的设计师，我能设计怎么好的 Logo，你们这样做是没有意义的；你们雇我给我做，否则不要找我。最后另 7 位设计师承担了工作。最后评判方案的时候，另外还有 11 份免费方案也加入了，即一共 18 个方案。每个人都和奥委会签署协议，把他们所有权全部交给奥委会，对奥委会的使用不收费。

用了整整两天确定谁入选，在房里相互不停地问：你认为哪个最好。当时悉尼奥运会申办的时候专门成立了一个申办的公司，公司的头是个律师，他说我根本不知道为什么要去，我根本不懂设计，我在想，最好什么都不要问我。就是这样一群人在 18 个方案里做决定，所以 K 说的是有道理的，这些人缺乏专业的知识和专业的经验，这些人实际上不应该再做下去的。K 拒绝受邀来做设计是对的。把设计交给了一群非专业的人士做评判，靠的是运气。第二天过半，一位评判者(艺术评论家)说：最好的标志不在这里，是否应该重新规定程序，把有专业经验的人集中，从专业的角度选出最好的。最后选出来的就是麦克的方案。当然它有几个含义：Z、悉尼歌剧院、可填五种色彩、和原住民的绘画有联系。提出这个建议的人实际从设计管理的角度提出了问题，这与直接交给K的效果是一样的，最后还是得到了一个相对比较满意的标志，最后悉尼赢得了主办权。当然你们现在知道当时悉尼和北京达成协议，如果悉尼赢了，它将全力帮助北京申办2008年奥运会。

主办标志：从挣钱的角度说，你使用了两个和奥运相关标志，可能挣更多的钱。通过这种加以控制的方式，在商业运作上有了更多的机会。这在西方有更现实的意思，我们现在生活的全部几乎都与商业有关。

问：对大学生，您是如何开设与设计管理相关的课程的？

答：其实没有专门人才从事设计管理，这是一个年轻的专业，有很多年轻人从事这样的教学，这不是行业的问题，因为它还不成熟，可能因为我的经历促使我成为一名教授，我用部分时间教书，也为报纸、专业杂志写文章。

二、高峰论坛与企业设计管理

国内设计管理研究的主要力量集中在北京和上海，这两个城市已经举办了多次设计管理学术研讨、高峰论坛，并已经形成一定模式：主讲者多为国际知名院校学者、国际知名设计师、国际知名企业部门主管等；时间一般不超过三天；会务费一般不低于3000元（学生可以凭借有效证件打折）。如2002年9月20—22日，"'易用设计'——英国当代产品设计展及清华国际设计管理论坛"在北京开幕，论坛演讲者有美国、英国、日本、韩国和中国各相关领域的专家和学者，目的在于"传播、引介和交流国际设计管理的最新研究成果、确立设计管理学科体系、为中国企业进入WTO之后，强化设计竞争力、提升设计管理水平和实力作出探索和贡献。"类似会展每年都有，在一定程度上推广了设计管理的认知程度，也直接带动了国际设计管理课程班的发展，如2003年11月，由同济大学、上海工业设计促进会以及英国皇家艺术学院合作举办设计管理课程班。业内对于高峰论坛、高级课程班的评价褒贬不一，但密集活动可以促使更多人认真思考中国设计管理的面貌，也帮助设计院校更好地思考设计管理课程需要涉及的领域。

小资料：

“D2B 第一届国际设计管理高峰会”(上海交通大学官方网站)

2006 年 3 月 17 日至 19 日，由上海交通大学主办的“D2B 第一届国际设计管理高峰会”在上海银河宾馆举行。英国萨尔福特大学常务副校长 Jane Hanstock 教授、欧洲设计协会主席 Rachel Cooper 教授和美国设计管理学会主席 Thomas Lockwood 以及来自欧盟、美国等 14 个国家、56 个设计单位以及学校的 80 余位世界知名的专家学者会同 80 多位中国企业界、设计界人士作互动探讨和设计案例研究。

主题演讲人分别来自不同的设计方向与背景，包括涉及管理研究与教育、设计策略研究、涉及文化与文化诠释、以及工业商业领域的设计管理实践等，整个会议期间的中心议题包括：设计教育与研究、战略性设计——获得具有竞争性的优势、设计与商业空间以及新兴的设计等分议题进行。

“D2B 第一届国际设计管理高峰会”是上海交通大学媒体与设计学院设计系与英国 Salford 大学艺术与设计系等 8 所大学共同申请的欧盟支助项目——“AsiaLink 中欧设计管理网项目”的总结会。该项目在于促进欧洲和中国在设计管理领域长期的教学合作，并开发国际设计管理的新的硕士学位课程，并努力使亚洲和欧洲的大学、企业、设计机构、政府因此受益。D2B(Design to Business)，是“设计对企业”的简称，旨在“通过设计创造商业成功”。如何将管理者与设计者紧密结合起来，使企业可以通过设计获得具有相当的竞争优势，是这次国际级会议需要解决的主要议题。D2B 既是一种理念，也是一个组织；它是由英国 Salford 大学设计学院、瑞典斯德哥尔摩大学管理学院、丹麦哥本哈根商学院、米兰理工学院设计系、泰国 King Mongkut's 科技大学设计系、上海交通大学媒体与设计学院、清华大学美术学院、哈尔滨工业大学设计学院等 8 所著名高校设计专业和管理专业的学者组成的全球联盟。在此以前，来自英国 Salford 大学以及全球 8 所著名学府的学者已经对此专题进行了长达两年的研究。加快发展现代服务业是上海加快自身发展与主动服务全国的重要体现，提升城市产业结构，创造需求、引导消费，向社会提供高附加值、高层次、知识型生产服务和生活服务，广泛渗透于国民经济和社会发展各领域。创意与设计产业作为知识型服务业的一个部分，正在受到政府以及社会各界越来越广泛的重视。促进创意与设计产业进一步迅速发展，不断建立和完善创意设计的研究和催进平台，正是 D2B 国际高峰会议的宗旨所在。

第二节　南京艺术学院设计学院本科阶段设计管理课程

距纽曼讲学 6 年多时间过去了，国内设计管理研究的热度不断升温，但艺术设计院校为本科阶段学生开设的设计管理课程并不多的原因有几点：①专门从事设计管理教学的教师比较少，中途进行学科“嫁接”需要时间；②不同专业领域对设计管理的理解不同，有些专业如建筑设计、产品设计，设计管理的内容已经融入教学大纲，只是课程名称未必统一为设计管理；③本科生缺少设计的经验、管理的经验，在知识接受方面会有障碍，容易造成“没办法开”的印象。因此，设计管理课程一般只在研究生阶段开设。这里存在一个问题：本科阶段究竟需不需要开设设计管理课程？如果开设，该如何向学生介绍设计管理知识？

一、课程目的：形成专业设计及其研究结构的“思路”

南京艺术学院设计学院自 2002 年为本科生开设设计管理课程以来一直在思考上述问题，也一直在调整思路。南艺设计管理课程是必修课，因此听课学生来自各个专业，教师在课程知识点讲授的过程中必须以所有专业的共性和设计行业的特性为基本着眼点。初期，课程讲授重点曾经偏向于管理学知识介绍、市场调研、角色模拟，但效果并不明显，学生在设计理解方面尚且存在问题，对于设计管理就更容易产生困惑。经过几年的课程探索，现在基本确定了讲授主题与考核方式，重点在于让学生了解：从专业、职业、企业、行业、产业的各个层面看，自己在不同阶段面对的“可以支配的资源”以及如何利用这些资源，换言之，设计管理课程的目的是让学生逐渐形成专业设计及其研究结构的“思路”，因此在课程课题中会特别强调“检索”、“观察”、“总结”与“表达”。由此产生的很多话题在课后也继续进行着，并通过回访、校友会、系列讲座的形式向新入学的本科生介绍。

二、关键知识：设计管理、设计管理者

知识点讲授占课程课时总量的 20％，主要内容包括：

1. 设计管理概念的基本介绍：意识、概念、研究现状；
2. 为什么要学习设计管理：毕业设计的方法和意义；个人

设计的方法和意义；企业产品创新的方法和意义；设计发展的方法和意义。

3. 设计管理应用的几种状态：设计专业学生、设计师、企业内部设计部门或设计公司的项目小组与战略规划组、国家设计中心或设计促进机构。

4. 做一个设计管理者的基本要求：专业素养、观察理解能力、协调能力、决策能力（以案例讲解为主）。

此外，课程还有一个比较重要的内容是向学生进行阅读推荐，包括书籍、电视节目、调研地点等，这样，即使课程结束也不影响学生继续思考相关问题。

三、课题组织方式：团队合作

1. 每组 4～6 人，人数过少难以涉及团队问题，人数过多则不便于考核；

2. 鼓励不同专业学生自由组合、互补，推选组长一名，组员中途可以换组或退出。

在合作过程中，学生会不断思考个人设计的动机，个人与设计小组的关系，选题的可行性、价值、意义。

四、选题方式：自选、命题

1. 自选

鼓励学生自选课题，选题范围不限，这是一个难点。大部分学生不适应这种自助方式，因此在自选课题阶段，教师必须经常和学生沟通，让学生用图像或关键词记录讨论过程是一种比较有效的方法，也容易保存。需要注意的是，教师不要随便否定学生的选题，即使是“老话题”，也存在本质与现象的区别，应该尽量引导学生寻找问题的本质，这样才可能以更稳定的心态面对将来的课程与项目。很多学生反映课上课题很容易过，但不容易做，也许指的就是这一点，如果每次课有 10 组学生，只要有 1～2 组表现突出，就能够提升整个课堂的课题品质，因为大部分学生还是希望“做成”一件事的。

2. 命题

对于自选课题感到困难的组合，特别是一些跨学科和专业的学生，教师提供几种选题，包括社会现象、大学生活、设计问题等几个类别，并举例说明“可以如何做”，铺设一条解决问题的明线。

另外，课堂穿插一些需要学生独立完成的命题作业，可以帮助教师发现一些有价值的个人思考，避免出现有些学生因不善言谈而对小组讨论甚至整个课程产生排斥。

五、课题热身（课题一）：访谈、调查

每个小组都必须根据自己的选题在课堂上做一次现场访谈，访谈内容可以与设计无关，目的是获取更多的信息，包括被访者对选题的熟悉程度、存在的问题、可能导向的落点等。访谈方式不限，这是另一个难点。要想做一场高质量的访谈比做出一个高水准的创意难得多，它考察的是人的综合素质，有趣的是，课堂访谈的现场或者很冷漠，或者很兴奋，很少出现中间状态，说明学生的情绪是有燃点的，能够找准这个点，小组就会顺利地获得很多反馈，进入下一阶段练习。详见第二章“以沟通为目的的访谈课程”和第三章“以体验为目的的调查课程”。

六、课题深入（课题二）：课堂展演

课堂展演指的是各小组在课堂上对课题研究过程及成果的展示与演讲。

在访谈课题结束后教师需要对每个课题“深入”的层次和方法给予一定指导，让学生可以最大程度地利用身边“可以支配的资源”完成课题。深入，是在课题一的基础上对同一选题的深化，但必须要落到“设计”的问题上，这种关系把握必须是流畅的，也是一个“收”的过程。每个组都需要准备现场提问和答疑，在深入阶段，提问细化到具体负责每项工作的学生，一是检验提问者“发现问题”的能力，二是检验被问者“回答问题”的能力。详见第四章“以论证为目的的展演课程”。

七、课题评价：小结、总结

课程结束后一周内，每组需要进行课程回顾和总结，并对其他小组的选题、访谈及正式展演进行评价，这是一个比课堂交流更重要的环节，如果学生能够认真完成课程中程的小结和结束后的总结，基本都能够整理出个人解读设计、设计团队、设计项目的思路，这样就达到了本科阶段讲授设计管理课程的目的。详见第五章“写小结与写总结”。

第二章　以沟通为目的的访谈课程

课前阅读推荐

1. 《设计的精神》，艺术设计杂志社，2008年；
2. 《采访本上的城市》，王军，三联书店，2008年；
3. 电视访谈节目，如《对话》、《大家》。

访谈练习，考察学生就一定生活问题、社会问题、专业问题与人群进行对话的能力，这一人群可能是特定的，也可能是随机的。课程目的是通过问题设置——问题提出——问答互动——价值判断，促动学生进行"周全"思考。生活调查与访谈练习的结合，可以使学生在一种主动和互动的思考过程中深入选题。

第一节　关键词分析

一、什么是访谈

人在生活中的闲聊、在工作中的讨论、在学习中的交流都有访谈的痕迹，但因为对话方式的非正式性，一些明显的访谈特征也就被遮盖了。一般认为，访谈是指特定问题、项目、事件的研究者、调查者为了获得更深入的研究资料或线索，而与一位或多位被访问者进行的对话，当对话给双方都带来更深层次的思考和判断时，称之为深度访谈。

二、访谈的要素

访谈者首先是问题的思考者。

在明确访谈主题之后，访谈者首先需要做很多准备工作，包括对主题的阐释、背景知识了解、访谈线索整理，这些都是在访谈之前需要用文字确定下来的内容，即便只是几个关键词的提示或关系图式，它们也可以确保访谈过程的清晰。

什么是问题？这是访谈中的关键点，好的问题将带来有价值的信息，问题并不直接对应着答案，如果仅仅将被访问者的回答视为答案，访谈者也会失去进一步思考的机会。

1. 问题的基本类型

在访谈中，问题一般分为封闭式问题和开放式问题两种，前者提供选择项，后者则完全由被访者主观完成。

以问卷调查为例，在很多问卷问题的设置中都可以看到封闭式问题在前，开放式问题在后，这是为了给被访者一种由浅入深、循序渐进的感觉，从人的知识利用和心理准备看，也比较能够接受这样的提问方式。

(1) 例：偷心的贼

小组成员：夏烨、郑香玉、程修远、李寒、吴小莎

现代社会，贼越来越多，被贼下过手的人也越来越多。电影《天下无贼》放映以后，贼的话题更是火爆，当然并未减少他们的数量。我们想就这个问题找几位同学聊一聊。

① 你有过被盗的经历吗？

A 有；B 没有

回答：有的(立刻反应)。

② 当时的心情怎样？

回答：很惊讶，突然有人告诉我我家被偷了。不敢相信！！

③ 你有没有亲眼目睹过别人被偷？

A 有；B 没有

回答：有！

④ 当时你有怎样的反应？

回答：小偷没偷成，是被我阻止的！

⑤ 你购买过二手车吗？如果有，你对它的来源产生过怀疑吗？

回答：购买过。我不怀疑它的来源！有什么好怀疑的！只要合算就行！

⑥ 如果你意外得知购买的车是赃车，你会有什么想法？

A 没想过；B 无所谓；C 无奈；D 愤恨

回答：无奈。因为我的车也被偷过的！

⑦ 在超市购物时，如有营业员跟着，你介意吗？为什么？

回答：介意的！！(生气地说)怎么不介意！我买东西时他跟

着我干吗！我要自己买!!

⑧ 你有没有因为携带贵重物品而感到不安全？在什么地方？

回答:有的，肯定会有的！在公车上，骑自行车时，人流量大时。

⑨ 现在社会上有各种各样的防盗措施，你感觉有效果吗？为什么？

回答:没有！（斩钉截铁地说）那是我的第一反应也没多想！

⑩ 你认为电子存包与人工存包哪个更安全？

回答:当然电子喽！人工易出错，因为东西多时顾不上。

⑪ 你有没有被身边的朋友偷过？当时的心情如何？

回答:没有，但认识的人有！当时很着急，想找到被偷的东西！

⑫ 在生活中你是怎样防盗的？举例说一下。

回答:把自己的东西放好，上公车时把背包放前面背。

（提问5位同学以后）小结：

我们从被提问者的答案中得到部分想要的信息，偷盗现象的普遍，使得人们加强了自我防范意识，无形中产生了对人的不信任，对社会的不安全感。当然课堂上的几个样本并不够准确完整。我们研究此课题的目的在于想通过我们的视角与亲身体会来传达一个信息——我们被偷的不止是物质，同时还有"精神的失窃"。贼在暗处，在明处的我们只能提高警惕，信任变得弥足珍贵，有人说"信任是一种有生命的感觉，更是一种连接人与人之间的纽带。"如果失去信任，是否就意味着失去了沟通与交流的机会呢？当我们感叹世态炎凉，人情冷漠时，是否都应该扪心自问："我对别人足够信任吗？我足够坦诚吗？"太多的心理戒备与猜疑，让人心变得沉重，谁都不愿沉重的活着，却又被现实逼迫着照旧如此。电影《天下无贼》的幽默和结局可能会让我们感到些轻松和安慰。我们也宁愿抱着"天下无贼"的美丽心愿留住信任，因此我们的延伸课题将做防盗产品设计的反思，"恢复信任"是我们努力的方向，这是一组悖论，但也是一个有趣的话题。

(2) 思考:关于"样本抽取"

如果将这份课堂访谈的提纲放置在一个社会环境中，比如超市、小区、休闲广场、电影院等，大家会收获什么样的信息？

2. 时间、地点、方式

一般我们习惯于将访谈场所置于办公室、茶馆，时间上通常会选择下午茶或晚饭后，但也有一些特殊事件会对访谈时间、地点和方式提出特殊的要求。

(1) 例:"生死两茫茫"——杨澜访李银河(《我问故我在》,学林出版社,1999 年版)

(正式访谈之前)

像许多人一样,我喜欢王小波的作品,特别是他的杂文。在他不幸去世一年之后,我约了他的妻子社会学者李银河作访问。

与一位遗孀谈过世的丈夫,那种气氛会不会太凝重和压抑?我觉得以王小波的幽默本性,肯定不喜欢歌功颂德式的追悼会。为什么不能以一种轻松自然的态度去谈论死亡呢?

李银河马上同意我的观点:"就是,说点高兴的事吧。比如我们两个人最后一次用电子邮件通信时,他还用暗号:'土豆,土豆,我是地瓜。'你看我,长得矮,又开始发胖,是有点像土豆。"

我和她一起笑了起来。那时,我们正坐在前往京郊王小波墓地的车上。

我在山上采了些野花,有白色的,也有紫色的,跟随李银河爬到半山,献在王小波的墓前。这是一块天然的花岗石,有三四米长,骨灰就放在开凿的石穴里。李银河说,经常有不相识的人把花放在在这里,还有人放一包香烟什么的。说着,她蹲下身去。

我有意退后半步,留给他们夫妻独处的空间。李银河无声地抚摸着墓石,眼泪一滴滴洒在青石上。

那天阳光充沛。站在陵园向远处望去,是一片开阔的平原。

(2) 思考:关于"心境"

以一种轻松自然的态度去和一个当事人谈论死亡,这考察的是访谈者的心境,它有时比技巧更能打动被访者,使其与访谈者形成深度的交流和沟通。

三、对沟通的理解与判断

要将一份文字提纲转化为流畅的现场对话,需要访谈者对问题有深入地理解,并能够用恰当的语言表述。而难度最大的是,在访谈过程中,访谈者需要高度集中注意力,对被访谈者表达的内容进行迅速的整理,提炼出有利于话题深入的关键词或关键问题,这是对访谈者的理解能力、表达能力、记忆力和判断能力的综合考验。在对话中,记忆的完整往往取决于理解的程度,而判断的结果将影响新问题的提出。这种能力需要通过长期的训练才可以获得,多种形式的主题辩论可以帮助学生形成一定的解题敏感。

(1) 例:杨澜访余秋雨(《我问故我在》,学林出版社,1999年版)

余秋雨:在社会发展的过程中,总会经历这么一个阶段。过去传媒过于刻板,现在言路初开,多种能量释放,各种民间行为不可能再整齐地走"一二一"的步伐,这在整体上不是坏事。我们应该以幽默的态度来看待这种纷乱现象,然后一起努力,尽快促使我们的文化环境从无序走向有序。

杨澜:余先生,这一点我可能不同意你的看法。我觉得这种无序会延续很长时间,不能快速走向有序。你看无论是美国还是我国的香港、台湾,这种不真实的"小道消息"在传媒上也大量存在,我们恐怕只能适应它们,不能期望它们有朝一日会改观吧?

余秋雨:我说的有序不是指小道消息的消失。海外和港台报刊上的小道消息、艺人逸事、无聊调侃确实很多,但它们固守着一个本位:无聊就是无聊,庸俗就是庸俗,并不怎么装扮,更不会慷慨激昂地提高到关及民族命运、文化前途的道德评判上来。这也是一种"序"。

杨澜:除此以外,广大的民众对传媒的态度也会成熟起来。

余秋雨:这是最重要的"有序"。

(2) 思考:关于"谈"

这样的对话结果是不会在访谈提纲上获得的,它是谈话双方合力探讨的结果,访谈者并不是一味提问题的人,他需要不断捕捉被访问者的变化而调整访谈的内容,这也正是"谈"不同于"问"的关键所在,一个理想的访谈过程会自然而然产生令人舒服的节奏。

第二节　课程实录

一、基本信息

我们的访谈课程需要在课堂完成,访谈形式不限,时间控制在20分钟以内,课堂上获得的对话信息需要仔细纪录,课堂访谈结束以后,学生还需要整理小结、总结,并进行更广泛的社会调查以反思选题的价值。

二、访谈一例：1999 级的十年（2009 年 1 月课题）

1999 年，毛茜考入南艺设计学院平面设计专业攻读学士学位，2003 年毕业。2007 年，她考取设计学院硕士研究生，继续从事平面设计研究。2009 年 1 月的研究生设计策划与管理课程，我分析了“推介”的概念并布置相关课题，毛茜选择推介 1999 级的同学，这个选题看似简单，对设计师群体而言，却有特殊的价值：如果有更多的人做这样的同学、校友、设计师调查，就可以积少成多、形成规模，体现处于“过渡时期”的中国青年设计师的状态。毛茜共调查了 13 位同学，此处选择 3 例，代表 3 种职业状态，其中包括毛茜的“自问”。

作者：毛茜

骤然回首，我发现，从十八九的风云少年，一下就成了三十而立的后备军。以前拿 80 后当褒奖，现在却恨不得赶紧远离这包含不成熟意味的词语。从 1999 年开始和设计学院的亲密接触，到即将到来的 2009 年，只能继续沿用俗不可耐的句子形容——“光阴似箭，岁月如梭”。谈起这十年，每个人的反映都是：啊?！十年啦，乖乖，不得了啊。呀！我们老了……

从十年前，怀揣着梦想进入南艺的我们，到今天工作在不同岗位上的我们，到底发生了些什么变化？我们都经历了什么？我们的脑袋里发生了怎样的化学反应？

在设计策划与管理课程上，我遇到一个课题，即做一次“推介”，可以是个人、群体或者学院，我就决定以“1999 级的十年”为主题，完成“推介”工作。课题表现方式将首选小型主题展，展览内容包括 1999 级入学照片、我能搜集到的 1999 级近照、这十年间我们的作品（包括曾经的课程作业、毕业设计）以及对话实录。

1. 毛茜

初中学画，算是童子功。美术班毕业，毫无悬念地选择了艺术院校。四年南艺学生生涯中规中矩，成绩算是优异。毕业后辛苦做了四年平面设计师，不堪“折磨”，选择读研再次深造，目前研二。现在最大的感受就是困惑，有点迷茫，想思考些什么，但又总感觉没有什么头绪。

① 四年的南艺生活给你最深刻的记忆是什么？

现在回想起来，这四年是非常快乐的时光，尤其是一二年纪的时候，专心于黑白装饰画，专心一些长期作业，现在回忆起来都觉得受益匪浅。原来专心专意地做某件事情就是快乐。寒冬腊月，哈着热气用廉价的针管笔点无数的黑点，同学一边说着鬼故事一边画图；被门卫大叔赶着从画室跑出来……

② 你认为什么时候可以算做是你真正接触设计？

毕业设计的时候吧。之前的那些算是设计的基础教育。

③ 你现在从事什么工作，还和设计有关系吗？（如果已经转行了，是因为什么有所转变？）

一直没离开设计。主要是觉得自己除了这个干不了别的了，其他啥都不会啊。工作期间跑去自考了个广告学的文凭，想充实下自己，结果发现不懂的更多了，想学的更多了。于是考研了。

④ 现在你怎么看待设计？设计对你来说是什么？（可以用最简洁的方式描述）

现在越发不敢说自己懂设计了，更不清楚设计到底是什么，无法用语言准确地表述。设计不是创造，设计是完善，让现实中有的东西更合理、更符合人的审美需求。设计对我来说不仅是饭票，更是要成为自己事业的东西。

⑤ 四年的本科学习，对于你今天的工作有何影响？

基础。南艺给我一个比较好的起点。

⑥ 未来，你还会继续从事设计吗？为什么？

应该会的，客观现实是我只会干这个，目前看这个是我能干好的，并赖以换饭票的。

⑦ 给现在学习设计的学生留一句话。

别光埋头做，要多抬头看看。先眼高手低，再慢慢眼高手高。多看书，多提问，别做温水里的青蛙。

⑧ 除此之外，你还想说些什么。

没啥特别的，现在的孩子都那么聪明。路是自己走的，别人再说什么都白搭，自己经历了、感受了，才能有体会。

2. 刘大智

毛茜注：这是我最意外的一份答案，也是我最满意的一份。真实，正是我期望得到的。意外是因为此人在我眼中是个愤青，一直犹豫是不是找他参与调查，觉得他会不屑我做的这个东西，没想到他爽快地答应了，并迅速完成，质量还非常高。

刘大智自述：

2003 到 2008 一直都是在房地产广告公司打工，一直没有转行，想做产品广告，在 4A 混了几天真的受不了……2002 到 2004 年在南京，2005 到 2008 年在北京……

接触过不少广告行业的人，大部分还是地产圈的……很多人自以为是广告人,自以为是设计师,其实就是一推鼠标的！什么广告人,什么设计师,都是扯！在中国,谈设计,谈广告,你没有任何立场,你没有任何基础,你完全没有接触面！

在南京完全是井底之蛙的状态,在北京是无头苍蝇的状态……

① 四年的南艺生活给你最深刻的记忆是什么?

许平老师是个善待学生的好人,可惜他跳槽了……

② 你认为什么时候可以算做是你真正接触设计?

没有,一直都是在看,从来没有接触过……除非你硬要说工艺美术就是设计,那好吧,我上设计课的时候就接触过了……

③ 你现在从事什么工作,还和设计有关系吗?(如果已经转行了,是因为什么有所转变?)

在房地产广告公司打工,我不认为和设计有关……顶多算个技术工种而已……

④ 现在你怎么看待设计?设计对你来说是什么?(可以用最简洁的方式描述)

简洁?真的要简洁?好吧……设计是眼前的浮云……

(毛)你不想简洁地说,那你就复杂了说呗。

就这样吧,我也不知道该怎么说。很多人都没有弄清楚关系。不是没想法,只是有时,这个是谋生的手段。

(毛)是说那些广告人和设计师?

谋生没有错,但是踩着设计谋生,设计太无辜了。不是没脑子,是没有接触面,眼界广了,很多事情都容易了。

(毛)写的不错啊。眼界这个问题,我同意。的确是应该多出去看看。

有生之年,没有多出去跑跑看看,以后会遗憾的。等到年纪大,有钱了,就没有闯劲了。

不要总想我不能怎样,要想我能怎样,这种事情别人不能帮你,除非你自己真的能够确立这个想法。别把简单事情弄的太复杂,最后只会什么都办不成。生存是完成个人的一个需求,它是必要的,被人认可不是必要的,是副产品。这些方面,从大学就能看出来,所有人都是在大学定性了的,以后就是变也变得八九不离十。变化很大的只是极少数。

⑤ 四年的本科学习,对于你今天的工作有何影响?

影响?有得有失……

⑥ 未来,你还会继续从事设计吗?为什么?

从来没有从事过,所以没有继续不继续的想法……为什么?没有为什么,你就别问我为什么了,求求你,你要弄清什么叫设计再来问我。

⑦ 给现在学习设计的学生留一句话。

学设计跟学其他所有专业一样，学之前，你要弄清楚很多事情，你学它是为了什么？

赚钱？糊口？名誉？低文化分的本科捷径入口？爱好？……你们要清楚大学的课程最根本的还是要靠你自己打开眼界，多看多学多接触，了解社会，了解什么是有用的，什么是圆滑，什么是处事，了解圆滑与处事的不同……学会无奈无助的时候要坚定自己的理想……多看书，图书馆很多好书是不会借给你们看的，新华书店也不会有太多，龙之媒相对多一些，贵，别买了，就赖在那里看……网络上也有非常多非常好的资源，但是你要学着自己去挖掘……国内4A出的一系列诲人不倦的什么什么观点之类的书不能看，国内一系列所谓设计网站、同盟网站不能看，只会带你进入误区……一个好的导师非常重要，但是你能不能找到就完全看你的福气了……

⑧ 除此之外，你还想说些什么？

门口的民工又在问开发商讨薪的，不知道在这个外国人占40%的社区里发生这种事情，那些国际友人怎么看待……在劳动力价值低下的中国，尤其是设计行业很不被认可的这种状况下，低下的设计师们早晚也要面对相同的窘境……23、24岁的骗子也可以做开价上万的logo，有的作坊式的广告公司也愿意为5千块钱负责一整套VI的制作……是有很多无奈，没错，但是这些无奈不能够成为你大义凛然继续犬儒生活的理由……

3. 周黎青

这个同学，我和她从高中就认识，直到现在。在我眼中，她就是一神人，敢想敢做，总是不同寻常，有点语不惊人死不休的味道。

① 你认为什么时候可以算做是你真正接触设计？

很难定义是什么时候真正接触设计，因为不同的阶段对“接触设计”都有不同的理解，所以不知道哪个算真正接触设计。5岁，嚷嚷着长大要做Fashion Designer，原因不明。估计那会儿的社会环境和经济状况，也就只知道有服装设计这个行当。12岁，立下雄心壮志，长大要做Architecture Designer，原因还是不详，不知道受了什么刺激。但是鬼使神差的竟然没有选择艺兼理，决定了文科道路后，也就意味着放弃了Architecture Designer的梦想。17岁，在宁海的美术课上正式开始了设计基础的学习，老张算是我的设计启蒙老师吧。也就是在高考前的日子里，决定了要成为Industrial Designer。19岁，大学二年级分专业，在南艺阶梯教室的黑板上Industrial Design下面写上了自己的名字，开始专业基础学习。在南艺学习的4年，是我真正接触设计美学和基本设计技能的4年。22岁，在三星设计中心的第二年，在Producing Line、R&D Center以及Marketing部门历练1年后，正式开始职业设计师生涯。在三星工作的5年，应该是我真正接触量产设计和User Centered Design实践以及User Experience Research的5年。27岁，在美国Arizona State University攻读Master of Science in Design。在这里的第一学期，应该是我第一次真正接触Knowledge of Design以及Design Research理论知识。当曾经的实践经验和现在的理论知识碰撞时，大脑里的设计体系开始完善，开始真正明白什么是设计，如何做设计，如何做设计人。

② 你现在从事什么工作，还和设计有关系吗？（如果已经转行了，是因为什么有所转变？）

毕业后在Samsung Design China工作5年，目前在美国读Master of Science in Design。

③ 现在你怎么看待设计？设计对你来说是什么？（可以用最简洁的方式描述）

设计是Social Science、Engineering、Art的交叉学科，她用Social Science的方法来发现问题；用Engineering和Art的方法来解决问题。从人类第一次用"钻木"的方法来"取火"，享受拥有熟食的生活开始，设计的根本目的就是通过发现问题，解决问题来Prove quality of people's life。

④ 四年的本科学习，对于你今天的工作有何影响？

4年的本科学习对现在的工作有用的部分就是Basic Skills，例如Sketch，Design Drawing，Layout and Principles of Aesthetics. 因为南艺曾经的设计教学偏重于Art，在大学里几乎没有学到Design Principles是我的遗憾，也是我工作5年后到美国留学的根本原因——补充理论知识。

⑤ 未来，你还会继续从事设计吗？为什么？

会！因为喜欢！

⑥ 给现在学习设计的学生留一句话。

设计是一个交叉学科，所以要学习的内容很多。但是作为设计专业的学生，首先要发掘并建立自己的Design Knowledge和Creative Methodology；其次要明白Designer不是Fine Artist，要学会团队合作，Playing with your own ideas是很愚蠢的做法；最后要有Excellent Presentation Skills，成为一个好设计的Sales Man。

第三章　以认知为目的的调查课程

课前阅读推荐

1.《作局》,杰雯,中国经营报,2004 年版;

2. "零点调查"网站:www. horizon-china. com;

3.《设计质性研究》,凯瑟琳·马歇尔、格雷琴·B. 罗斯曼著,王慧芳译,湖南美术出版社,2008 年版。

生活调查、社会调查、设计调查,考察学生对生活中各种平凡事物或现象的典型状态的认知能力和提取能力,并考察学生如何将杂乱的现象转化为值得在设计研究和社会研究领域进行论证的课题。

图 2-1　5 号线每一站的柱子都不一样,从总体设计的角度看,这未必值得推崇。

图 2-2　灯管已经老化。

图 2-3　临时路牌也需要设计。

第一节　关键词分析

一、体验

体验,是设计创作的重要环节,很多设计作品的起点都来自一种个人体验,但如果想将瞬间的感觉、琐碎的视觉转化为设计资源,体验的过程就需要经过准备。一般来说,要求学生体验的场所或服务都是新兴事物,这样便于他们了解所处时代的变化。

为了防止学生将体验等同于一般观察或是消费,我们在课堂上会简要讲解"体验"和"体验经济"的概念,并提出几种体验行为的范例。如:

确定一个体验的场所:北京地铁 5 号线。

分析一种体验的理由:新建成,与奥运相关,媒体大力推介,便于收集资料。

确定体验的方式:逢站必下,感受每个站台的设计、施工和气氛(图 2-1 ~ 图 2-6)。

图 2-4　云纹曾是中国最美的纹样之一，此处的云纹线条滞钝，节奏混乱。

图 2-5　为了显示雍和宫的特征，门上玻璃背面贴了红卡纸，和深灰色的门一起出现在地铁站，显得很奇怪。

图 2-6　工程细节也需要监理。

提炼体验的印象：元素杂乱、色彩灰旧、材料配搭与做工粗糙。

思考一个问题：奥运经济、中国、设计品质之间的关系。

二、设计调查

设计调查，相比体验而言，更加严谨，目的性也更强。体验的过程往往是一次性的，而设计调查却需要做很多重复工作和问卷统计。简单地说，设计调查就是设计师进行的专业调查，调查内容涉及设计或设计服务的属性、优劣、认知与认同等，而调查的结果将直接影响设计师"设计什么"。

展开设计调查之前，心里对要做的事情是否"有数"很重要，如果经验不够，带着相机四处行走、拍摄，先热身，然后再回到课堂和教师、同学共同分析是个不错的方法，简单地说，就是完成一个自己设定观察线索、再和大家一起看图说话的过程。

例：65 路总统府站掠影(图 2-7～图 2-15)

作者：陆乐

2008 年 4 月 7 日，星期一，早上午十点四十九分在南艺南门等 65 路公交车，开始我的 65 路之旅。十一点十八分四十四秒到达总统府站。开始观察，包括：南京图书馆附近写字楼；南京图书馆建筑设计及公共设施；南京 1912 建筑群。

关于 1912：去之前了解了一下，"南京 1912"位于南京市长江路与太平北路交汇处，由 17 幢民国风格建筑及"共和"、"博爱"、"新世纪"、"太平洋"4 个街心广场组成，总面积 3 万多平方米。这片青灰色与砖红色相间的建筑群，风格古朴精巧，错落有致地呈 L 形环绕"总统府"。1912 年是民国元年，"南京 1912"

图 2-7　与总统府一街之隔的南京图书馆和众多写字楼。对年轻的白领来说，知识的汲取依然很重要。

图 2-8　家乐福超市也为上班族们提供了方便。

图 2-9　我最喜欢的楼——长发中心。竖条纹的纹理结构会给人一种向上延伸的感觉。

图 2-10　贴着墙面向上拍得的图，开始体会建筑的细节设计。

图 2-11 标志设计借助石材传达出安全、精良的信息。

图 2-12 有幸看到施工现场，在现场才真正体会到设计管理工作的重要。

图 2-13 建筑边角料，高层建筑的玻璃材质一定有特殊要求。

图 2-14 南京图书馆前醒目的公共标识，但是已经破损，有点“临时”的感觉。

图 2-15 图书馆玻璃的采光效果很好，但是再好的玻璃，在如此大面积的使用的时候，如果没有支撑，也是不稳固的。从内部图片我们可以看出来，采用稳定的三角形钢筋支架，确保了它的稳定性，同时两种不同材质的材料，会到来很好的视觉效果，钢筋坚固，玻璃易碎。

这个名字从 600 多个征集方案中脱颖而出，一下子打动了所有人的心。的确，民国曾是南京历史上最繁华最鼎盛的时期，是南京城美丽又辛酸的一段绮梦。当时的南京城聚集着最显赫的政界要人和学术大家，是中西交会之地。受西风东渐之影响，民国时期的建筑、社会风尚都带着中西合璧的味道。这样一种历史经验和怀旧情怀，自然成为时尚消费的最佳背景。

课堂建议：

拓宽调查对象，围绕“站点”和“路线”继续考察南京公交经过的“文化站点”，完成相关站点的环境设计分析，建议毕业设计选题为城市公交站点（线路）全景设计。

第二节 课程实录

一、基本信息

南艺的调查课程有比较明确的主题，一是关于学生的衣食住行用；二是关于南京城市形象和建设，三是关于临近城市如上海、苏州举办的艺术设计展览。关于学生的话题，多集中在“大学食堂”、“学生宿舍”、“大学生消费”、“娱乐方式”；关于南京的话题，多集中在“城市色彩”、“消费趣味”；关于展览的话题，多集中在“观展”、“策展”、“布展”。课程中对于调查问卷的设计和调查的方式不作具体规定，在学生调查报告撰写完毕后进行讲评，推荐相关读本，如《设计调查》（李乐山著，中国建筑工业出版社，2007 年版）。这样做的目的在于让学生认识到一切的调查、分析、述评都必须在动态关系中进行。

二、设计调查课题一例:上海—南京创意产业园区调查研究(2009年4月课题)

1. 课题说明

在"设计理论与策划专业"的课程中,设计管理知识的获取更强调过程体验与合作,评分标准更高些,并与专业写作、编辑学等课程产生互动。

2009年4月的课程,要求学生以上海—南京创意产业园区调查研究为主,通过实地调研、访谈、测量等方式完成调查报告,并对南京创意产业园区一角进行再设计。听课学生共90人,分为13组,每组选派3人,由我和几位研究生带队包车到上海走访创意园,除了给每个组提供关于"创意产业"的背景资料,更主要的是提出了一些问题,并对调研的目的进行启发:

(1) 思考

城市由哪些主要元素构成?

近年来与城市相关的事件有哪些?

有多少城市在进行创意园区的建设?

创意园区的建设与城市形态、城市文化之间有什么关系?

在这些问题的基础上,进一步思考:

南京创意产业园调研的目的、意义和角度——

创意产业的形态:包含哪些类别的创意人才、商铺;

创意产业的规模:个人商铺规模、类型商铺规模、园区总体规模、城市创意产业园总体状态。

研究的最后指向:一座南京城。

(2) 调研方案

时间起讫:? 点—? 点,最小时间单位,每一时间段做哪些事;

地点:抽签所在;

调研对象:一个人? 一家店? 一座建筑? 一个园区?

调研重点:经营方式? 创意类型? 活动策划?

人员分工:背景资料检索、路线设计、费用预算、摄影、文案、记录……

(3) 专业的方式

思考调研与课程课题总体要求的关系:

上海 & 南京创意产业(形态、规模……)比较研究;

考察解题能力。

虽然有以上要求和提示,大部分学生还是带有一种好奇心去"看新鲜",比如有的学生将创意产业等同于创意市集,有的则在创意产业园区掐到送货的板车、毛驴，能够在调研之前做好充分准备的小组少之又少。仅有1组学生在南京和上海调研前几天便向我索取时间表，提前预约了两个工作室的设计师和经营者进行深度访谈，并最终完成了一份完整的调研报告。

2. 学生调研报告

小组成员：胡飞、徐晨希、顾颖、胥红艳。

第一篇：南京调研总结——世界之窗创意东8区

我们组对创意东8区进行了为期一周的调研，对创意东8区也有了一定的了解。以下便是我们的收获：

创意东8区是南京市"十一五"规划都市型产业园区十大重点推进项目之一，也是南京市发展壮大创意产业的开篇之作。被誉为"世界之窗"。创意东8区有一期、二期和三期之分。

一期是在老工厂的基础上改建而成的。遵循了保留与再利用的原则，划分为建筑规划设计、广告设计制作、咨询策划、动漫网游软件、工业工艺设计五大功能区域，并以"上场下店"的模式打造环形艺术商业街区。

二期位于一期的东面，二期延续了一期的创业产业，并且更加强调产业功能与建筑意念的融合。主要定位在动漫、科技、设计三大领域。

三期位于一、二期的正北面，隔蓝旗街相望。结合了一、二期的产业定位与同类园区的竞争格局，三期以广告传媒为主导，建设为文化传媒产业园。

为了更好地了解整个园区的状况，我们进行了实地考察并且对园区的人进行了采访。我们的采访对象可以分为两类：第一类是园区的开发商（对话见附录一）；另一类是园区的业主（对话见附录二）。

根据我们的采访和现场的考察，我们得出了以下一些结论：

首先我想讲的是有关于创意东8区的优势和不足：

东8区是一个创新型产业区，不论它现在所取得的业绩如何，它的出现确实改变了南京没有创意园区的局面，而且大大改变了南京产业的面貌，这是一大壮举。区内各个相关产业的集中分布增加了企业之间的联系，营造了一种竞争与合作的氛围。区内汇集了一大批创意方面的人才，这就在无形之中形成了创意的氛围。园区通过引进一些知名企业，使园区的影响力大大提高，更有利于园区内各创意产业的发展。园区周围的餐饮、娱乐和休闲设施使园区的人员在业余时间可以更好的释放压力，提高工作的效率。

然而,创意东8区所处的地理位置比较偏僻,再加上周围的单行线较多,交通不太方便,这就影响了群众与园区的交流,这也在无形之中影响了园区内各产业的发展。虽然国家对园区施行了一系列政策,但是这些政策太过于表面化。园区的宣传力度也不够,而且基本上是短期的,宣传的目的大都是为了招商。各企业虽然处在同一园区,但是之间的联系并不密切。以上所涉及到的问题都严重影响了创意东8区的发展。

其次我要谈的是手工艺目前在创意东8区的状况,我以MAKO为例:

MAKO的全称是:MAKO手工陶艺馆。它并不是一个纯粹的商业作坊,除了销售自己的产品之外,它开设一些课程教授学生如何做陶艺,而且允许私人到作坊来亲自制作,这就使得人们在娱乐的同时更加了解陶艺、了解手工艺。MAKO手工陶艺馆之所以选择在创意东8区发展,其实也和东8区自身存在的优势有关。比如说,地价相对于便宜,环境优美,休闲娱乐设施比较齐全等。

然而MAKO手工陶艺馆在创意东8区的发展也受到了一定的制约。创意东8区内的企业大都是商业性的,因此艺术的氛围并不浓厚。地理位置的偏远以及交通的不方便严重影响了它与外界的交流。园区的宣传没有针对其中的业主而仅仅是为了商业。除此以外,人们对于手工艺的不了解也是一个重要原因。

第二篇:上海调研总结——

艺术与商业融合的田子坊和艺术家的天堂M50

虽然我们在上海只逗留了一天的时间,然而一天的考察也使我们受到了新的洗礼。

(1) 艺术与商业的融合的田子坊

田子坊位于泰康路210弄,以前这里还只是一条马路集市,1998年开始改造实施特色街的工程。1998年12月8日,一路发文化发展公司首先入住其中,随后陈逸飞、尔冬强等一批著名画家以及一些手工艺作坊加入其中,使原来寂静的街区开始喧闹起来。

田子坊可以分为两个部分:第一个部分是在老厂房的基础上改建而成的;第二部分是在民居的基础上改建的。老厂房的改造一方面充分利用了资源,另一方面也体现了新中国的特征;而居民区的改造保留了老上海的特征,给人一种亲密的感觉。

为了更好地了解田子坊,更好的了解田子坊的手工艺的发展,我们采访了石怡集的店主(采访对话见附录三)。根据我们的采访和亲身体验,我们对田子坊以及田子坊的手工艺有了一定的了解。

关于田子坊的优势和不足：

田子坊虽不能说是历史悠久，但是相对于国内其他创意园区来说它的起步已经是够早的了，这是它的优势之一。田子坊以小商店为主要的经营模式，每个小商店将商业与艺术相结合，既为自身的发展提供资金上的保障，也向世人展示了中国的艺术，为中国艺术的发展作出了贡献。田子坊位于市中心，周围道路相互交错，交通十分的便利。园区是在旧房基础上改建而成的，这就保留了很多老上海特征，弄堂与人们想象中的上海十分的相似。园区内居民区与商业区的融合使整个园区更加的生活化。

然而由于园区内没有大型的停车场，大批人流进入时会出现交通的混乱。居民区与商业区的融合也导致了相互之间的影响，时有矛盾发生。园区内的消防设施十分的落后，因此一旦发生火灾会造成无法估量的损失。由于国家提供的资助太少，因此也只能依靠自身的独立发展。

关于石怡集的发展：

石怡集在田子坊有两个店，一个是咖啡厅；另一个是礼品店。咖啡厅一楼作为会客的地方，二楼和三楼作为旅社。礼品店里面销售自己设计的产品。

石怡集的设计环绕中国元素，但是更加的生活化或者说更加的商业化。它邀请国内外的设计师参与设计，一方面将中外元素相互融合，另一方面也为石怡集提供了宣传，提高了影响力。其设计的产品并不局限于一类产品而是多种产品共存，开发出了几个大的系列，形成了自身的独特风格。在咖啡厅里使用自己设计的产品，如杯子，使人能够更好的接触产品，减少了产品与人之间的距离。其进入田子坊的时间较早，因此房租比其他同类作坊要低。

但是其设计是为大众服务的，因此也难免会设计出一些迎合大众口味的东西而与艺术相背离。店主设计出售的产品都是按照自己的喜好，所以也会妨碍一些设计师的设计。

(2) 艺术家的天堂 M50

M50 创意园位于沪东工业区内，它处于苏州河的叉袋角，地形犹如一个半岛，水、陆交通都十分的便利。2002 年被命名为“上海春明都市型工业园区”，2004 年更名为“春明艺术产业园”，2005 年 4 月才被命名为“M50 创意园”。它作为创意园的历史还是比较短的，但是整个地区的历史却十分悠久。

它的前身是上海民族资本企业的集中地，为民族面粉工业和纺织工业做过巨大的贡献，作为民族资本企业集中地，它的任务已经顺利地完成。如今，它已经被改造成一个创意产业园，将展现给世人一个新的面貌。

进入园区参观之后感慨万千，而对双城手工艺术馆的采访(采访对话见附录四)，也让我们颇有感想。

首先，简要地介绍一下实地考察M50创意园之后的感受：

M50创意园的艺术氛围十分的浓厚，园内包含了绘画、雕塑、手工艺等几乎各个门类的艺术工作室。进入其中如进艺术殿堂一般的神奇。M50创意园是在旧厂房的基础上改建而成的，这就充分地利用了原来的资源。旧厂房的空间一般都比较大，改造之后能够满足雕塑、绘画等需要大空间的艺术工作室的需要。整个园区完全对外开放，艺术作品的展示不仅仅局限于画面，参观者也可以参与其中。园区还为一些高校提供专门的展示场所，让学生有机会向社会证明自己，也为学生日后的发展提供机会。一些画廊还为艺术家提供展示自己作品的机会，手工艺作坊也提供了同样的机会。便利的交通条件，使得更多的人能够进来参观。资深的历史背景更为其宣传与发展提供了保障。

然而M50创意园也有其不足之处。首先就是园区内的工作室几乎都是为了艺术而做，这也未免显得高傲了。其内部作品大都是为小众而做，与现实生活会产生脱节。其作品的价格都很贵，非真正喜欢艺术和十分有钱的人很难去购买，这就会影响其进一步的发展。周围的环境也并不是太好，饮食、娱乐的地方很少，也对其产生一定的影响。

其次是，我们的采访重点——双城手工艺术馆。

双城手工艺术馆其实就是一家画廊。它之所以起名叫“双城”是源于圣奥古斯丁的一句话，他说无论我们说什么做什么，我们都在无意识的建造两座城市，一座代表着一切美好的我们期望看到的东西，一座代表着一切堕落的、丑陋的、罪恶的东西。他们也正是本着这样的思想在经营着这家画廊。

这家画廊主要是依靠国外一些大企业的支持而维持的，而不是依靠销售画廊中的作品。因此可以说，这家画廊是为艺术而创办的，是艺术的集合地。其内部展示的作品来自世界各个地方，展示的作品包括当代原创玻璃、陶艺、首饰、漆艺、木艺等手工艺作品。这些作品都是纯手工制作的，因此这里也是手工艺术家们集散交流的地方。画廊还为一些艺术家提供专门的个人作品展，除此以外画廊还会定期举办免费音乐会旨在吸引更多的人前来参观。

画廊的作品都是纯手工的，因此这些作品价格不菲。也就是说，其设计是为小众服务的，这样就脱离了大众这个行列。其宣传主要是靠人的口传，虽然现在已经产生了一些影响力，但是很难在进一步产生广泛的影响。而且画廊在M50创意园的位置比较偏,因此也很难吸引新顾客的光临。

第三篇:南京与上海手工艺比较研究——
以南京创意东 8 区与上海田子坊和 M50 的手工艺为例

引言:手工艺可谓是历史悠久。自人类产生至英国的工业革命,手工艺一直在人类的生产和生活中处于主导地位。英国的工业革命爆发之后,机器代替手工,手工艺的地位开始下降。然而人类并没有放弃发展手工艺。19 世纪在英国发生了工艺美术运动,其反对机器的大规模生产而推崇手工艺。之后也发生了许多的运动,这些运动都促进了手工艺的发展。今天,一大批艺术家和设计师也在为推动手工艺的发展作出自己的贡献。

(1) 南京创意东 8 区与上海田子坊和 M50 创意园的比较

• 产业的比较

南京创意东 8 区产业:创意东 8 区分为三期。一期已经建成,划分为建筑规划设计、广告设计制作、咨询策划、动漫网游软件、工业工艺设计五大功能区域;二期还处在招商中,主要定位在动漫、科技、设计三大领域;三期还在规划中,建成后将以广告传媒为主导。

上海田子坊和 M50 创意园的产业:田子坊的产业主要以商业与手工业结合的产业为主,以小商店的经营模式为主;M50 创意园主要是以画廊、雕塑作坊、手工工作室等纯艺术的产业为主。

• 地理位置、交通状况以及周围环境的比较

南京创意东 8 区的地理位置、交通状况以及周围环境:创意东 8 区位于南京白下区,地理位置比较偏远,周围的单行线较多交通不太方便。2006 年在国家的统一规划下实施的一个创意产业园。它是在老厂房的基础上改建而成的,历史悠久。靠近明长城和月牙湖,环境优美。

上海田子坊和 M50 创意园的地理位置、交通状况和周围的环境:田子坊位于泰康路 210 弄,位于市中心,交通便利。1998 年 12 月 8 日一路发文化公司的入住掀开了其发展的序幕。它一部分是在老厂房的基础上改建而成的,另一部分是在居民区的基础上改建而成的。整个园区充满了老上海的特色,令人心旷神怡。

M50 创意园位于沪东工业区内,它处于苏州河的叉袋角,地形犹如一个半岛,水、陆交通都很便利,环境也十分的优美。它也是在老厂房的基础上改建而成的。整个园区充满了艺术的气息,让人心驰神往。

(2) 南京 MAKO 手工陶艺坊与上海石怡集和双城现代艺术馆的比较

• 手工艺类型的比较

MAKO手工陶艺坊的手工艺类型：MAKO手工陶艺坊主要经营：一是纯手工的陶艺工艺品，包含个性手工茶具、餐具、礼品瓷、饰品；二是面对大众所开发的工艺性的花插、精致台上盆、陶瓷壁画等，即家居类陶瓷。除此以外还会开设陶艺课程，允许私人前来制作陶器。它是一个纯手工作坊，是将艺术运用到商业中。

石怡集和双城现代艺术馆的手工艺类型：石怡集主要销售的是带有中国特色的东西，这些东西并不是纯粹的中国元素，而是在中国元素的基础上改进使其更加的生活化。石怡集出售的东西都是自己聘请的设计师设计的，有些产品也会利用机器进行一定的生产。它的设计可以分为几个大的系列如：玩具系列、包包系列、旗袍系列等。其设计实际上是艺术与商业的融合。

双城手工艺术馆是一个纯粹的艺术画廊。它本身设计的东西很少，主要是依靠外来设计师的加入。该馆专业展示并经营金工艺术品、陶艺、艺术首饰、纤维艺术和木制品等现代三维手工艺术品，并且这些作品全都是手工制作的。

• 宣传方式的比较

MAKO 手工陶艺坊的宣传方式：MAKO 手工陶艺坊主要通过在网络和举办活动来进行宣传。当然也会通过与一些高校的老师联系，帮助即将毕业的学生来此实习的方式来宣传自己。

石怡集和双城现代手工艺术馆的宣传方式：石怡集主要是通过网络和设计师来宣传自己。因为石怡集的设计师来自世界各地，这也是无形中的一种宣传方式。当然，它也会搞一些活动来宣传自己，但是这种活动很少。

双城现代手工艺术管主要是通过艺术家和设计师们在自己的圈子内口口相传的方式来宣传自己。因为画廊里面的东西都很有档次，它针对的消费人群是小众，所以它并没有大肆的宣传自己。但是这种口口相传也产生了不小的影响力。

• 起步、影响力的比较

MAKO 手工陶艺坊的起步与影响力：MAKO 手工陶艺坊的起步比较晚。创意东 8 区是在 2006 年开始创办的，MAKO 手工陶艺坊是在创意东 8 区一期建成后不久进入其中，因此其历史较短。它销售的作品主要是在中国或者说仅仅局限在南京这一个地区，并且在南京的影响力也并不高。

石怡集和双城手工艺术馆的起步和影响力：石怡集是在 2000 年进入田子坊的，与田子坊的历史相比，它的起步也算是早的了。它邀请的设计师来自世界各地，尤其以台湾为主。因此其在国内外都有一定的影响，尤其是在台湾。

双城手工艺术馆是在最近两年才进入M50创意园的，虽然其起步较晚，但是却在艺术界产生了比较大的影响。其作品来自世界各地的设计师，并且馆内的工作人员除了中国人之外，还有美国人和其他国家的人。

(3) MAKO手工陶艺坊与石怡集和双城手工艺术馆存在的共同问题

- 作品并不被大众完全接受

MAKO手工陶艺坊和双城手工艺术馆的定位就是在小众，而石怡集的作品都是按照店主的喜好而设计的。另外，它们销售的作品相对来说还是比较昂贵的。例如双城手工艺术馆的作品最便宜的也在百元之上。除以上原因之外，国内的人对于手工艺的了解也太少了，政府对手工艺的不太重视也是一个重要原因。

结束语

手工艺在上海和南京的发展历史之久远是显而易见的。然而其向前推进的步伐却极其的缓慢。南京作为六朝古都，其手工艺发展至今为何远远落后于上海，其原因何在？值得我们更加深入地去研究。而上海如何才能更好的发展手工业，也同样值得我们区思考。中国人应该看到自己手工艺方面的优势，政府应该向国外学习，加大对手工艺的支持力度，而普通的大众也应该更多的关注我们的手工艺，只有这样中国的手工艺才能踏入一个新的高度。

第一篇～第三篇参考文献：

1. 何人可著.《工业设计史》. 北京：北京理工大学出版社，2000

2. 张京成主编.《中国创意产业发展报告，2008》. 北京：中国经济出版社，2008

第一篇～第三篇网络资料：

www. idea8. com. cn
www. makoart. cn
www. tianzifang，cn
www. esydragon. cn
www. m50. com. cn
www. twocitiesgallery. com

第四篇:南京创意产业园一角设计构想

在东 8 区一期,有一个比较黄金的地段,就是它的入口处。现在的入口处左边是一座四层的饭店。右边是一个小作坊,里面有头毛驴在磨豆浆。左边的建筑较大,不宜改动。我们的策划集中在右边的小作坊上。作坊的面积不大,大约是 10m×20m。

我们的计划是在入园处要有一个标志性的建筑,即使不是标志性的建筑也至少不能像现在这样,只是一个磨豆浆的作坊。具体的方案有以下几种。

(1) 投入大但是有较好表现力的一种方案:用钢铁或是玻璃建立一个巨大的“东 8”图标的雕塑。这个方案的可行性有待商榷。

优点是醒目,让过往的行人在较远的地方就可以了解到这里有一个创意产业园,不至于像我们第一次来这里时都不确定这里是不是东 8 区。

缺点是显而易见的,就是不实用,没有实际价值。

此外,有一个问题很严峻,做这样的一个雕塑是要花钱的,开发商必然会把这笔钱转移到业主身上,这样一来,这座雕塑是否能建起来又成了问题。

再者,这个大门面对的是蓝旗街的一个巷子,地理位置不是很理想,因此,作为东 8 区的一个标志,其辐射力是否足够也是一个问题。

(2) 简单、实用、但是缺乏表现力的方案:建成东 8 的招商楼。这是很多正在招商引资的企业经常使用的一种办法。

优点:有利于商户的入住,也就是有利于商业开发。有了较好的经济,园区的发展也就有了一个好的盼头。

缺点在于不像是一个创业产业园的大门,感觉是一个房地产开发商的所作所为。

(3) 较麻烦但实用的方案。建成一个咖啡馆。这个方案的可行性很强。我们逛了东 8 区及其周边,很遗憾的发现只有一家规模不是很大的咖啡馆,这一点让我们不得其解,按理来说创意园附近都应该有较多的咖啡店,比如上海的 M50、田子坊、红坊和北京的 798。

优点:填补了附近餐饮的一个空白;较易收回成本;有助于园内创意工作者的交流。

缺点:不如第一个方案可以表现创意园的特色。

(4) 投入较大、较实用也较为醒目的方案。建一小喷泉之类的水景,在水景附近建一“海报墙”专门用来张贴园内一些互动活动的海报。

优点:兼顾了实用和美观的两个方面:较易得到业主们的欢

迎，因为贴海报相当于给自己做广告。

缺点：地理位置不理想，其院内院外的互动效果还有待考察。

附录一：南京创意东 8 区科技有限责任公司访谈

胡飞：请问一下，你们的公司属于一个什么样性质的公司？

罗凯：我们公司的名字叫：南京创意东 8 区科技有限责任公司，我公司的网址是：www.idea8.com.cn 是对整个园区的规划、建设以及对外的宣传。

胡飞：我们刚进来的时候真不敢相信这就是创意东 8 区，它和我们想象中的差别还是比较大的，我们开始以为它是生活区和工作区的一个结合。

罗凯：我们现在也处在起步阶段，规划这一块做的还不是那么好。东 8 是一个纯粹的创意产业区，是和生活区相分离的。这个地方主要提供的是工作的场所，是创意而非销售。

胡飞：我觉得这里的车停放的比较乱，你们还打算建筑造一个大型的停车场？

罗凯：我们这里的生活比较随意，不过您的建议比较好，我会向我的上级反应这个事情的。

胡飞：这里的娱乐设施多吗？

罗凯：那里有一些酒吧，这里也有一些餐饮店。

胡飞：我的意思是有咖啡馆和酒吧一类吗？

罗凯：也有的，就在那里拐出去。

胡飞：那它们是属于园区内的还是园区外的呢？

罗凯：园区内的。

胡飞：是怎样的一种形式呢？

罗凯：不是园区开发商自己做的，也是以招商的形式引进的，用以服务于创意园区内的商户。

胡飞：那么创意园当时为什么选址这里呢？

罗凯：主要是因为这里的自身条件不错，有现成的厂房可以用于改造。这里的房价也相对的便宜，而且在这里也可以有效的影响到附近的市民，从而形成熏陶。

胡飞：那么你觉得创意园是更合适建在这里还是在市中心？

罗凯：我个人认为是在市中心。这样能够让市民知道我们南京市有这样的一个创意的环境，也有利于创业产业的发展。

胡飞：那你觉得你们应该和高校，比如说我们南京艺术学院做些联系吗？进行资源互补？

罗凯：我觉得你的这个提议很好。

胡飞：学生如在在校期间和你们这里有过密切的联系，以后就可能到你们这里来工作。

罗凯:对、对。我们也需要相互联系、互动的过程,我们也会通过我们的传播平台来吸引大学生来参加我们的联谊会、展览进行密切的合作。

胡飞:其实我们学校知道创意园的学生并不多……

罗凯:嗯,对。我们的宣传还存在一些问题。前段时间我们公司还不确定我们应该把我们的客户人群定位为哪一类人群。

胡飞:那么,请问一下,如果创意园里有活动的话,外来人员也可以参加吗?

罗凯:可以呀。我们这里举办的一些活动大多是为了院内的创业公司和客户,但我们有时也会和外面的单位进行合作,比如说西祠街区。

胡飞:那么如果是外来人想在你们园内办一些展览呢?

罗凯:这个需要和我们的招商部进行沟通。

胡飞:那么比如说我是外来人,想把我的一些想法或作品在你们园中展示,你们会怎样做呢?

罗凯:我们有这样的会所,还有刚才带您参观的书吧,都可以把您的作品或想法展示出来。当然,如果您需要的话,也可以帮您出售。

胡飞:学生作品也可以吗?

罗凯:只要它有一定的价值,我们都会这样做。

胡飞:你觉得南京的创意产业区和上海的创意产业区有什么不同呢?

罗凯:南京的创意产业区是将文化和创意相结合的,上海的创意产区仅仅是创业。

胡飞:最近发生的金融危机对东8区的影响大吗?我看了“2008年南京市文化创意产业发展年度报告”后发现这南京市的创意产业呈下滑的趋势。

罗凯:这个我就不太清楚了,依我本人来看东8区受到的影响并不大,至少我个人没有感觉到。

胡飞:还想问一个问题,这个问题可能不是太好。

罗凯:没事,有什么问题您尽管问。

胡飞:你觉得创意东8区目前有哪些不足的地方呢?

罗凯:不足的地方?企业之间的联系还不够密切,地段较偏僻,联系的消费者比较单一,不广泛。

胡飞:你觉得东8区的选址应该怎样呢?

罗凯:我觉得应该趋向于市中心,这样便于在群众中产生影响力,获得大的人流量。

附录二:MAKO 手工陶艺坊访谈

胡飞:我想问一下,您为什么会选择东 8 区这个地方来发展呢?

马臻:算是缘分吧。南京目前没有合适的地方。东 8 这个地方环境还可以,地价便宜,比较安静。其实我也是很无奈才会选这个地方的。

胡飞:您是否方便透露一下您这儿的房租?

马臻:1.3 元/平方米·天。

胡飞:最近发生的金融危机对您的手工艺作坊影响大吗?

马臻:影响不是很大。

胡飞:马老师这里的业务都是通过自己来获得的?

马臻:对。

胡飞:这里仅仅是作为一个工作室而存在,而不是作为影响消费者而存在的?

马臻:这也不一定。我也会做一些消费方面的。

胡飞:我们问过这里的人了,好像来这里的人比较少,各自都有各自的渠道。

马臻:其实你们首先要了解这个行业,我们这个 DIY 首先做的只是一个推广,真正做的其实是产品,产品制作,比如说加工配置啊,工艺品制作啊之类的。

胡飞:就是说这里出售的主要是自己制作的产品,还教顾客怎样去做?

马臻:对啊!我们也教顾客怎样去做,一些顾客比较喜欢自己去做,教顾客怎样去做还可以培养顾客的兴趣。南京可能有这样的人对这个感兴趣,偶然知道了我们,这样这个圈子会越来越大。

胡飞:你这个工作室还和一些高校,比如说我们南艺有联系?

马臻:南艺现在还在联系当中。现在主要是和一些培训班和实习的人有联系。

胡飞:这一类人是学生多,还是老师多呢?

马臻:同学多。是老师和我联系,学生来这里实习。像南财大学生来的就比较多。你们是通过什么渠道找到我的?

胡飞:我们是在网上查关于陶艺这方面的专家。然后就发现在创意东 8 区有一个马臻名气还比较响的。我们就过来了。

马臻:(呵呵)那你们也是陶艺专业的?

胡飞:不是,我们是学设计的,这次来是做关于东 8 创意园区调查的,我们就打算找一个典型的来写,我们就想到了手工艺作坊。

马臻:是写论文?

胡飞:差不多吧。

马臻:写论文其实还是挺简单的。但是如果你们是探究市场的话,对你们还不太适合。商业这个东西和艺术是脱节的,两个专业的东西在一起碰撞的。不是擅长于营销的话,你用艺术去研究营销是不合适的,如果用营销去研究艺术那就更不合适。这需要两个东西成熟了之后去碰撞。

(从外面走来一个人,马臻和他简单地说了几句。)

胡飞:其实我们上午就过来了,可是马老师不在,我们吃完午饭之后又过来了。

马臻:是吗?(呵呵)我们这个行业比较自由一点,想来就来,不想来就不来。这也是人生的一种取舍,个人的价值观。有的人比较喜欢去上班,有的人就像我这一类的,比较散漫,所以这样的行业比较适合我。

胡飞:马老师,你平时是住在这了的吗?

马臻:不是。

胡飞:那你觉得这边的交通还方便啊?

马臻:交通不太方便,有好几个单行线。

胡飞:我们从学校过来要花一个多小时的时间。

马臻:你们乘哪路车过来的?

胡飞:65 路车。我们觉得工作室就是那种人整天呆在工作室里面。

马臻:那就是生活工作一体。我觉得其实也没有必要。

胡飞:你觉得东 8 区有哪些优势适合你的发展呢?

马臻:其实我觉得东 8 区也没有什么优势,只是我没有办法才选择在这个地方的。首先就是这个地理位置,如果把东 8 区向前搬个 1 公里那就差不多了。这个地方太偏了,就连光华东街这条路也没有什么人。这个是我们个人无法去改变的,所以我也不去想这些。

胡飞:如果我们之前没有查过这个地方,我们都不知道怎么走。我们觉得这个地方不怎么做广告宣传。

马臻:对。园区目前也在努力吧,只是我们现在还没有看到什么成果。

胡飞:我觉得国内推广实施创意产业,实施起来还是比较困难的或者说很缓慢。

马臻:其实南京这个地方还是比较适合做创意产业的。他们做的只是在表面,没有深入。这个问题我们自己也解决不了,我们多次和园区进行交涉可是也没有什么进展。对了,他们在南京日报上面做了一个宣传,以我这个地方作为开场白。他们也还是在努力吧。

胡飞:如果加大宣传,还会提高这个地方的影响力?

马臻:提高影响力还是会有的,但是关键的还是要提高我们这个园区的质量。比如说,有的人在这个地方搞贸易,实际上他破坏了这个地区的氛围。我们都是搞艺术的,可是他们却像是在搞一个企业。所以还应该把这个核心产业提升一下,使这个地区更加的专业,这样影响力会自然而然的提升上去。还有,这个地区的宣传都是短期的,就像一期人全都招满了,园区就不会再做宣传了,开始宣传二期,他的宣传不是为了提高园区产业的影响力,而是为了招商。

胡飞:就是说他不是一个良性循环。

马臻:对。他们的目的是为了赚钱,而我们是为了生存,我们的赚钱和他们的还是有一定的区别的。我们在赚钱和艺术上还是有主次之分的,而他们纯粹是为了赚钱。南京有这样的一个园区是一个好事。像我当初在学校的时候就没有这样的创意园区,这也是一种进步吧。摄影这一块在这里相对来说还是比较多的。

胡飞:其实今天刚踏进东 8 区我们还是比较失望的,和想象的不太一样。

马臻:也不用想象的太好。我觉得南京晨光做的还是挺不错的,氛围比较好。虽然他们那边纯商业性的产业不多,可是利润还是蛮丰厚的。而我这个地区就是太工业化了。

胡飞:这几个创意园区都是老师上课给我们选好的,然后要求我们在其中挑选一个。我们就挑选了重中之重。

马臻:(呵呵)其实像我这样的陶艺作坊还是挺少的。

胡飞:但是有特色。

马臻:特色是有的,但是我们宣传还不够。我们现在也在努力做宣传。我们广告做的少一些,网络相对来说还多一些,主要是因为网络比较便宜。(呵呵)还有一个就是,我们会做一些活动。我们最近在新世界百货搞活动,主要是想把我们的理念传达下去。就是说,陶艺现在可能还不是太多。怎么说呢?人人都可以来做,人人都可以做出艺术类的东西。这就是我的一个想法。

胡飞:你个人为什么会选择陶艺呢?

马臻:那我又要说缘分了。这和我当初选专业有关。你不会说像某个人一样从小就喜欢陶艺这个东西,然后认定目标去做。而我们呢,是统招过来的,这就面临着一个专业混乱的局面。怎么办呢?瞎选呗。选了一个专业考上了,然后才开始寻找自己喜欢什么。我学习了广告设计、书法、陶艺,后来发现陶艺比较适合自己。陶艺这个东西你深入研究吸取还是比较有意思,你把一堆泥巴做成一件艺术品是多么神圣的事情。你们来这边看。

附录三:上海田子坊石怡集访谈

胡飞:首先我想现介绍一下我们的专业,我们的专业叫:设计理论与策划。我们现在正在完成一份调研,我们调研的题目是关于南京与上海手工艺的比较。我们之前已经对南京东8区的手工业进行了调研,此次来上海的目的是为了了解上海的手工艺状况。所以我们想访问您一下。

黄女士:就是说你们是为了一份作业?

苏晓平:不!不!是一个课题。

黄女士:就是说你们想做一个什么样的比较呢?这样我可以针对你们的课题提供一些信息给你们。

胡飞:就是说田子坊这边也是一个创意产业。

黄女士:对。

胡飞:我们之前在南京也选择了一个创意产业区叫:东8创意产业区。就是说我们想进行两个产业区的比较,而我们选择了一个小点就是:手工艺的比较。

黄女士:那你们了解田子坊这边的发展吗?

胡飞:还算了解吧!

黄女士:其实我们的东西是带有中国特色的,但是我们也对这些东西进行了一定的修改。就是说我们所有的设计都围绕中国元素,但是这些东西更加生活化或者是更加实用化一些。因为我个人觉得,如果中国的手工艺术品太乡村了就会显得太土气而且也没有什么实用性可言。其实我的店里的设计师很多都是台湾人,我本人也是台湾人,因此我配备的也大都是台湾设计师。比方说我们有几个大的系列,比方说我们的骨瓷类,骨瓷算是瓷器里面最高档的了,我们会在骨瓷杯上加一些中国元素在里面。像中国的传统服饰、中国的少数民族服饰,甚至我们有好几个系列,丝绸之路系列等等,就是说我们把这些东西包含在里面,增加一些特色。就是说在骨瓷杯的基础上增加一些它的附加价值。另外一个就是布衣系列,等一下我会带你们过去看一下我讲的是什么。我们主要有两个设计师,其中一个设计师主要设计包包类的东西,他主要强调绣,他就是主要强调中国的刺绣或者中国元素的东西。他可能会去找一些中国古书里的图腾,他再把它做一些变化,然后再运用到他的作品中去。另一个是布衣系列,我们也是把中国元素融入进去,比方说你说的那个布衣小猪,熊之类的,都是用中国的布料,就是大家都熟知的或者说外国人眼中的中国。

胡飞:就是说你们这个店主要是中国元素的东西?

黄女士:对!就是说基本上都是在环绕中国元素在设计。

其实呢，我们现在的顾客百分之八十都是外国人和港澳台华人。其实我觉得，中国人自己这几年才开始喜欢自己的东西。我是2002年来大陆的，当时我觉得人们还是挺唾弃中国的东西的，你看吧！当时就没有人会喜欢穿旗袍，没有人会喜欢穿棉袄，基本上都是穿西洋式的衣服。呵呵……就好像你穿一个棉袄在路上走就会显得很老气的样子。真的是这样的。可是我觉得这几年的变化还是挺大的。大家开始觉得其实中国还是有一些很不错的东西。后来我就在北京那边开了一个店，那边大都是中国人。那边学生蛮多的，我觉得这样挺好的。我觉得反映还不错，大家越来越接受这一类的东西了。我觉得只要你做的够有特色。

胡飞：我还有一个问题，就是您当初选择这个地方发展是看重了这边的商机呢，还是想推广这个艺术品？就是说从纯艺术的角度来想还是从商业的角度来考虑的？

黄女士：我之前在台湾都是在外资企业工作。来大陆之后我就开始想做自己想做的事情。其实我的想法很单纯，我是想既然我要做生意，我就要做自己喜欢做的事情。因此我的店就是我个人的风格比较强，就是说我只卖我自己喜欢的东西。呵呵……而且我觉得中国的手工艺进步的很快，不可否认，在七、八年前中国用的东西一洗就会坏的，好看，但是不适用。呵呵……从开始到现在，不论是说设计上面、适用上面还是在质量上面我觉得都有很大的改变。

胡飞：那我想问一下，您为什么会选择田子坊这个地方呢？

黄女士：我觉得是机缘巧合吧！我最早在上海的时候是从网络开始做，我在网络上卖旗袍。然后我在台湾的网络上卖旗袍。因为这个地方有机缘可以利用，比如说裁缝啊，一些小作坊啊，你可以告诉他们如何去做。对我来说旗袍是最好入手的，因为它的款式就是这几样。但是如何变化呢？就是从选的花布啊，花色来做一些变化。我做的旗袍会选择当季最流行的颜色。我的运气也比较好，我们是台湾专卖的第一名。当时我就在想，我旗袍可以做得那么好，那我还可以做一些其他的，比如说礼品方面的东西。然后我就想到开一家店。后来我就告诉我的朋友我想开一家店，我对的朋友就对我说他逛过田子坊，感觉还挺不错的。后来我就来田子坊参观，我感觉还挺不错的，我很喜欢。我刚开始来的时候店铺还是挺少的，但是我就是喜欢这种老房子，这种巷弄的感觉，所以我就选择了在这边。我是先从这家店开始的，后来我又租了前面那家店。这一家刚开始是卖衣服的，然后那家卖礼品。后来我又在其他地方开了一些店，除了北京之外，我在丽江还有一家店。后来我觉得礼品店还是挺好管理的，其实我自己也很喜欢。后来我衣服就不打算做了，因为太麻烦了。因为你要不断地推出新产品，非常的麻烦。也是机缘巧合，后来我就开了这家咖啡店。呵呵……后来我就把这整个一栋租下来了。现在楼上是民宿。

胡飞：哇！这样衣食住行真是太好了。

黄女士：呵呵……其实我也并没有完全刻意地去规划什么。

胡飞：就是说完全按照自己喜欢的一个模式吧！

黄女士：对！

胡飞：我觉得学艺术的人都是这样的，不喜欢规划，按照自己的喜好走到哪步是哪步。

黄女士：对。这完全是机缘巧合，是天时地利人和。

胡飞：那您这边和其他园区的手工艺作坊还有联系、交流之类的？

黄女士：其实比较少的。其实国内外的一些设计师都会慢慢的来找我，就像我之前所说的，我的个人喜好因素比较强，我就会考虑合不合适。其实我并不喜欢太中国的东西，要有中国的元素在里面，但是一定要有一定的改变，也不能太中国了。

胡飞：就是说你的设计是针对大众的，而不是小众的？

黄女士：对！国内外的一些设计师会来找我，或者有的时候我会去一些地方，看到一些好玩的东西，我觉得他的东西很特别，我也会主动和他联系。

胡飞：那您觉得这边的交通条件怎么样？

黄女士：这边的地理位置还是比较方便的，因为它位于市中心嘛。但是也有一些负面的影响，就是它现在的名气比较大嘛，会造成很多车辆的到来，因此也会造成一些人来这并不是很方便。不过我觉得基本上也还好吧。大家喜欢它的这种氛围，必定会有它先天上的不足。如果它先天上很足的话也不可能形成这种氛围。

胡飞：我觉得创意园区对停车场这个东西不太重视，我之前采访的东8区也没有大型的停车场。我问那里的工作人员为什么？他说这样显示整个园区随意性的特征。

黄女士：但是现在也有很多创意园区做得很漂亮。不知道你们有没有去过莫干山路？

胡飞：那是我们下一站要去的地方。

黄女士：它很多都是在老厂房的基础上改造而成的。我觉得比较适合做画和雕塑。因为需要比较大的空间。如果你是要做手工艺品，那我觉得就应该选择这种小小的感觉。人家会比较喜欢这种小店的氛围。

胡飞：您怎么会想到开一个咖啡厅的呢？

黄女士：我们不是在做杯子嘛！但是我们的骨瓷杯的价格

是比较高的，一般是在两百元到四百元之间。有些人就会觉得很不适用。那后来我就想到开一个咖啡厅，杯子都用骨瓷杯。用骨瓷杯喝咖啡有一个好处，那就是它的保温效果比较好，会使得咖啡更好喝一些。其实我们是为了向他们展示这个杯子不仅是一种摆设，也是适用的。我们开了店之后也发现，骨瓷杯的损耗也是比较低的。它是骨瓷，比较坚硬不容易破。呵呵……

胡飞：就是把自己的产品拿过来用，给客人尝试使用。如果客人用的比较好，有可能会买下来。

黄女士：对！所以我们的一些客人来之后发现杯子还是瞒特别的，也觉得蛮喜欢的。

胡飞：如果顾客有什么喜欢的图案，你们会帮着做吗？

黄女士：会的。

胡飞：如果顾客喜欢的话，他还能到你这边自己亲手来做？

黄女士：这个不行，自己做不行。呵呵……我们没有场地提供给他们自己来做。不过一些客人会自己提供一些图片。就比如说有一个客人他挺浪漫的。他喜欢一个女孩子，他就偷拍了那个女孩子的照片画在这个杯子上。呵呵……

胡飞：我还想问一下您觉得田子坊和其他一些创意园区相比有什么优势呢？

黄女士：首先是它的起步比较早吧。我不晓得你们有没有见过那个吴梅生，他是田子坊的总策划。其实你从我的那个礼品店向泰康路走，那个地板有一点红的地方。其实那边不同的地方才是田子坊。我们这边是后来在民居的基础上改建而成的。田子坊那一块起初是面粉厂之类的工厂，后来才改造的。最早是陈逸飞他们先到这边来的，然后才开始有这个区块出来。吴梅生其实也挺用心的，他一直在推动这一块的发展。我们这些小店刚进来的时候他也是满帮我们的，帮我们整合啊，后来整个区块就慢慢发展起来了。事实上严格地说，前面那一块才是田子坊，它有一个专门的物业公司在管理，等于说是一个集团。那我们后面这个石库门，就是我们每个小店有不同的地方，就是有一点不同的地方。

胡飞：就是说田子坊成为一个特别的称谓了。

黄女士：对。现在就是整个区块被称作田子坊。它之所以会发展这么快，这么好，除了之前我所说的位于市中心之外，石库门这个地方的房子的感觉，这个氛围是很重要的。如果是整个厂区改造的化，你会觉得很大，但是那个是大量改造的。等一下你们去看那个 M50 那边和这边是完全不同的感觉。那边的艺术氛围可能更浓，可是感觉上就是太纯艺术。它卖的东西都是艺术品。

胡飞:就是说这边的东西更贴近生活。

黄女士:对。

胡飞:就是说这边的东西是商业与艺术相结合。

黄女士:对。

胡飞:我想田子坊肯定做了一些宣传。它的这些宣传针对的主要是整个园区还是针对单个的小商店呢?

黄女士:它是对整个园区进行宣传。但是其实开始的时候田子坊在国外杂志的名气是大过在国内的名气。你可以看到很多外国人拿着图册啊,旅游书啊来中国找田子坊。其实也只是在这两年国内的杂志才开始报道田子坊,可是在三年前或者四年前都是国外的杂志在介绍田子坊。我们刚开始开的时候这个地方很多都是外国人,真的没有什么中国人在这个地方。我觉得这个地方就是老外比较喜欢的地方。我觉得这个地方就是我感觉中的上海。就是说去了哪一个城市都一样我觉得没有什么,你到了一个城市一定会找这个城市有特色的地方。

胡飞:就是能够反应它的时代风格的。

黄女士:对。我是这样觉得。所以这就是它的最主要的优势。那像新天地,它也是石库门,它刚出现的时候大家也是很惊异的。它很高档,但是去久的人会发现它是做出来的。我们这边刚开始的时候大家也会讲邻居把衣服晒在外面,但我觉得这就是生活。也没有什么不好,这也反映出人家生活的地方。外面来玩的人会觉得这边比较像他们想象的地方。那 M50 是老厂房的改造,就是给人新中国的感觉。

胡飞:就是解放后的中国。

黄女士:那种感觉是不一样的。

胡飞:就像 798 的感觉。

黄女士:对。

胡飞:现在厂房的改造很火嘛。

黄女士:对。现在这样的改造很多,但是成功的很少。

胡飞:我觉得这个发展到什么程度还很难预测。

黄女士:不过我觉得老厂房的改造还是挺好的。

胡飞:您觉得一个产业园区是整体规划好呢?还是让它自由发展好呢?

黄女士:我觉得这个很难讲。各有利弊吧。

胡飞:就是顺应它的发展的脚步走下去。

黄女士:现在有很多的创意园区,成功的很多,但是失败的也很多。大部分做成功还是适合做工作室。像田子坊这样集商业和艺术为一体还是比较少的。

胡飞:那种老厂房的改造空间比较大,和田子坊是完全不同的感觉。

黄女士:所以可能他们要做一个创意园区也需要一个规划吧!

胡飞:那我们可以问您一个很私人的问题吗?您石怡集的房租大约是多少?

黄女士:我们的房价相对来说是便宜的,和别人相比起来,因为入住的时间很早。现在的房价是多少我也不是很清楚,但我听别人说,也就是我的隔壁商户,是一家礼品店,每平方米需要一万多。我的礼品店也就大约 $10m^2$ 左右吧,一个月也要十万多,这样一算来,也赚不了多少钱了。当时有些商户为了省钱,墙面是直接漆白粉。但我是做长久打算的,所以我是全部返修,全部用的是最好的材料,这些你们也能看得到的。我觉得我租的价格已经算是不便宜了,因为我那时也是找中介进来的,我当时就说,只要有人愿意租,不论是多少钱我都要。因此我也没有和房东讨价还价什么的,因为我不喜欢那种感觉。

胡飞:那么看来房东是衣食无忧了。

黄女士:应该是的吧,不过我和房东的关系也蛮好的。

胡飞:您知道来这里入租的外国人多吗?

黄女士:这个具体的数据你们可以去问一下田子坊的管委会。不过据我所知,这里有超过 30 个国家和地区的商户入租。

胡飞:这么多啊。

黄女士:是的,其实很多老外来这里开店都是因为喜欢这里的环境。

胡飞:那么可能就是像您说的那样,他们并不是为了赚钱,因为在这里也基本赚不到什么钱,他们来开店只是因为喜欢这里的生活氛围。

黄女士:对、对,有很多人就是喜欢这里的环境。台湾人来这里的也有几个,我知道的还有澳洲的、新加坡的、马来西亚的、英国的等蛮多国家的。

胡飞:能不能认为大陆的创业产业是模仿的台湾?比如现在大陆正在创办的创意集市?

黄女士:嗯,对的。我也认为。创业集市在台湾很流行。

胡飞:嗯,那这应该是一件好事情。

胡飞:觉得在田子坊这样的小巷子中有一种很温馨的氛围。在高楼大厦中,有一种很压抑的感觉,很不喜欢那样的感觉。

黄女士:而且我觉得来泰康路玩的人相对素质也比较的高。

附录四

周栗竹:如果有艺术家想在这里展示作品有什么要求?

丁女士:希望艺术家的作品和我们画廊的理念是比较契合的。那么我们希望可以在作品中看到美的、比较积极的,艺术家本身和作品也是可以交流的。因为有一些艺术家会刻意去表现生活中阴暗的一面,他们制作的画廊一进去给人的整体感觉就是阴暗的,有的甚至是对阴暗的加重,让参观的人觉得没有什么希望。

苏晓平:那你们希望表现比较积极向上的那一种?

丁女士:嗯,是的,我们赞成积极向上的。我们希望艺术能让人感觉到更好的那一面。你们可以看一看我们的宣传册。关于我们为什么叫双城。我们是2005年12月开始创办的,当时展览没有这么频繁。但是我们现在差不多每两个月就会换一次展览。一个是因为预约的比较多,另一个是因为固定的客户也比较多。这本小册子上是我们这几年做的比较重要的一些展览,你们可以看一下。来我们这里的老外比较多,所以我们做的都是中英文的。

胡飞:那么你们这里和其它的画廊联系多吗?比如说相互之间的交流?

丁女士:我们这里的艺术家基本上都是大学老师,所以是和高校的老师联系的比较多。他们也会邀请我们的艺术总监去参观啊等等。

周栗竹:那么这个画廊是私人的还是机构的呢?

丁女士:怎么样算是私人的呢?

周栗竹:就是说是一个有钱的老板以个人的名义开的画廊,以他本人的兴趣爱好为主。

丁女士:这个画廊是一个公司在支撑,但是更多的像是一个私人的画廊。如果它是一个集团来做的话——

周栗竹:会比较重视商业性?

丁女士:嗯,对的。所以我们觉得这家画廊更主要的还是以我们个人的爱好在经营。但是公司的艺术总监也会经常来,大家有共同的爱好。大家的喜好相似,所以基本上都是在做自己比较喜欢的一些事情。

胡飞:那么你们这个画廊是怎样宣传出去的呢?

丁女士:我们一直很鼓励自己的员工带自己的朋友来玩。然后有音乐会啊什么的。音乐会会做一些广告。其实也有很多记者来采访过我们这里,比如上海城市频道等。前两天有两位美国的夫妇来,说是在中央九套上看到关于我们的介绍就来到了我们的画廊。包括美国的一些杂志,也有我们画廊的一些介绍。比如一本叫《每周新闻》的在讲到爵士乐的时候也讲到我们画廊。很多是因为他们来做一些采访,这样通过各种渠道,我们就被大家所接受了。

苏晓平:就是口口相传的意思吗?

丁女士:是的,我们一开始依靠的是口口相传,后来依靠音乐会等我们会做一些邀请券,发放出去。在谷歌上也有我们的网站,我们也会把一些信息放在网上,我们有固定的邮件收发群。比如说有带朋友来参加我们的音乐会,可以留下 E-mail 地址,我们以后在每次音乐会之前都会发出邮件的邀请。

苏晓平:那么就是说你们利用个音乐会这一种形式来发展了你们的客户,把艺术馆推广了出去。

丁女士:是的,可以这么说。当然,他们来听音乐会后我们也会和他们聊一聊。他们如果感觉很亲切很有趣,以后也会再带别的朋友来。我们一般安排在星期五的晚上,一般来说一星期的工作下来都会很累,也会愿意来放松一下。

胡飞:我想问一下,你们这里的客户一般是新客户多还是老客户多一些呢?

丁女士:这个能不能再解释一下?

苏晓平:就是说这里的受众人群是怎样的?是大众还是小众呢?

丁女士:我觉得是老外比较多一些。毕竟说实话,老外的收入要比中国人高,这是一个很实际的问题。别的来说还都差不多。我觉得应该不是很小的一个群众。

苏晓平:那就是说还是比较大众的,是吧?

丁女士:总的来说还是比较大众的吧。有很多人过来都会说这里的玻璃很漂亮。当然也有很多的是专门收藏玻璃的人。

周栗竹:你们这里的东西卖的怎么样呢?

丁女士:小东西嘛,卖的会比较好些。特别是圣诞节什么的,很多人会来买了作为礼物赠送他人。玻璃制品一般都是小件一些的比较好卖。

苏晓平:那么那一件杨美华老师的玻璃作品要多少钱呢?

丁女士:四万。

苏晓平:那么像墙上挂的这些漆画呢?

丁女士:漆画的价格就不一定了。我们这里的定价,一般都是艺术家的报价,加上我们的雇佣金。有的艺术家给的定价就会很高,当然这也要看艺术家的名气了。像庄晓蔚老师,他的作品是全国最好的,那么他的作品价格肯定要比杨老师的要贵。但是这也和制作过程有关系,比如制作的过程是否很麻烦。那些项链,有的比较便宜有的比较贵,是因为有的是杨老师她自己纯手工打磨出来的。

苏晓平:那么那些配件一般是什么材质呢?

丁女士:你们看过的金属配件一般都是银的,金属上如果还带一些东西的话，那一般是玛瑙的。

周栗竹：那么你们这里的工作人员一般有几个呢？

丁女士：一般是四个人。

周栗竹：主要就是四个人来运转整个画廊。

丁女士：嗯，基本上是的。

苏晓平：像杨老师这样的艺术家是不是长期与你们合作的呢？

丁女士：杨老师已经和我们有一种很长久的合作关系了，已经有很多年了。我们这里合作的艺术家一般都是长期的形式。

苏晓平：你的耳环很漂亮，也是这里的艺术家制作的吗？

丁女士：这个不是。这里的东西一般会比较的贵一点。主要是因为这里的每件物品都是独一无二的，只此一件，是纯手工的。

周栗竹：问一个私人的问题，你是学经济的吗？

丁女士：没有啊，我是学心理学的。

胡飞：你觉得 M50 这里有什么不足的地方吗？

周栗竹：比如说交通不便？

丁女士：交通是还好啦。

苏晓平：比如说这里有什么欠缺？

丁女士：其实我觉得这里还是蛮好的。属于一个非常自娱自乐的地方。我以前实习和工作是在一个公司里面。你会觉得人在那个里面会浮躁很多。你的心很难安静下来，回去急功近利的去做一些事情。在这里就不一样，这里不会要求你进来了就要卖掉多少东西。如果有客人进来，我们也不会一直跟在后面推销这推销那，像逼你买东西那样。因为我们觉得，如果客人喜欢，那么他们自己会买的。我自己也不喜欢有个人进来就一直跟着。跟你讲这个，跟你讲那个，我自己也会觉得很烦。我喜欢给客人一定的空间。

苏晓平：如果他喜欢，他自己就会买。

丁女士：对，是的。

周栗竹：那么你们也不是很忙，是的吗？

丁女士：这也不一定的，我们现在比较闲，是因为我们现在的这个展览已经都布置好了。如果是一个展览刚刚开始办的话就会很忙。

苏晓平：比如说布置展厅？灯光设备？

丁女士：那已经是最后的一步了，我们要先和艺术家们联系，约好时间和别的事情，然后还要把作品运过来，确认合同，确认作品已经收到，包括之前的宣传，大量的都是中英文的等等。

胡飞：那么你觉得手工艺在 M50 应该以什么样的形式继续发展，才能生存得更好呢？

丁女士:这个问题已经可以开个大会,让很多人来讨论一下了。

胡飞:说说你的个人看法呢?

丁女士:我觉得这是一个很大的话题,就说艺术品吧,很多的中国人都觉得艺术品就是画。而且越是看不懂的越是觉得是艺术。我就遇到过这种情况。有人进了我们这里,进门就说"我要一些画"我就问他要什么样的画,他说挂在墙上的画,可以挂在公司墙上的画。然后我告诉他画也分很多种的,他说要抽象画。就是这样。很多人觉得在公司里挂一幅画是一件很高雅的事情,但是他们不一定知道画的意思。比如说有一些房地产公司希望在他们的会馆里放一些玻璃作品,但是他们只是把它们作为一种装饰,没有当作艺术品来看待。

周栗竹:看中的是潜在的商业价值。

丁女士:对,他们和我们的看法是不一样的。还有很多人,我知道的一些画廊,他们也认为好像手工艺没有画高雅。但是我觉得不是这样,因为它们都是艺术品,艺术有着它不同的表现形式。现在纯粹做手工艺的画廊全国几乎没有,但也有像琉璃工坊那样的,不过那也是工业生产的。做陶瓷的稍微多一点,做漆画的也很少,据我所知北京有家"漆千年"。反正总的来说做手工艺的很少,基本上都是在做画。

周栗竹:我觉得现在艺术和商业结合的还是不很好,比如很多的画廊都有营业额,比如每年要求卖掉多少的画。这样感觉给人一种无形的压力,艺术品不像艺术品,而感觉像是单纯的商品。

丁女士:艺术品是可以买卖的,比如说你可以买一件玻璃作品。

周栗竹:前提是你很懂这件作品?

丁女士:是的,即使不懂,至少也要是你喜欢这件作品。

第四章　以论证为目的的展演课程

课前阅读推荐

1.《现代设计的先驱者》,[英]尼古拉斯·佩夫斯纳著,王申祜等译,中国建筑工业出版社,2004 年;

2.《设计中的设计》,[日]原研哉著,朱锷译,山东人民出版社,2006 年。

当访谈、调查结束后,学生需要进入课题的深入阶段,这种深入并非是指“做个东西”,可以有多种选择。比如我们会在课程中提示:发现一个问题(设计缺陷);寻找一种载体(建筑、服装、产品、视觉设计等);进行某种再设计(结构设计、主题设计、设计服务);并寻找一种契机(身边正在进行的“事件”);策划相关活动(如竞赛、展览);尽可能考虑“可供支配的资源”,使课题从研究状态转化为真实运作。这意味着课题的落点可以是产品,可以是研究,也可以是设计组织或公司的创建。

第一节　关键词分析

一、设计论证

相比建筑设计、产品设计专业而言,艺术设计专业通常看重创意与观念,在设计管理课程中,“设计论证”也是一个重要环节,如果学生的提案不能显现出可操作性或一定的研究价值,就无法拿到这一部分课程的学分。

1. 例——A new way to walk

香港设计师 Henry Law 曾经做了多种鞋的方案(图 2-16),设计师从技术、材料和实际需要的角度进行了全面分析,最终确定方案“Hoof Shoe——A new way to walk”,这是一种进入室

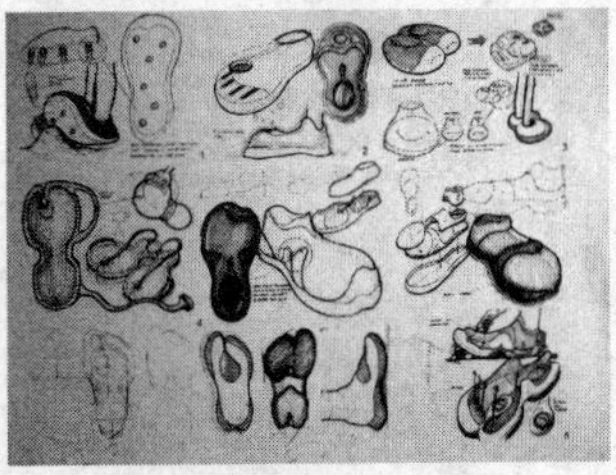

图 2-16　提案阶段

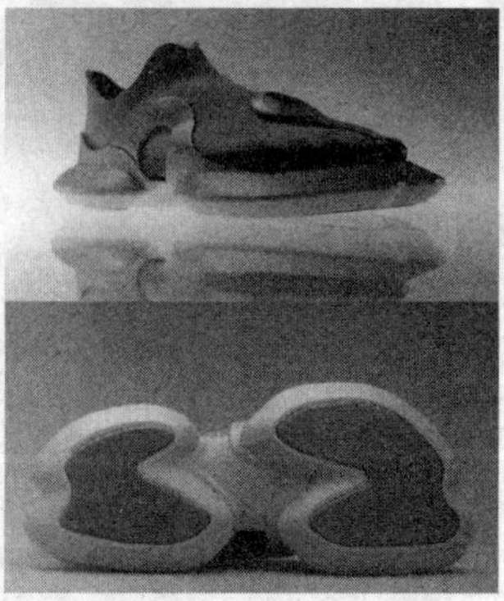
图 2-17　论证与取舍

内可以直接脱卸鞋底的鞋(图 2-17)。

2. 课题一例:选题论证

组长、执笔:曹超。

组员:栾梦天、李明芳、王家荣、司凤瑶、赵娜、王冉、申静、徐娜娜、宋洋、田敏、孙凤敏。

这是一个超大组合,14 个学生表示无法分开,并承诺一定做满两个小组的工作量,由于人数多,这个组在选题拟定阶段就出现了激烈争论,在访谈课程即将进行的时候仍然无法定夺,提交了 7、8 个选题,此时,教师的判断和评价将影响学生对选题大小与价值的思考。(学生说明:本来列为第 8 个题目的“洞洞鞋”crocs 品牌案例觉得与第 3 个题目的类型很接近,因此在此省略,本来 8 个题目的方案现在缩减为 7 个题目。)

(1) 服装设计的展现形式除了走台,你还能想到更时尚的形式么? 以此为题了解一些曾经举办过的特别的服装展示形式的资料,跨越传统走秀的形式,结合服装设计专业今年毕业展策划举办一个独特的、给人深刻的视觉印象的服装“秀”。

点评:这是基于服装设计专业,却又超越专业本身对于服装设计推广方式的构想,小组成员有四年级服装设计专业学生和设计理论与策划专业学生,实践资源和研究资源配置得当,能够达到比较理想的目标。

(2) 通过我们组强大的设计理论与策划专业学生的阵容,将 14 人分成两个小组,对我们理解的设计管理,即真正的设计管理是存在于或者说更注重于“社会实践产出派”还是“学院理论研究”派(我自己瞎编的两个名词)进行一场辩论大会,因为我们自己也不清楚最后的答案,所以我们想把这个课题探讨到底并带动所有同学对设计管理这个学科的理解。

点评:选题的价值在于找到了课程“原点”,辩论形式的探讨能够调动现场,直观呈现学生对于设计管理课程的困惑、思考和见解,同时也会加深学生对这一学科属性、教学方式、应用方式的理解。

(3) 前阵子南京晚上出现有弥漫味道的“雾”天,看了新闻才知道是苏州大量秸秆燃烧产生的烟雾随风来到南京,这是一个环保问题,甚至上升到一个行政管理问题,但这样的环境和管理机制使很多人才不愿呆在国内转而去国外发展。或许我们20 年后也是管理这些问题的行政人员,而我们现在面对这样的问题却不采取任何措施,可想而知将来会怎样。环保宣传,有,但是不起作用和没有有什么区别? 或许还是没把设计的作用发挥到位。以此为题了解国外的环保优秀案例以及国内的现状,策划一个长久性的环保宣传设计组织,深入大众(这让我想起了日本侵华时期的鲁迅，我们已完全没有那个年代人们的危机感）。

点评：这是一个比较严肃的选题，特别是学生已经认识到20年后自己这一代人所处的位置、可能面临的问题等，但设计的作用与环保、管理机制之间的连线过于复杂，案例收集也需要较长时间，短期课程无法深入，可以作为设计管理课程的常设课题，在条件成熟的时候，成立这样一个组织。

(4) 宜家，家喻户晓，是因为它每件商品存在的设计感和对空间的装饰性。而这个来自瑞典的名牌却不经久耐用，所以它在自己国家不算高档，也并不热销。但在中国却受到很多小资家庭的喜爱。品牌策略相反却同样受欢迎的例子有来自日本的无印良品，几乎不存在设计感，只因为产品原料环保而卖到很高的价钱。这是因为品牌还是设计的作用？为什么在中国这些东西会如此吸引消费者，以此为题深入分析中国市场的品牌效应，制定可行性品牌策略。

点评：选题切入点不错，是想对“设计感”进行深入挖掘，并探讨设计与品牌、品牌策略的关系，但从选题表述看，学生尚未找到问题的根本，出现病句和弯弯绕的概念，建议进行较长时间的调研，在设计实务课程中重新思考这个问题。

(5) 南艺的食堂我们时常光顾，而我们真的对自己吃饭的环境感到满意么？对，我们是学生，不该追求的太奢华的享受环境，但搜遍全国的甚至仅限与南京的其他综合大学，觉得我们学校的食堂真的有些地方不完善，对，我们不仅是学生，我们还是艺术学院的学生！以此为题对南艺食堂的环境进行策划改善。

点评：这是一个常规选题，之前课程曾有三组学生做过南艺食堂，如果不能有更深入的设计构想，此选题就会成为重复劳动。

(6) 大学的标志你见过几个？你又能记住几个？记住了但你了解这个标志的设计源头里蕴藏的文化么？作为这个学校文化的产物大学标志在实际应用与推广中起到宣扬大学文化的作用了么？这些问题一直存在于我们朝夕相处的校园里，但我们并不了解。以此为题对大学标志这一文化产物进行推广开发，或许我们的校徽可以变成一个世界上人人皆知的小故事。

点评：选题立意不错，也是相关领域现有研究中比较欠缺的内容，但学生收集的资料有限，对于文化无法从结构层面进行把握，将大学标志设计与大学文化挂钩会显得单薄。这一选题可以作为常设选题，通过2～3次课程的磨合，将有可能沉淀一些有价值的分析。

(7) 提到“非主流”，有人说喜欢，有人则否决，但这种新一代的大多存在于“90 后”的潮流趋势正在慢慢变为主流。社会在进步，人们的思想也在不断更新，作为“80 后”的我们或许对有些太过做作的非主流形式持批评态度，正如我们走过青涩年代时家长对我们一些想法的否定。以此为题对非主流文化进行了解。

点评：选题的优势在于研究者是非主流文化的亲历者，可以收集到一手资料，在深入过程中也可能对非主流设计提供很好的解读思路。选题的难点在于对“非主流”的界定，由于本科生很难从一个尚未被定论的现象中找到分界依据，研究对象就变得很模糊，很容易变成泛泛而谈的文化说明。

二、课堂展演

前文已作介绍，展演是指展示和演讲。

在访谈课程结束后，学生根据访谈所得信息，提炼出 1～2 个设计问题，可以采取三种方式完成课题深入：①落点为“设计改良”，即针对设计缺陷提出解决方案；②落点为“设计策划”，即不做具体的“物”的设计，是对设计活动、设计组织的构想，提出可行性方案即可；③落点为“设计研究”，是对目前已有的设计、设计组织、设计活动、设计服务等进行价值分析和论证，研究可能涉及社会学、文化人类学、哲学等。这三种方式其实就是设计管理应用的三个层次：微观层面的细节设计、中观层面的组织设计、宏观层面的文化设计，其中，后两种落点是我们在课程中比较推崇的，这会让很多学生感到不适应，需要教师循序渐进地引导，告知学生层次设置的目的在于挖掘团队潜在能力，使更多人具备课题评价、指导和任务分配的能力。完成设计策划与设计研究课题的前提是细致的生活调查、访谈和分析，因此，在课题一中准备比较充分的团队，在课题二中也会比较顺利地进入状态。从现有的学生作业看，尚未看到符合“设计研究”要求的课题，在研究生“设计策划与管理”或“设计市场与策划”课程中偶尔会发现一些，这是一个值得开发的课题群。此外，“设计实务”类课题，即“真题”，可以很好地调动学生的积极性，也能够帮助他们初步理解设计评价的不同标准。

展演要求：每组主持人在 10 分钟之内将小组两次课程的工作进行整理，并陈述主要思想和阶段成果，展示形式包括实物(如校园杂志)、演示软件(如短片、电子杂志、PPT 等)，听者有任何疑问都可以打断展演过程，针对人员分工进行提问(小组成员及分工必须写在黑板上，或在演示软件最后一页注明)，所以展演也相当于小型设计论证会，尤其是一百多人的大课，学生会处于比较紧张的状态(具体作业见第六章)。

第二节　课堂展演与论证现场

2005 年起,我开始拍摄设计管理课程访谈与论证现场,既是为了给学生留下一些纪念,也是为了经常回顾、总结不同的学生构成、不同的人数、不同的教学环境下,设计管理课程的结构。

准备时刻:在大教室面对一百多位同学陈述团队课题,会让学生感到紧张,课程按小组展演顺序安排座位,可以在课前准备阶段比较直观地观察各组的合作状态和投入程度。

每组必须提一个"好"问题:"好"问题指的是针对其他小组选题、解题方式、陈述过程、工作计划与组织形式、核心内容等提出自己的意见或建议,这一环节首先考察的是学生"听"的能力。"好"问题通常可以引起更多学生的共鸣,延伸出更多更深入的思考。

小组成员的现场调动能力也是考核内容之一：学生只有完全熟悉了自己的选题，才有可能选择最合适的展演方式，并根据现场反应及时调整自己的语气、陈述内容和互动方式。当台下的学生都集中注意力参与到展演过程中时，陈述者往往会有更好的发挥，这是一种良性互动。

也会有曾经上过设计管理课程的学生以旁听身份提出有价值的问题：初次接触"设计管理"的学生，一般不会考虑到设计中的经济性因素，如预算构成、市场价格构成、利润构成等，但已经接触过访谈、设计调查、设计论证及课堂展演的学生，思考问题就比较细致，他们提出的建议也更容易让学生们理解和接受，这是一种层次更丰富的互动。

论证有时比较激烈，教师需要把握好问题导向和节奏，避免产生"口水战"。

第五章　价值提炼：写小结与写总结

设计管理课程最重要的工作就是写小结与写总结。访谈课程结束要写课题评价和总结，展演课程结束要写课程总结，如各组对每次自己组织的课题讨论要写小结，可以每组交一份，也可以每个学生交一份，这种自由便于教师进行更细致的考核。

指导学生定时写小结，是为了完整地思考课程、课题、同学和设计的价值，这个工作甚至比调研更能考察学生的能力。南艺实行完全学分制，课堂上的学生从一年级到四年级甚至留学生、跨专业的研究生都有，听课人数多的时候就不便于师生一对一地交流，因此小结也是帮助教师更好地掌握学生学习的状况，及时调整课程的知识分配和节奏。

第一节　小　结

一、二年级小结

我们组

作者：毛培

首先我介绍一下我们组的成员：张正甜（三年级），崔嘉跃（二年级），毛培（二年级），耿飞飞（一年级），孟令希（三年级，最后加入）。

通过这几天的接触我对我们组的成员有了初步的了解。下面简单介绍一下我们的大致分工和工作日程。张正甜是我们的师兄也是我们组的总监，他主要负责任务统筹和电脑的制作，通过这次合作在我心中他是我们的“带头大哥”。第一次作业的主题我们提出了很多，经过大家的讨论在 10 月 19 号确定了我们的作业主题为“南京城市形象品牌设计的必要性”。围绕着这个话题我们进行了分工：张正甜负责统一整合，我负责提出采访问题，崔嘉跃负责采访，耿飞飞负责文案。10 月 20 号我们确定了访谈的问题，因为我们组的人数比较少，问题的全面性就受到了限制。21～24 号我们很默契的各自去搜集资料，最后汇总到张正甜那里进行统一。25 号到了我们对作业进行展示的时候了，那天我们都很紧张，因为我们努力的结果就要接受大家的检验了。最后我们的作业经过了检验，虽然最后的结果和我们的预期效果有些差距，但是我们已经对组里的成员有了初步的了解，对自己分担的任务有没有做好，做到了心中有数，这对我们第二个课题的深入展开积累了经验。经过这次合作我积累了合作的经验，认识了团队精神。这对于以后的合作发展都有很积极的作用。

我们也在做课题的同时也不断借鉴其他小组工作上成功的经验。不断搜寻有关我们这个课题发展的课外资料。

课上我们一致觉得这门课对我们将来踏入社会有很大的作用。因为课程的课题涉及很多，通过短短的两周时间的合作，觉得团队设计和单独设计有着那么大的区分。完成这门课我们最注重的是做课题的过程，通过第一个课题，我们也认识到我们存在着很多很多的缺陷，这都是平时不去注意的问题。以致课题展示的时候我们的准备也在讲说的时候发生很多笑话。

管理是一个过程，一个统筹与资源合理运用的过程。作为我们组的一个成员，我觉得我们都很有热情去投入这个课题，因为我们所选择的课题正是我们所共同关注的主题。这个主题的成功也会带给我们设计界更广阔的研究范畴。我们都希望完成这门课，我们能完成我们希望得到的成效(病句)。这也是我们把课题一和课题二规划在一起的主要原因。因为我们要将在课题一上所得到的大家对我们课题所提供的资料合理地运用在课题二上(病句)。这我们觉得两个课题就是一个系统的整体，我们也从中得到统筹与整体的锻炼。

以上就是我个人代表我们组成员写下的工作小结。

二、三年级小结

课题评价与个人小结

作者：许照云

三周的设计管理课程很快就结束了，时间虽短，但学到的东西却不少！说真的，我以前还真没上过这种形式的课，所以刚开始的时候有点被动，也不知道该从何做起，连想要选什么课题也没有明确的想法，直到后来才越做越有方向感，心中也越有底！到了第二个课题的时候思维也就彻底被“激活”了(或许有点夸张了吧，呵呵，但我梦想着那一天的到来呢)。这也得归功于所有的小组(当然也包括我们小组)以及老师的共同努力吧！下面我说说自己对各个小组以及他们每个课题的一些印象和想法。

第一组：单身的日子(胡昱昊、曹田、张飞、王贤超、汤凌洁、王枫)。首先曹田同学和胡昱昊同学这两个主持人搭配的很好，在做第一个课堂小练习时就给我留下了深刻的印象，有种唱双簧的感觉。但在做第一个课题时却换了主持人，或许他们想也让别人锻炼一下吧，但由于新的主持人吐词不够清楚，所以影响了第一个课题的质量，而且访谈似乎准备的也不够充分，只给我留下了“折叠”、“极简主义”、“经济型酒店”等这几个泛泛而谈的名词。还好第二个课题把“单身公寓”作为研究点，使范围明了了，而且主持人又换回了以前的那两位，使我们可以继续看到他们精彩幽默的合作。他们第二个课题的开场白也比较独特：由胡昱昊同学诉说一段类似于情感故事一样的一段话，再由两个主持人之间进行访谈的形式正式引入课题。这里面主要是单身公寓的市场前景和使用人群引起了较大的争议。

我认为并不必太担忧它的市场前景，因为它是顺着时代潮流而产生的，而且每个事物都会有它的产生和灭亡，只是时间停留长短问题。而且它始终会有一批使用者和需要者，因为“单身公寓”——顾名思义就是“单身者的公寓”，这里所指的“单身者”并不仅仅指没有家庭和女朋友的人，也包括了“吃”、“行”不单身，而“住”却单身的人，以及“精神上单身的人”等，我相信这个群体不可能消失，而且我认为单身公寓不可能差不多价钱(50万左右)，所以买不起贵的可以买便宜的，买不起便宜的可以去租啊。还有就是关于单身公寓酒店服务式的设备我个人认为完全没必要，实在太浪费了，反正不都是一样的功能嘛(其实很多东西卖那么贵，只是在卖一个牌子)。最后提一下这个课题的一个小小漏洞和疑问，那就是他们课题里写着“单身公寓结构特点：一房、一厨、一卫”，然而我在他们后面的平面图里却没看到“一厨”，而且主持人在讲述时也说了不需要厨房，只要“一房”“一卫”。

第二组：中国元素(韩立群、白宵、缪礼梅、罗倩如)

首先得肯定的是主持人具有丰富的课外知识。在做两个课题时分别研究了中国大片和中国元素，这也是最近几年比较关注的话题和社会现象。我认为中国现在所谓的大片有很多都是为了迎合外国人的口味，以外国人的标准而言的，从而使我们失去了很多中国原味的东西，比如中国元素。她们在做第一个课题时，访谈的问题准备的比较充分，但总结时却不够力度，有点失望。在做第二个课题时，运用广告以及案例来形象的说明了中国的现状，这一点较好。从她们的 PPT 中也可以看出她们做了很多的工作和努力，但所讲述的中国元素有点泛，而且总体来看有点乱、太零碎，也没有和传统元素相区分开来，更没有明确指出如何将中国元素融入到大片、设计、生活中来，或许她们的出发点只是让我们更清楚的了解一下中国元素吧。

第三组：信任危机（王怡、赵峰、罗小婧、王海军、孙玉杰、张媛媛、董晶晶、桑云、胡敏波）

信任危机一直是社会存在的问题，有一年它是作为高考作文题出现的，可见"信任"的重要性。信任是双方面发生的一种关系，并不是一个人的事，所以我认为这一小组把由于虚假广告而产生信任危机作为论断和论点有点不合理。我认为信任危机大都是在没有前提条件下产生的，就是不管对方做的有多好，我都不信任你，这时才能称得上信任危机，而虚假广告本来就不需要信任，何来危机之谈。第二个课题前面的思路还比较清晰，但在后面就忽然止住收尾了，有点出乎意料，外加遗憾。相比较她们的第一个课题而言，第二个课题就显得逊多了，结束的太仓促了，准备的也不够充分。而且在她们小组演讲那天小组成员竟然有三四个没来，这也可能是一个因素吧。但总的来说这一组的成员还是比较活跃的，也带动了不少上课气氛，而且这个课题也值得我们大家都思考一下自己是如何对待和"使用"信任的！

第四组：乞（李澍、张伶、周晶、王苗露、赵天然、胡月）

这个小组做的比较全面，有视频、音频、图片，还有各个阶层的看法，最后还有自己设计制作的有关"乞"的海报。而我个人比较喜欢最后的那张张伶的海报。似乎这个小组的课题都引起了很大的争议，但正因为有争议存在着，所以才有了研究的价值。

两个课题相比较，第二个课题比第一个课题好多了，也考虑周到了许多。主持人讲我们要改变对乞丐的态度，这一点我赞同，但她说改变态度是研究乞的本质问题，这一点我就不敢苟同了。我认为最本质的问题应该以乞丐为出发点，我们所有的人，包括乞丐本身，来改变所有，并不仅仅是我们改变自己的态度这样简单的一件事，而且重点是解决乞丐，而不是解决我们。

第五组：女子俱乐部（李彦文、吴登涛、曲鹏、李小丰、刘青叶、宋洁）

她们课题二比别的一组好的一点就是在课题二开头把上次访谈总结概括了一下，找出问题，然后由小品引入到女性主义和女权主义，再顺着这个推出她们的作品——女子俱乐部。但我认为这个女子俱乐部并不能解放女性。俱乐部，顾名思义就是高级的娱乐场所，它只能提供给一少部分比较富有的女性，而这些女性相对来说已经是相对解放的了，而有绝大部分需要解放的女性却进不来。但就她们设计的俱乐部本身而言是值得肯定的，有经营理念，有设计创意，也有会员卡设计，比较明了，只是由于时间问题，没能继续深入把女子俱乐部和女性主义更好的联系起来，在资金问题上也欠考虑。但总的来说，已经比她们第一个课题好很多了。

第六组：涂鸦人生（徐霞、徐燕、徐琳、徐晴、许照云、杨丽君）

这也是我所在的小组，所以我对我们小组的制作过程以及之中出现的问题比较了解。由于不是每个人都参与了课题的制作课程，也包括主持人，所以在课题演示时，有一些课题所要表达的意思和一些精彩的部分没能表达出来，这表示我们小组成员之间的沟通还没做到位，相信我们以后会努力改进的。我们做这一课题时的出发点是让大家更进一步的了解涂鸦。因为就目前而言，还是有很大一部分人是不太甚至可以说不了解涂鸦的，包括我们自己也是，所以决定以这个为出发点，进一步的挖掘涂鸦，使大家认识到它和我们的生活是紧密相关的。所以我们的思路定为：介绍涂鸦—涂鸦和设计—中国涂鸦。但就是由于我们想要讲的太多了，而迷失了重点，只停留在谈涂鸦这个层面上了，而没有侧重的挖掘涂鸦和设计到底有什么关系，怎样让两者很好的结合起来。因为我们所谈的面太广、太泛，所以提问场面远没有前几组来得激烈。我对涂鸦所持有的一个看法就是：让更多的涂鸦者变成涂鸦艺术家，使他们以美学的态度来进行涂鸦创作，不断提高涂鸦的艺术性，使涂鸦充满我们的八度空间，使生活变得更多彩！

在所有的小组课题演示时，虽然研究的东西在变，但唯一始终没变的是：听取—质疑思考—提问—解决。所以这课程教给我的不仅仅是管理方面的知识，也让我体会到了研究每一个事物时所必须持有的态度，那就是不断的质疑和思考。并在课题制作过程中体会到合作的重要性，许多事情靠自己一个人是无法完成的，必须靠团队的合作和别人的帮助。

三、四年级小结

设计管理课程感受全记录

作者：王苗露

寒暄的话不多说，直接进入主题吧！

在开始上课了解了课程主题和课题形式后，我便给自己设立了一个课题或者说是一个问题——如何能促使一个团队很好地完成项目？很幸运我遇到了五个大三的孩子（当然我不否认也是个孩子）。但这使我在组内具有绝对发言权。

在团队组建时，我们是最先明确分工的（依据为各自的专业）。当时我提出不定组长，因为觉得作为催化剂的自己应该以打杂自居，但在内心其实已经决定对这个小组负责。

第一次课堂练习让我错过了一场展示设计师的面试机会。因为各个小组的表现实在是太精彩了！呵呵，听入迷的我把时间给忘了。因为大家来自不同的专业，每一个论点都让我眼前一亮，有不谋而合，也有出人意料。而这种差异性促使一个问题的讨论逐步深入……

而随着第二个课题慢慢深入使我深深认识到合作和 partners 的重要性。李澍真的很棒啊，虽然乞丐的话题、大的方向和最终的表现形式是我定的，但资料的收集，组织大家深入完成 PPT，文字编排都是她完成的。她很明白我想达到的效果，并且做得比我想象还好！让我在最忙的时候松了口气。大家都很努力，周晶很有热情，爱说话，做了好多张海报，但略略有点缺乏耐心。张伶很安静，有点内向，但做事情很认真，很积极的参与着活动。赵天然和胡月是学数码媒体的，在活动中没有很好的运用她们的专业，让她们参与进来是我的一个失误。

好！下面是我策划“乞”的分析：

上街时从跪着的乞丐身边走过，尤其是老乞丐，总是有种折寿的感觉，老也挥之不去，所以提出来，而大家都很感兴趣，便深入做了下去。因为调研对象是班上的同学，所以我将对乞丐的分析转为对社会人观点的分析，让课题更容易进行下去。

而第二个课题，之所以选择海报的形式，是出于两方面考虑，①海报是一种启发式的设计形式，制作快捷，不容易引起争议；②也是出于对组内人员的考虑，平面专业的孩子为多，比较好上手。

整个策划基本上是根据课程和课题特点而设计的，追求的是一种组团合作的过程而不是结果，而制作时尽力让大家都参与进来。

四、实习小结

工作有感

作者：陈润

我在 11 月份经朋友介绍进了一家企划公司做设计。

刚开始在公司就跟着一个年纪比我大几岁的设计师学习，帮他找图、抠图及做一些相对简单的设计。后来我也做了个宣传画册，是一个很普通的企业，在做之前大体了解了一下客户的要求。因为是一家比较传统型的企业，所以在要求上只是想让画册简洁。在做之前我收集了一些企业的宣传画册，来借鉴一下，又在网上找了一些例子参考。在做画册的过程中我考虑了整个画册的色调、结构和每一页的板式及文字的疏密和图片的组合。经过一周的辛苦设计，最后那个设计师帮我把画册做了完稿，一本还算可以的画册就这样诞生了。

经过这段时间的工作、学习，对自己在学校学习的设计理论有了点新的认识。

我觉得工作了才能理解学校学的那些设计的理念，以前觉得学校学的全是些没什么用的东西，作业也只是随便做做就交差了。现在想想那时做的一些作业在现在的工作中都会涉及到，能够对工作有个思维的开导作用，不过也有些学校学的理论只能是与别人聊天的谈资。

总的来说工作需要更多的理论知识来指导。因为对一个设计师来说，要能在技能上提高一步，通常要比在理论上提高所花费的时间多得多。比如，一个人用两年时间来看书学习，可以把理论讲得头头是道，天花乱坠，但在创作水平上想要有极大地提高则是很有限的。设计师后期要注意理论知识的提高和全面的素养，就像画画要提高画外功夫，演员要练就台下功夫一样，平面设计师则要充实设计外延知识，后期作品水平的高低主要体现在见解、见识上的高低，理论水平上的高低，各方面的知识在作品中能体现出来。

我要在今后的学习和工作中多学习设计的理论，多对计周边的知识积累，为今后的设计工作做好铺垫。

第二节　总结

课题总结，意味着每个小组需要对课程出现的所有选题的两个程序——“访谈”和“展演”进行点评，点评需要在课程结束后 48 小时之内发送给我，目的在于刺激学生及时地回忆、思考、分析和判断，这个工作看似机械，却足以发现学生的眼力和能力。在征求学生同意以后，我会将各组小结、总结以及课堂拍摄的照片打包发送给组长，让每个组可以看到课程所有参与者对本组选题和操作过程的评价。其中，访谈总结的及时公布可以让每个组迅速调整思路，结合课堂访谈出现的问题和课堂讲评，将“设计管理意识”嵌入课题二，以获得一个相对深入的研究文本。这一节从 2008 年 10 月课程中出现的两份访谈总结为例，介绍两种写课题总结的方法。

一、以“课题”为分析重点

执笔:陶钧　校对:贾伟

课题及序列

第一组 校园获取信息模式

第二组 校园乌托邦

第三组 报亭

第四组 大学生消费

第五组 大学城商业街

第六组 南艺选课制度

第七组 实践与学术

第八组 密码利与弊

第九组 过节方式

第十组 设计中的设计,再设计

第十一组 动画产业发展

第十二组 南京临时建筑

具体述评:

第一组

第一组所说的内容,我们小组认为是目前前六组里面选题最好的。首先,这个问题不是一个空泛的问题,而是切切实实存在且需要解决和易于短期内解决的。很多学生抱怨错过了4、6级考试的报名时间,或者学校出讲座活动等信息的通知。这是因为一些走读的学生接受到学校公告信息的机会较少,而如果光是靠辅导员逐一通过短信平台发学生信息,也过于繁琐,或者说吃力不讨好,毕竟有些人不需要这些信息。课堂上很多同学也提出了各自的观点。

我个人觉得信息化是比较容易实现的。如果学校能扩展各个学院的短信平台,通过收费模式,向学生发放信息。比如,南艺建立了一个5位数号码的短信平台,旗下扩展各个学院的信息平台。通过平台群发的方式,向学生免费提供学校基本信息,比如什么时候开学、考试时间、旷课名单等等。但是如果是其他信息,就可以搞收费模式。比如2块钱/月可以订阅讲座信息、学校活动展览信息等,3块钱/月订阅就可以获取包括通报名单之类的信息,5块钱/月就可以获得南艺所有的信息。这也是各取所需。同时也方便管理,毕竟平时一些同学不愿把真实号码留给学校,如果通过收费信息平台的模式,我相信愿意获取信息的同学更愿意通过付费方式把号码留给学校。学校通过学号或者班级模式,对学生手机号进行编号,也便于各科专业课老师向同学发放信息。当然学校也会在公共点的公告栏公布信息，以便于那些不愿意付费或者没有手机的同学浏览。

第二组（本组）

第二组也就是我们小组。我们谈到的校园乌托邦（主题词定为“恋恋乌托邦”），看似很空泛，其实所涉及的是一个发展趋势而已。这并不是一个真正的乌托邦，它是实实在在可以实现的。本周我们只是通过调查来了解同学们希望中的大学是什么样的，下周我们将详解通过什么样的模式，使我们的校园真正能变成一座乌托邦式的校园。甚至在这种模式下，公办的学校也可以像民办学校一样，除了有优秀的师资之外，同样也拥有优秀的硬件条件。不仅如此，同时还能解决大学生就业问题，让大学生学以致用。也许若干年后，通过我们这代人的努力，能让我们的孙子辈摆脱应试教育的束缚。最终通过这样的模式，解决中国的三大难题之一，教育问题，也都是指日可待的！

第三组

第三组说的书报亭问题，我个人认为这个问题在当今其实并不是特别严重的问题。毕竟书报亭已经经过了从第一代到第二代的整合，短期内也不需要太过于调整。如果说到书报亭本身的设计问题，这不仅需要生产商的设计和生产，也需要地方政府的统一监制和管理，毕竟目前的情况做到全国统一还不是太现实，而且也没那个必要。

一些同学提到的书报亭问路或者换零钱的问题，我觉得不是制度和规范的问题了，这应该算是行业道德问题。这个需要每个人对自己行为的约束和素质的体现。从对与错来说，书报亭老板不回问路和不换零钱，这是非常能够理解的，所以不能说是错。有人认为书报亭问路换零钱是义务的，我觉得就没什么道理了，毕竟人家也是以盈利为主的。

还有同学提出，应该设计个零钱机，整钱进去硬币出来。其实这种东西在国外一些国家包括中国香港特别行政区都是有的。但是那个机器目前来说也是成本比较大的，大多安置在商场、超市、银行等地，如果安置在书报亭，第一不方便管理，第二书报亭无法拿出一个合理的形式拥有这个机器。所以这个想法暂时也是不现实的。

最后说到书报亭能不能买到想要的书或杂志。这其实是个商业问题，也是成本问题。就像你在小城市肯定买不到名牌衣服一样，在地段不好的书报亭，也很难会有丰富的书和杂志。至于一些书报亭搞多元化，卖水、卖冷饮、租电话，我觉得这是一种盈利性的便民设置，比那什么换零钱机更实际，只要通过合理的管理，存在的利肯定大于弊。

第四组

第四组谈的是大学生消费的问题。首先作为学生这个群体，就是趋近于没有收入的群体。不谈那些自己有能力挣钱的，绝大部分的学生，都是靠父母的供给去消费。那么就没有像月光族一样多赚多花少赚少花之说。也就是合理支配，说到底就是一个字，省。

课堂调查差不多大学生一个月的花费正常都在400—1500，当然也有更少或更多。我个人认为在求学阶段基本上一个月800块钱足够了。但是要满足每个人不同的需求，基本生活的需求，包括学习上的需求，社交上的需求，的确需要合理地规划。至少要明明白白地计算钱到底花在哪了。毕竟大学生也是成年人，不能因为还是学生就不去考虑这些问题。我觉得如果这个组能够设计出一个合理的大学生消费计划表，或是参考之类的文案，对大学生的实际意义还是很大的。

第五组

第五组谈的是规划大学城的问题。组长甚至还希望在大学城开发一条商业街或者200亩的综合区（当然按其设想仅200亩是远远不够的）。首先我们组肯定他的设想，这是一个非常美好的设想。其次就是实现的可能。从某种角度来看，我们组，第二组恋恋乌托邦的问题，是更有可能实现的。也就是说，我们是通过某种设想，或者预想一种趋势，把它融入现在的校园文化，通过现实可行的方式，提高学校的硬件能力。也许这需要一些年，甚至2代人的努力，但是我们组人认为确实是可谈且有意义的。而第五组的话题，就更显得空泛了些。讲白了我们组和第五组话题的不同，就是我们组谈的是建设，是经济问题；第五组谈的是规划，是政治问题，这也是中国社会改革开放30年以来的社会遗留问题。如果说是推倒重来，那是有可能实现的（当然即使现在推倒重来，规划方面的人在校园规划上也不一定能做到合理以及先进）。但是在现有情况下，只靠一些下面人的努力和设想，是几乎不可能的。政治的问题是从上到下的问题，需要上面有规范，下面才能实施。而经济的问题则是从下到上的，上面看见下面怎么做，才会做出一定的规范和疏导。

最后第五组谈到的商业街问题。这其实是一个商业问题了。就像有同学问，如果在大学城开发商业街，那么学生放假是不是商业街也可以放假去了。作为投资人这是不得不考虑的问题。而且学生又是弱势消费群体（这点要和第四组话题结合），本来国家也不希望学生养成奢侈浪费的习惯，所以只要各个学校开设一些便民的场所，比如澡堂、超市，甚至小型的服装百货店，这些都已经足够了。

第六组

第六组的选题是大家热切关注的问题。每当选课一来，大家都跟打仗一样纠结；每当选课一结束，必然几家欢喜几家愁。这不得不说，网上选课程序是存在一定弊端的。

首先系统本身就有弊端，最根本的问题就是带宽不够，人一拥而上的时候，服务器根本承受不了，但学校也不可能为了一年两次的选课去扩大服务器，这也是不现实的。所以如何设计一个合理的双赢的模式，这是需要这组同学考虑的。

其次就是课程本身。不得不说，完全学分制的确是一个先进的学习管理模式，但是在我们引进和发展的时候，肯定会遇到各种各样的问题，所以就不得不对这样的情况进行改革。比如采取一些套餐的模式。有人会说，采取套餐模式不就不是完全学分制了吗？其实不然。在一些发达国家的院校，课程开设较多，平均起来一个课人数少，加上学校本身的健全管理，必然不会紊乱。而我们学校如果采取套餐制，并没有改变完全学分制的初衷，只是通过宏观调控的方式，规范每一个学生 4 年的课程。这也是本着对学生负责的原则的。

最后就是现在这些情况，我们能做些什么？如果单一地谈论学校学分制制度是否商业化，我觉得并没有实际意义，毕竟学生来学校的目的就是学东西的。我们能做的就是在学校还没有做出相关选课制度的改革之前，自己先对自己的发展方向进行规范。有人说，我老是选不到我想选的课。这个是存在的，毕竟学校无法满足每一个学生的需求。这就要求我们学生妥善地看待这个问题。不能因为只选了不喜欢的课就不学了。学习是为了自己，谁也不知道自己未来会做什么，从事什么。并不意味着你喜欢的课就对你有用，不喜欢的课就没用。很多学生说大学什么都没学到。我认为这还是自身的问题。大学不同于中学，更多地需要自己对自己进行管理和规划。如果第六组能把侧重点放在这上面，而不是单一地对课程安排提出批判，我觉得是更有实际意义的。

第七组

第七组谈的是实践和学术的问题。这个问题也是比较现实的。但是，如果按照我们小组主题的设想，这个问题是可以解决的。我们小组会在最后总结时提到这个问题。简单地从现实来说，光讨论这个实践和学术这两个之间的互相关系是没有意义的。当然第七组的成员也提到的，讨论的目的不是为了讨论出个结果，让学生能真正了解自己目前的处境，为自己选明一个方向，这才是最务实的，也确实是设计管理课开设的初衷。

这组提到，服装专业最后展示的表现形式的问题，这个怎么说，我觉得空泛地谈这个问题，是有一定局限性的。问题就是，他想通过一种改革的方式、创新的方式，比如哑剧或者什么剧，来展现服装的表现。这么说其实太空泛了。首先，你怎么能确定你的表现方式就是创新的别人没有用过的；其次，即使是你首创的，是否能得到企业的肯定。就是说，最终的目的不是搞什么表现形式，而是能得到企业肯定，那么如果越简单越好，为什么不能把重点放在服装本身而不是表现上呢。再退一步，如果跳出来想，是不是非要通过服装展示的方式才一定能得到企业的认可呢。最终的目的不是表现形式，不是服装展示，而是得到企业肯定，如果这么一想，很多问题就迎刃而解了。

第八组

第八组谈的是密码的利与弊。很抱歉地说，我们小组没有听出这组想表达什么样的主题，重点是什么。大概的意思我个人觉得是这个小组认为有些密码不够方便，有些不够安全。其实在网络技术方面，一些加密程序已经做得很先进了。比如简单地邮箱找回密码，密码回答问题，手机、身份证号验证，甚至一些 U-KEY，密保卡等等。如果这个小组表达的意思是说密码繁琐的问题，我只能说，如果个人觉得没有必要，完全可以不加密，这完全是个人需求。至于技术方面的问题，当然这组能想到更好地建议或者意见，这是有讨论价值的。有同学说，密码就跟家门钥匙一样，是防君子不防小人的，无论科技怎么发达，这个原则都是不会变的。所以，自己对自己的财产及隐私妥善保管，才是重中之重。

第九组

第九组谈的是过节方式。也就是要提倡科学过节。这在前几年也是一个很热门的话题。随着节假日的增多，暴饮暴食、过度消遣问题是现在老百姓一个普遍的问题。毕竟健康才是我们最关注的问题。无论怎样，生活方式的改变是对一代又一代人有着深远影响的。节日直接能给第三产业带来丰厚的利润这毋庸置疑，但是如何合理地去规划节日的安排，一方面，国家政策在里面起到一定作用，另一方面，对于老百姓个人来说，对自己生活的自由支配也需要科学的可持续发展的方式的。如果第九组能提出一个合理的科学过节方式，这是十分有意义、有价值的。

第十组

第十组谈的是设计中的设计，再设计的问题。说实话我们小组认为这个问题很有价值没错，但是该小组并没有一个很明确地切入点才探讨这个问题。我觉得这组在举例的时候，有点过于空泛，过于面面俱到，没有通过某个经典案例或者某个可发展方向可参照对象来分析再设计的问题。再设计问题不仅仅是某某设计师的问题，而是设计全行业发展的问题。毕竟现在中国的设计行业处于一个很尴尬的位置。在设计费方面，就没有一个合理的规范。大环境没有建立好，就只能靠设计师们自己的职业道德和自我约束来实现这个问题了。如果设计师真正乐于从事再设计这个行业，真正能乐在其中，那么通过众多这样的设计人员对这个行业进行延伸，再设计无论是从环保角度来讲，还是从简约角度来讲，都是能够深入人心的。

第十一组

第十一组谈的是动画产业发展的问题。这个和十一组谈的有点像。我们组还是觉得，这是整个行业的发展问题，其中有一些偶然因素，也有必然因素，无论是成功的还是失败的。该组简单地介绍了国外动画的发展阶段与情况，而对于中国的动画产业发展来说，应该走一个什么样的道路，才能真正走上世界领先行列。首先我个人认为，国内动画人才是缺乏的，或者说是缺乏挖掘的。无论是走抄袭日系动画画面还是模仿美系动画的风格，都很难拿出自己的东西。拿出自己的东西不一定是创新，它可以是再设计。其次国内缺少一个大环境，这并不是说无奈还是什么，这跟任何事物发展道理都是一样的，需要一两代人的努力和发展。我觉得中国的动画现阶段还不一定要急于过于表现中国本身的文化元素，可以从模仿开始。比如走日系的路线。毕竟唯美的画面和动人的情节是比较适合东方人理解的。而欧美动画是那种美国幽默式的成人化的动画，尤其是动画电影，过于成人化，复杂化。如果该小组能够提出一个合理的发展方向，或者路径，无论是仿日仿欧美还是坚持走自己的传统文化的路线，只要够深刻，能够说得通，还是很有借鉴意义的。

第十二组

第十二组说的是南京临时建筑的问题。我们小组认为这个主题比较新颖特别，该组分析介绍都做得很好，只是切入点不够现实。先进的东西不一定就是适合的东西。确实在国外，一些先进的功能性强的外观美观的临时性建筑都是可学习可借鉴的例子，但是这样的例子不一定就适合中国的国情。临时建筑第一个要考虑的问题就是安全问题，毕竟很多临时建筑是用来住人的，而且是住大量外来人口的，如果连安全问题都做不到，这会给城市建设带来更多新的问题；第二个要考虑的就是成本问题，中国是一个发展中国家。我曾看过一个例子，说中国某企业盖一座 3 层办公楼，却用了上百亩的用地。除了欧式办公楼主体，其余都是大面积的草坪以及植被。外商来看了就问，为什么要这么铺张浪费？这家企业就说了，我们是看你们美国这么做的，才这么做的呀。外商就说了，我们美国地多人少，你们中国还有好多人连住的地方都没有，你们这样浪费，实在无法谈得上懂得经商。同样的，如果中国的临时建筑，连安全性和低成本都做不到，不去考虑最大使用率，而更多地去考虑功能性及美观化，是很不现实的。所以，该组如果能够深入切入点，把适合中国本土临时建筑发展的模式提出来，比现在的光是空泛地例子说服力要强的多。

二、以“问题”为分析重点

组员：周玮、钱昊江、华沙、尤伟、苏泽、刘书池

设计管理第二周的课程结束了，在这周的课程中，我们 13 个小组在轻松活泼的气氛中进行了 12 个设计管理访谈。

十二个访谈主题分别为：校园乌托邦；零花钱调查；报刊亭设计；大学生活动街区；学生学校信息获取方式；选课系统优化；服装以及学院派与实践派比较；密码；节假日；设计中的再设计；动画中国风；临时建筑。

两天的访谈课程下来，我们觉得各组暴露出的问题还是不少的，下面我们来分析一下。

问题一：与课程关系并不密切

就目前第一轮访谈结果来说，我们组认为零花钱调查、学院派与实践派比较这两个课题与设计管理这门课程的关系并不是十分明确。零花钱调查就该组所做的，仅是一个社会现象的调查活动，并没有透露出该组如何将调查结果向实用领域转化的意图。实践派和学术派这个问题那就更是不着边际了，简直就是纯粹的理论问题，但作为理论问题，陈述者却又明显缺乏理论深度，连最起码的什么叫做实践派、什么叫做学院派这个基本理论都没有进行阐述。陈述中，每当遇到纯粹理论的时候，总是含糊其辞地绕着弯子走，从这一点来看也是不太好的。

问题二：对象不清

这个问题最明显体现在“临时建筑”这一小组上。

临时建筑这以小组在陈述的开始就介绍了临时建筑在法律上的定义，这一点比起其他小组还是值得肯定的。但是，在后来的陈述中关于临时建筑的概念明显有悖于之前的法律定义。在比较对象上，就是老师提到的可比性的问题，拿什么和什么比。总之，这一小组让我们感觉对待工作的热情还是很高的，但是在表述上还是比较模糊。

问题三：带有明显的主观强迫性

还是以“临时建筑”为例，该组用国外临时建筑的经典实例

来对比中国随处可见的“大众级”临时建筑。举出对比中体现的中国临时建筑的种种不足。因而得出了中国临时建筑要向国外学习的结论。显然，该组在宏观上忽略了中国的国情，细节上忽略了他所调查的中国临时建筑的真实用途。其实，他们举的例子只是南京某处的建筑工棚而已，首先，这些建筑是以实用为先；其次，与前些年或者与中国其他一些经济并不发达的地区相比，这种“临时建筑”已经有了很大进步。从建筑本身来看，该组也主观地将临时建筑和轻型建筑画上等号。

再谈谈之前一个上台的中国动画小组，他们也存在着主观性太强的特点，而且还有很强的强迫性。这一组从开始到结束的一个话题就是如何发展中国动画，使之超过其他国家。仔细思考，中国就是中国，日本就是日本，为什么日本有的中国就必须要有？古人云：“术业有专攻”。各个国家和地区有自己的特色产业，中国也有很多自己的优势，何必别人有什么我们就必须要有？当然，这是中国的一个坏习惯，从全国个大城市争相建立开发区和“造城运动”就可以看出，但是到我们这一代还要将这一恶习传承下去？在后来的陈述中，这个小组提出了对于中国动画发展的一些想法，其中主观性最强的就是“强迫大家看动画片”。这组几名同学喜欢看动画，并不代表大家都喜欢看动画，但是这组却要将动画发展成适合各年龄段人群的文化形式。而且，他们所指的动画仅仅是卡通！我看，成人有成人的文化形式，还是将卡通归还给少儿吧，这样一来，交给卡通的压力就小了很多，中国卡通业也还是能够胜任这项工作的。

问题四：目标不明确，缺乏责任心

现在有好多小组没有明确的课题目标，或者说目标过于简单。最明显的一个小组是关于服装展示方式的，这以小组在陈述的开始就对大家讲：“我们这个课题不会有什么明确的成果，我们只是……”这是一种什么行为？开始的时候就抱着不会有研究成果的心态来研究一样事情，能有什么作为呢？难道只是想完成作业而已？就如很多小组的主题我们都感到格外熟悉一样，无论走到哪间教室，无论是什么课程，只要这个同学一站上讲台，我们就知道他这个课程又要研究这个课题了，然后他“熟练地”播放着他的幻灯片，在座的各位也“熟练地”看着……

谈谈我们自己

前面讲的都是其他小组，接下来讲的是我们自己这个小组。

我们小组在第四位进行访谈。我们这一组自我感觉很不错，一直认为自己还是有一点想法、有一点追求的。所以起初，我们并不想把这次发言搞成一次访谈的形式，我们也不想在发言时顺带进行“调查问卷”，因为这是课后的任务，在座的各位也并不能代表大众的观点，正如我说："也许我们的课题和南艺的广大学生关系并不大。"大家不会去广泛参与与自己无关的事情，这一点我们有充足的心理准备。作为设计管理的过程来说，还会涉及到竞标会，不过老师事先声明不会否决每一个小组的课题，所以，在第一次陈述中我们不必在说服这件事上下太多功夫。这次访谈，我们也只是想把它作为我们课题的发布会，我只是打算在上面花两分钟时间告诉大家我们要干什么，然后就下来。但我们没有想到的是在客观效果上却成了一次同学们广泛参与的访谈。同学们的问题涉及方方面面，其中不少可以说是"和设计本身无关的问题"，当然，很多同学的提问也非常好，不少提问者的问题触及了我们此次不想发布的内容，也就是下个阶段的工作方向，对此，我们还是有所保留的进行了回答，在同学的表现来看，对于我们的回答还是比较满意的。虽然，在这次的表述上我们显得比较平庸，但是我们觉得，尽管我们之前做了很详细的准备，但既然没有竞标大会，我们就可以省点精力来进行下一步工作，不必用多么花哨的言辞来鼓吹自己目前的状态，真正的实力才是最重要的。当然，如果需要我们进行展示的时候，我们会在这方面尽可能地多下工夫。

当各小组访谈结束时，老师在总结中提到的访谈过程中"追问"这个环节是我们很受启发，仔细想想，"追问"这一点在此之前确实被大家忽略了，很有必要在"追问"上面下下功夫。

以上就是我们第四小组关于这次访谈的小结，这周末我们小组还有很多工作要落实，时间紧任务重。还是少说话、多做事，全力以赴做好下面的工作！

第六章 从确定选题到课堂展演：完全课题介绍

2007—2008 年度课题里，有 4 个课题小规模地运作起来：学生策展组织，申报江苏省大学生社会实践项目获得六千元资金支持；设计学院设计交流空间 www. nanyi-design. net. cn；社团"我们去哪玩"，配合组织了设计学院的沙龙、讲座和外出看展等多项活动；校园杂志（论证中）。由于"空间"、"去哪玩"、"校园杂志"和"学生策展组织"是同一课程派生的亲缘组织，都是为设计学院师生服务，且开支很小，主要是购买网络空间费用和海报打印，同样可以从项目经费中得到支持（大型沙龙如"设计·学"系列讲座海报，学院可以报销）。此外，也有不少研究性课题具有不错的社会价值，条件、资源成熟以后，有些事是可以"操作"起来的。当这些原创的小课题运作起来的时候，我们会在学校进行宣传，并鼓励低年级的学生积极参与，以形成优秀课题不断传承、完善的传统。本科设计管理课程也就是要让学生们能够明白自己可用的资源是什么，如何整合、如何提炼，最终做成一件事，这个过程跟随选题的大小不一，意义自然也可大可小。

第一节 设计改良类

南京城市色彩计划（2008 年 10 月课题）

自开设设计管理课程以来，几乎每次课程都会有学生做城市色彩的课题，我也就开始刻意把这个选题放入参考课题中，并看到几种比较深入的设计理解，这里选取一例。

小组成员：林凡江、廖晓峰等。

1. 选题磨合

(1) 第一封邮件

选的课题是关于流行色研究调研，不是单纯的一个流行类颜色的定义，我们想通过对城市不同阶层对颜色的喜好分析出一些影响色彩选择的因素，并且做出一个预测. 当然也要稍微研究一下地域性等方面的因素，也是期望对以后的设计之路有所帮助，我们调研的方式包括课堂、街头、网络的问卷。大学生是主要对象，毕竟他们是以后的社会主力军。在第2步的课程中我们想以色彩为主要对象，结合中国现在在各类设计中的色彩运用情况，在平面设计、工业设计、建筑环艺设计中提出我们的方案。

问题：由于我们小组一个组员特别喜欢他提出的一个课题，关于音乐盗版的问题，但是其他人认为第2步和设计不好接边，一直在争论，所以现在才给老师发邮件，不好意思啊……

(2) 第二封邮件

主题：还是颜色应用的问题(曾经有组员提出意义和新意不够，后面将详细解说我们组是怎么做出意义和新意的)

第1步：访谈。访谈我们准备以一个看似不相关的话题进入，并一步步靠回来，最后取得我们的答案(不知道我们这样想对不对？回收集很多问题，方便后面的作业)

第2步：调研。调研有很多形式，重点在南京，网上调查，街头调查等等，发现问题. 主要是从商业广告、产品、城市色彩等方面。

第3步：深入。我们分了3大点：首先，从我们小组成立以来，争论，共识，再争论，再共识，还有我们四处调研的过程，整个过程可以说是我们的一个活动，很有意思也很有意义的一个活动，我们根据这个历程，设计以颜色为主要因素，以历程为主题的平面设计，是一系列的。其次，根据调研结果，发现南京地区在商业广告、产品、城市色彩等方面的缺陷，运用色彩心理学、色彩营销学和社会学等方面的知识，一是改良，二是做出一个预测，为商家创造商机。为人们提供良好的色彩氛围，并且去引导受众(有组员提出，每个人的喜好都不同，很复杂，但是事实是什么？好的设计有一个很重要的作用是引导受众，商业上的则是引导潮流，有没有说为了考虑一个人喜欢什么不喜欢什么？我们考虑的是地域性的和人类的科学分析后的专业角度，比如南京。)最后，根据调研结果，当然包括南京历史等各方面因素，为南京定义一个色调(一个或多种颜色)然后做个南京的标识设计。

选题新意在哪里：

我们小组经历了风风雨雨，一点一点将我们的研究主体清晰化，做出系列平面设计模板。

选题的意义在哪里：

首先有个比较自私的考虑，我们为什么最后还是选择了色彩这个课题？因为我们希望通过这个过程，对我们收集信息的能力、组织能力，等隐性的能力，以及我们对色彩专业上的再学习再认识。

其次我们做改良和预测，就是希望色彩能够为商业带来更多经济利益的同时，把商业设计中的色彩设计水平这一块提上来（当然这需要我们以后接着努力，现在只是一个尝试）。

同时，我们也希望在产品设计的色彩设计中，能更多的考虑人的要素（一个基本原理，人本性喜好问题，地域喜好问题），使城市的色彩更科学，营造出特色氛围。

再次，为南京做一个小小项目，也算做点不算贡献的贡献。

2. 访谈现场

两位主持人思路很清晰

因为准备充分，现场互动很放松

小组里的女同学们负责问卷环节

问卷形式与内容都紧扣主题:不同颜色的问卷纸具有不同的功能(见下图)

便于统计

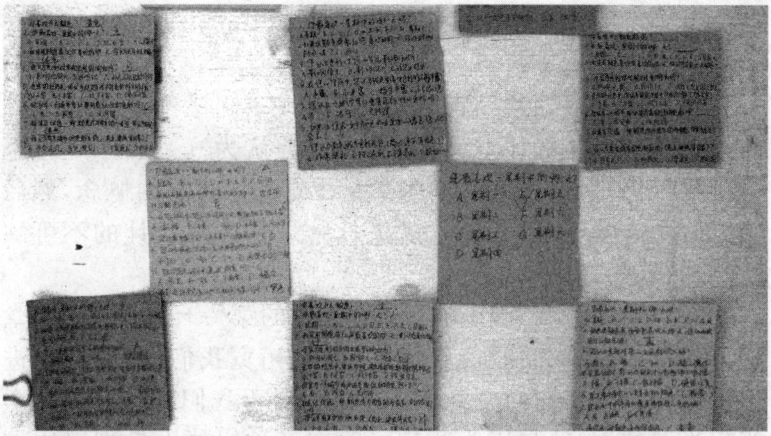

便于分类

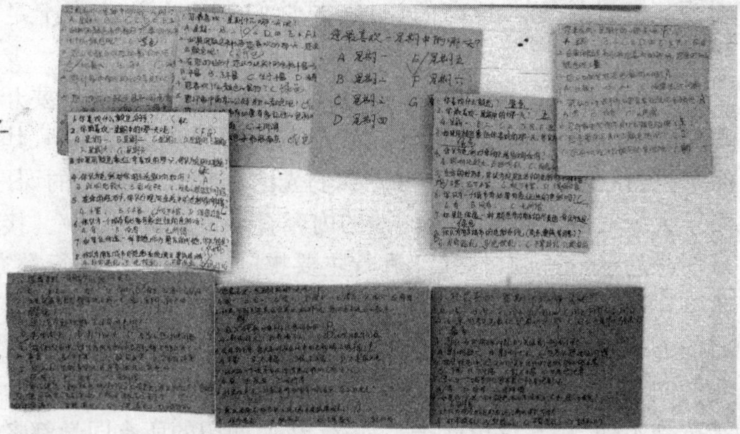

便于归纳

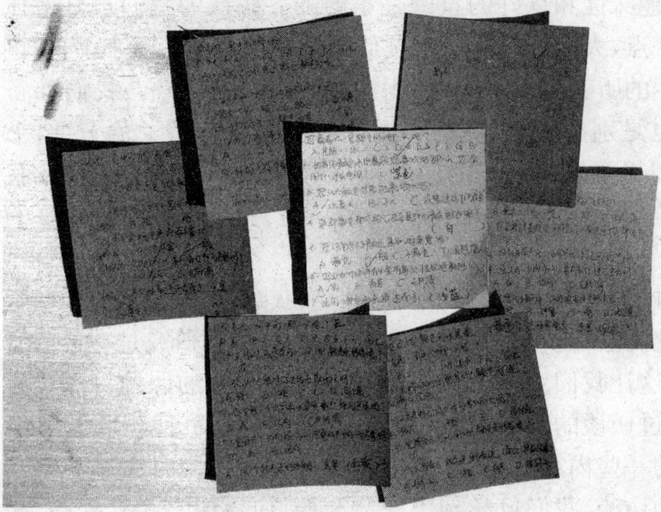

便于对比

3. 访谈小结

在上设计管理这门课之前，我想很多同学都不清楚设计管理是个什么样的概念，可能会普遍地认为这是属于纯理论的学科。但是，当我们真正在课上首先清楚了它的概念，然后自己着手准备课题，我们发现设计管理是形成设计的不可缺少的途径。

课堂的现场调查和访谈作为课题的第一环节，通过课堂访问的形式，我们希望能够发现问题，拓宽我们的思路，为进一步做好后期工作而充分准备。访谈对于我们来讲算是一个半生半熟的词，熟是因为我们平时在各种媒体上见到得比较多，而生也在于它不常应用于我们的生活中。因此，对于一个对现场互动性要求较高的访谈，同学们先前也并非有十足的把握。

我们组很荣幸地抽到了杆位，既然是打头炮，我们就要开得漂亮。我们组由我和林凡江同学与下面的同学参与互动，其余组员进行程序上的辅助。首先我们先向大家介绍我们的课题，希望大家对我们将要进行访谈的内容有一个大致的了解。接下来便是访谈的正题，林凡江进行主要提问，我对问题进行补充。其实在场的多半也算熟友，为避开逢场作戏，我们首先还是以点将的方式邀请同学，当然也是要感谢这位同学的积极配合。当我们问到涉及个人切身问题以及社会热点问题，台下的同学终于按捺不住，相互议论起来。那么，我们期望的所有同学都参与进来的目的就达到了。我们做访谈当然不能仅仅是做问题说问题，没有趣味性和良好的氛围是不够的。我认为我们很好地抓住了这一点，大家通过讨论问题似乎把角色也转变过来了，不再是像陌生的听者坐于一旁，都积极地踊跃回答问题。我们准备的问题也是别有用心，专门为配合我们的课题做了色卡纸，上面是我们想要提的现场的问题，应该说收到了良好的效果，我们的四位美女经过仔细地统计，最后也总结出了我们想要的结果。

通过短短的十五分钟访谈，我们收获颇丰，没有预料到气氛能够如此高涨，这在另一个角度看，说明我们的研究是有价值有意义的，这让我们更加充满信心地去完善我们的课题。更重要的是，通过访谈的形式，我们找到了发现问题的办法，收获了意想之外的一些内容，拓宽了思考问题的途径。同时通过观察其他小组的访谈，我们也学到了一些东西，应该说是相互提高，相互促进吧！

4. 课题深入

(1) 调整方向

因为根据我们调查，以前那个找老问题的思路有点跟不上发展了。虽然老问题还是有的，但是新的问题才是最关键的，尽量找一条新路，是我们需要的。

(2) 原因

不得不说的是，这个课题的难度是非常非常大的。从2002年开始，政府、专家等很多领域已经展开了研究和讨论，今天虽然有了一个大的体系认识，但仍然有争论。原因就在于城市色彩所要考虑的因素不是几个尺度就能衡量出结果的。我们小组以南京城市色彩问题为重点，少许的扩展一些范围。传达一些我们的观点。

(3) 开始

其实城市色彩研究科学采样有一个要点：要根据四季，阴晴，等气候变换分别采样。不过时间实在是有限，所以我们制定的计划有以下几点：

- 在现有气候条件下分区拍摄得出色卡；
- 在现实和网上展开问卷调研或其他形式的调研；
- 对南京的地域历史特色进行分析。

(4) 整理调研资料 & 讨论结果

必要性：南京地处长江下游平原，国家生产力布局中最大的经济核心区——长江三角洲，宁镇丘陵山区。东望大海，西达荆楚，南壤皖浙，北接江淮，长江越境而过。南京山、水、城、林相映成趣，景色壮丽秀美，是中国著名的风景旅游城市和绿色之都。如今南京城市建设正处于快速发展阶段，大量建筑拔地而起，但是由于没有统一的建设色彩规范和监督管理，建设领域的色彩应用比较混乱，造成南京市建筑在色彩上明显的暴露出视觉污染问题，对南京城市形象造成了负面影响，成为南京市经济发展的隐忧。但是2005年以来南京市政府有意识规划，城市色彩有了很大改善，所以我们原先的设定是有问题的。

(5) 新的发现与补充

经过整理分析，提出三点主要问题：

- 经过诸多专家研究后，2005年以来，市政府已经在局部统一规划，很多居民楼都被重新粉刷了乳白色(米黄色)的色彩。这个颜色是在很多颜色的竞选中，譬如灰色，浅绿色等热门颜色中被选中的，但是，出现了以及早晚会出现一些问题. 还有就是对南京多层历史性考虑我们认为有欠缺。
- 上面是说整体大色彩问题，小面积上最突出的问题就是广告等一些难以强制控制的界面色彩混乱。

• 仍有不少建筑等大型构筑物在颜色搭配上差、乱。

(6) 问题提出的依据

• 是否以人为本，我们认为这个要素是要放在第一位的，任何的环境少了人，就没有存在的意义了。

• 是否与城市历史、地理、文化协调。

• 是否考虑了城市本身的功能分区。

• 是否符合时代，社会和人需求的发展。

(7) 由问题的第二点引申：如何与城市历史、地理、文化协调

单独提出第二点完全是处于对南京悠久历史的考虑：南京作为六朝古都，文化积淀极为深厚，对于和历史协调统一的问题需要特别注意，南京的老城区、夫子庙的门东、门西、中华门等地区和朝天宫地区还有中山东路民国一条线，这些都是城市空间的节点，但历史属性却有或大或小的差异，色彩上就有差异。那对于整个南京来讲应该怎么考虑？

对策：空间分区—色彩分区

我们小组讨论的观点是：对南京色彩进行空间划分，求同存异。

不光是南京历史上的差异，历史和现代社会的差异更大，第二点提到与历史协调，这个协调不是搬历史，而是提取历史然后根据现代社会需要做调整。我们的想法是，根据南京地域历史特色来提炼色彩，不是非要一种主色调，然后一定要有辅助色，点缀色可由居民自主调整。然后对南京进行分区，几个历史特色区域划定一个辐射范围，其他区域如商业区的限制要加强（这个加强不是说要商业区必须要完全附和定义的主色调，这是不符合功能分区合理性的，我们是希望色彩设计能够与社区规划、城市建设更好地融合，这个问题在后面会慢慢说清楚）。居民区在附和主色调的基础上，一定不要从一个误区走向另一个误区，这个问题嘛，后面也会说清楚。

(8) 问题的权衡与落点

为什么提出：只要稍微分析下艺术史和建筑史就可以发现，一路走来，古典到现代，那么多流派更迭，推动力是什么？大家都知道是社会的发展需要，而这当中的因素有很多，文化、政治等等。建筑史上从古典到现代主义再到现代主义之后的主义（现代主义之后包括后现代主义和解构派、高技派等派别）到现在最先锋的由库哈斯和伊东丰雄引领（不能说开创）的后后现代主义（自己起的名字），这个流程的变更就完全反映的整个社会的发展变化，更是反映了人性需求渐渐被释放的一个过程。这些隐性的变化导致了社会的变化，并绝对性的引领了设计的发展。在学术上，现代主义已经是(落后)的了，整个社会多元化迹象已经在艺术流派和建筑流派上反映出来了，但社会的发展是缓慢的，现在还处在现代主义社会(设计上来讲)，但是人性已经开始缓慢的释放，虽然中国传统文化有很好的压制作用，但是不得不承认，影响已经越来越小了……

为什么说上面一段话呢？回到色彩上来，据考证，人类最初使用的色彩可能是红色和黄色，血液和土地。在奴隶社会和封建社会，由于科技水平有限，制度严苛，以及传统文化影响下的审美观(尤其是隋唐以来水墨的发展)，中国的色彩一直是不太丰富的，当然，佛教的到来还是带来了艳丽的一笔。现代社会的一大特征是世界变小了，现代主义设计导致了世界城市的趋同化，这时候提出提出一个有特点、反映地域文化特征的色彩系统是绝对应该的历史的东西是宝藏，但是我们的社会已经不是古代社会，社会结构和人的需求都不一样，因此对历史色彩的借鉴上要特别注意。我们要协调，又不能太过一样，这一点上日本做得比中国好，他们的现代建筑在形式和空间上都与古代的不同，但是世界上都承认很有日本味。在提炼南京色彩的问题上，南京市民的喜好还是要放在第一位的，地域性和历史性并重。相对而言把历史性放在第一位的做法更科学。

(9) 部分观点应用

第一个问题中已经出现了的问题：

完全简单地以乳白色粉刷，其实乳白色很适合南京，对人来说也是很柔和的颜色，但是现在完全缺少变化，就显得单调了。解决起来其实并不难，在主调的基础上加辅助色和点缀色就可以了。看后面的白房子，完全是没有设计的附和传统的做法(图2-18、图2-19)。

第一个问题中即将出现的问题：前文提到随着社会的多元化发展，人的需求的释放是不可避免的，在现在的发展中，我们可以通过加强设计性来把传统色彩融入我们的生活，但是再发展呢？依据历史和传统文化提炼的色彩变化是否还能满足需求？不是说色彩多就能满足多元化，而是统一基调色彩是否在满足特色的同时能满足人的需求。这个时期也许还要再过几百年，但是也是值得考虑的。所以，分区划分色彩相对来说更能满足多方面需求以及应对更多变化。

关于广告等小面积色彩混乱是老生常谈的问题，解决办法很简单，只需要在明度或纯度上仔细斟酌，就可以避免“不舒服”的感觉(图2-20、图2-21)。

图2-18　缺少变化的白色显得保守而陈旧

图2-19　如果仔细推敲和设计，传统屋檐和白色的方盒子也会营造特殊的观感，可惜大部分此类建筑设计都显得很随意。

图2-20　南京1912街区点缀的小面积色块非但没有丰富视觉层次，反而制造了混乱。

图2-21　有时候，一些经过风吹日晒有点褪色的广告牌，反而融入了环境，也提醒我们明度的作用

第二节 设计策划类

一、设计策展组织(2008年4月课题)

当这个小组提出"做一次展览"的想法时,我希望他们做成"学生策展组织",特别是策划设计类展览,目前国内专业的设计策展人并不多见,我希望通过成立这样的组织,学生们可以在课程结束以后也不停止相关话题的讨论,并根据小组的专业能力,为他们申请了"江苏省高等学校大学生实践创新训练计划",获得6000元项目资助,这6000元够学生们在毕业前做几次展览,因为学院的设备、空间都是免费的,这也是他们进入正式工作之前可以集体练兵的最佳方式。

1. 选题与磨合

小组成员:陶霏霏、孙凯凯、丁天、王帆、张页、廖蕾、李啸寅、何美丹、洪榆祺。

义工:王雨憓、顾静、陈昕宇。

(1) 第一封邮件

我们这组经过讨论并已经实施了的一些计划,准备由"展览"的主题出发作出一系列研究。首先通过调查问卷和一些相关资料,包括国内外展览(上海双年展以及英国的Scarlet Projects)的调查、总结、分析当前展览现状 ,然后我们总结出了上海双年展以及国外展览中的具有突破性、试验性和探索性的一些设计和出发点,同时也体会到国外展览中给我们最为深刻的感触在于:展览在逐渐消减一种距离——设计师与大众的距离,同时也给人思维上某些暗示。在Scarlet Projects中,虽然主要的策划人和实施者都是设计师,但是他们不再是那种给大众以高高在上的感觉,并不是以设计师的身份和过分专业的状态出现,他们将展览的场所搬入了人群中,让大众直接的参与进来,让他们以一种参加者的身份完成整个过程。他们在整个过程中或许并没有解决些什么实际的问题和困难,但是他们通过行为或是某种形式给了人们思考和某些心理的暗示。我们希望通过对比国内外的展览,从国外新形式展览出发作一个具有试验性的模拟策展。这个展览着重体现学生策展的角度,学生虽然也是受过设计训练的,但是会给大众一种门槛降低的感觉,场地也想选择学生平时生活学习的地方，这些地方经过我们的设计（策划），也完全可能变成一种专属地展示空间，而展览的过程也是消解与观者之间的距离，将学生办展的理念推广。具体的内容我们想在周四的课后再和你具体讨论，关于 Scarlet Projects，我把资料放在了附件里。

第二封邮件：

在 PPT 中我们除了总结前面提到的几点，还调查了专门策展的相关过程和准备，了解了申办展览的一些步骤，模拟了申办展览的流程。

现在我们还在分工进行模拟展览的制作（宣传，资金，保全，场馆，系统，申办，开幕式，应急措施，多媒体设备，互动，人员分配，撤展等等。包括拍摄，手绘，效果图等形式）。我们目前定下来的展览大的主题是：蓝色。通过阐释这种颜色的很单纯的形式和颜色的内在的丰富情感，结合前面提到的那些切入点展开。最后会总结此次活动的意义和思考。

2. 课题全纪录

执笔：孙凯凯、顾静、王雨憓、陈昕宇

(1) 引言

说到“展览”这个词已不再陌生，画展、设计展、玩具展、汽车展、双年展、三年展、“古典与唯美”……各种各样的展览适合各种各样人的口味，单调的生活也因此增添了乐趣。看展的时候是惬意的，喜欢这样的作品就可以去拍照留念，不喜欢时又可与同伴交流想法，自由表达自己的观点，无拘无束。

大二选了设计管理课，课程中我们小组研究了“展览”这个课题。课程结束后，在老师的大力支持下，我们小组的成员有机会一起策划一个课程展。

作为艺术设计学的学生，理应学会如何设计，可这恰恰被我们忽视了。我们总是看，总是欣赏，审美能力是提高了，可真正让我们设计才发现有点“眼高手低”，我们会赞赏、会批评，却不会自己创造。有的老师说的很对，我们现在什么都用电脑，复制、粘贴，动手能力下降了很多，连手绘都成问题了。很幸运，这次策展让我们有机会和艺术设计，工业设计，服装设计这些专业的优秀同学合作，学习其他专业同学的动手能力，慢慢弥补我们设计上的缺陷。

我们希望能够一起策划一个由大众一起参与的、没有距离感的，同时又能给人思维上某些暗示、消减与观者之间距离的展览。我们希望这次展出的不是像以往“冰冷”的挂在展板上的作品，而是能带给人们一种熟悉又新颖的感受的作品。我们希望观者在熟悉的环境中都能加入到这个展览中来，让他们不再仅仅是展览的旁观者而是切身参与到展览中来，甚至有些展品需要他们一起来完成。我们希望策划这样一个让大家觉得值得参与其中的展览，并以此推广我们策展的理念。

我们把从上设计管理课一直到正式策展的过程记录下来，希望从中可以找到我们这次策展的问题，总结我们的经验，为我们下一次策展做准备，也为其他同学提供资料，分享我们的心得体会。

(2) 初次接触“做课题”——孙凯凯

上学期的设计管理课，有两个课题任务。课题一：每组自选一个关键词，围绕这个关键词制作一份“访谈线索”，课堂上和同学们进行互动，然后根据访谈核心内容和同学们的回答进行课题一的小结，word 文档形式备案；课题二：由 word 文档发展，选题继续深入，制作一份 PPT 或以电子杂志、录像等形式表达小组对这一选题的理解，在课堂上进行演示，这次演示时间有严格限制。围绕这一个选题、两个课题，一共上了 40 课时。

第一次上设计管理课，因为搞不清楚状况，不知道要学什么，所以我选择坐在教室的后面，上半节课老师介绍了为什么学设计管理，学习设计管理需要怎么样的知识结构，关于本课程分组要求及课题完成要求，并列出了一系列参考书目。老师上课很喜欢采用分组的形式，这次也不例外，但是我这个专业只有我一个人选了这门课，一个设计学专业的学生在一群学工业设计、艺术设计的同学的包围下难免有些心虚。于是课间休息的时候，我就在教室里转了一圈，希望能找到认识的同学，后来终于碰到一个熟人，于是我欢天喜地地加入了他们的小组。我们这一组的成员有：王帆、张页、陶霏霏、廖蕾、何美丹、丁天、李啸寅、洪榆祺和我一共 9 个人，我加入了一个大半陌生但听说很多强人的小组。而我们这 9 个人也是“X12”小组最初的成员。

老师为我们的课题研究提供了一些关键词，比如色彩、大学、城市广场、购物中心、中国设计等，可以从这些选题里选择一个作为研究对象，也可以自选，因为老师强调自选的价值，我们小组决定自选关键词。一开始大家都没有什么头绪，想不到用什么选题。我在上午的专业写作课上(也是熊老师的课……)正好讨论到几个不错的论文题目，于是我就把这些选题介绍了一下，大家对其中几个选题都很感兴趣，思路打开后又想了几个选题，在征求了老师的意见后决定用“展览”这个选题。

课后，我们在麦当劳开了第一次小组会议，一起讨论出了一份调查问卷和在课堂上要提问的问题。课题一演示后,老师进行了点评,指出我们小组提出的问题没有重点,要我们考虑如何把这个选题深入下去,并提出做“学生策展组织”的建议。课后我们针对这一问题又开了一次小组会议,讨论课题的目的和方向,最后决定从学生策展的角度,制作一个电子杂志,模拟策划一次新形式的展览。

在课题二的深入过程中我们整理了一份 PPT,除了总结前面提到的几点,我们调查了专门的策展的相关过程和准备,了解了申办展览的一些步骤,模拟了申办展览的流程。接着,我们开始分工进行模拟展览的制作、宣传、资金、场馆、系统、申办、开幕式、应急措施、多媒体设备、互动、人员分配、撤展等等,包括拍摄、手绘、效果图等等形式。我们展览的主题是“蓝色”,蓝色是一种情绪,一种感受,与它有关能让人联想到蓝色的环境、音乐、场景、电影、物品、动作、语言……都是我们展出的展品。我们想呈现给观众的是一种情绪,而不是一个物件,为了达到这个效果我们最后决定用电子书制作一个完整的电子模拟展。

走到这一步,我们小组才开始进行明确分工:李啸寅负责展览的宣传海报和展厅的保全及意外状况处理;何美丹、廖蕾负责收集申办展览所需要的文件及手续;丁天、张页、洪榆祺负责收集展品;陶霏霏汇总;王帆制作电子书;我主要负责所有文案部分,并且收集一些符合展览内容的音乐和电影。

继续深入的时候,我们每个人都带着自己负责的部分来汇总,但是由于我们大家以前都是各自做各自的东西,中途没有进行过交流,大家做的东西有的被否定了,有的又做了很多重复的内容,做了很多无用功,整合起来能用的东西就很少了,这时候离课题演示的时间已经很近了,东西还是散乱的,由于前面的部分没有完成,后面的总结性的工作,更没有办法做,所以大家又没有完成的任务。这就遇到了我们第一个大问题,为了解决这个问题,大家只有在有限的时间里去找新的资料,我们申请了一个 QQ 群,方便大家讨论,并及时把找到的资料交给陶霏霏汇总。最后一个星期,大家才陆续把新的资料交给陶霏霏,这就导致了陶霏霏和王帆的时间很紧,而大家交完资料后也没有及时和陶霏霏讨论自己的东西能不能用,最后大家把东西交了,却不知道最后有没有用到自己的东西。而在网上讨论也有很多不便之处,因为大家上网的时间都不一样,所以信息一直都是单向传送,很少大家都同时在线,所以全组没有在一起很好的沟通,如果平时不方便上网的同学,就会遗漏一些信息,耽误时间。在时间很紧的情况下,我们在第一次课题演示课前做了一个并不十分完善的电子杂志。

第一次课题演示课，大家心里都没什么底，由于上课时间有限，老师把全班 14 个小组分成两堂课演示，顺序由个小组自己抽签决定，我们小组运气很好，被分在了第二个星期，大家都松了一口气，在观看了前 7 组的展演后，我们心里有了些底，也更急切地想把课题做好。

在之后的一个星期里，我们把电子杂志进行了改进，并加入了音乐和电影，完善了我们的展览方案。这次因为我们的好运气，多了一个星期的时间准备，但大家也吸取了这次教训，及时的沟通和交流，对一个团队来说是至关重要的。

课程结束之后，老师看了我们做的电子模拟展，希望我们就以这次设计管理课所有小组研究的课题为内容，尝试策划一个展览。老师也希望我们设计学专业有更多的同学加入到这个小组中来，和其他专业的同学一起合作，参与到策划展览的过程中，学习其他专业同学的长项，并在团队中发挥自己的作用，体现自己专业的价值。后来我们班的三个同学顾静、陈昕宇、王雨愢也加入了这个团体，我们小组由 9 个成员发展为 12 个成员。

(3) 由研究走向实践

设计管理课程结束之后，我们小组的成员就聚在一起，为实践这次课程展做准备。为了改正模拟展中的失误，我们决定每个星期都固定召开一起全体会议，检查、讨论上个星期的任务，并布置下个星期的任务，以便大家更好的交流、沟通，发现问题也可以及时纠正。

会议是我们整个过程中的一个重要组成部分，所有的信息交流和沟通都是借此传达的。由于大家都不是同一个专业的同学，而且人数比较多，平时很难碰头，所以在第一次会议的时候就确定下每周四晚上是例会时间，既可以保证工作的沟通没有障碍，还可以了解上一次会议中下达任务完成的进度。

分工问题是是确保展览能顺利准备的重要因素。在一开始就要明确下来。因此产生了如下的分工名单：由李啸寅和洪榆祺负责外联；由孙凯凯和廖蕾负责财务；由陶霏霏负责组外联络；王帆担任技术总监；何美丹负责采购；记录和写稿工作则是由顾静、孙凯凯、王雨愢以及陈昕宇负责；丁天是所有工作的监督人。当然，我们大家当时的想法还是有些过于乐观和美好，因为在后来的工作中发现，这份名单有时并不能起到太大的作用，这是后话。

在第一次会议的时候，经过讨论我们提出了分类保管展品和展出的设想，例如“收集”小组的展品有的比较珍贵，在展览时需要借用带锁的玻璃柜。并且在这次会议的最后定下了下次开会的任务：汇总要交的展品；召集各个参与展览小组的负责人共同商讨展览的形式与方案。

图 2-22　DM 杂志

第二次会议参与的人史无前例的多，所有设计管理课程上的小组负责人都加入了我们的讨论。在一开始的时候，我们就明确地提出两类展览的方案：一类是与课程结束时的电子模拟展的 PPT 一起轮流在屏幕上播放；另一类则是自己单独做小展台。此外，在展厅还会悬挂一本图册，让观众熟悉每个小组的创新之处(图 2-22～图 2-32)。

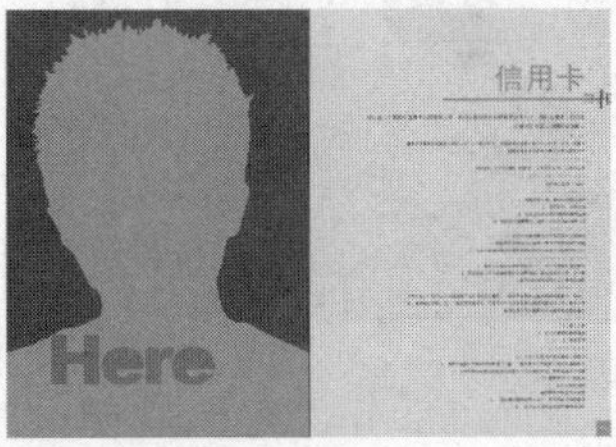

图 2-23　信用卡

第一组的课题是“校园 DM 杂志”，我们预期通过实物展台的方式进行展示，将他们已经做好的 DM 杂志电子版印刷成实物，并在杂志旁放置调查表。接下来的“儿童巴士”、“通过设计完成自律”以及“突破固有观念”小组在展览时不以实物参展，而是将课程上的内容和过程放入总的 PPT。第五组是信用卡与大学生，为了提高趣味性，变得更加吸引人，小组成员决定制定 200 张限量版的概念信用卡，这是一种适合大学生使用的模拟卡片，由于需要彩打，因此约好 5 月 4 日交电子初稿。第六组是收集，由于这组主要是拿出实物，因此需要的准备工作最多。我们需要派出人力做好保全的工作，还要有人员替观众介绍展品。为了提前做好准备，就要提供实物的数量、种类、尺寸等的统计。第七组“地铁之旅”要将之前已经收集的在地铁中不同时间不同站点的拍摄影像整理成照片集形式和一段视频，预计在 5 月 5 日上交。在讨论到第八组“我们去哪里玩”的展览形式时，出现了整场会议的第一个小高潮。由于这一组的研究课题比较特殊，最后初步决定在展览的入口处设立一个咨询台，安排一个展览的模拟向导来引导参观者更好的参展。第九组从“‘校内’到‘校外’”，这组的准备工作开始的比较早，并且已经开设了论坛。因此我们决定在用展板宣传的同时，将论坛地址刻在印章上，根据要求，印在来参观的人随身携带的小物件上。最后一组也是整场会议的重点，即“宅”(关于宅男宅女的生活)，为了营造一种特别的氛围，我们在入口处设立一个密闭的空间，在其中放置大屏幕用来播放体现“宅”精神的生活片段等。为了突出这个小组的作品，我们决定让所有的参观者必须经过这个密闭的空间才能进入展厅。

图 2-24　地铁

图 2-25　城市色调

图 2-26　宅

值得一提的是，由于展览将安排在当时尚未完工的设计院，为了方便安排展览中各个小组的具体位置，我们决定“夜探设计院”。于是在晚上 8:30 左右，我们 13 个人浩浩荡荡“奔赴”设计院。第一次进入新的设计院，每个人都无比兴奋和好奇。从一楼的展厅一直逛到六楼的展厅甚至跑上了天台去一探究竟，每一个楼层都会因为它特别的结构给我们一些启发。比如说，二

图 2-27 收集

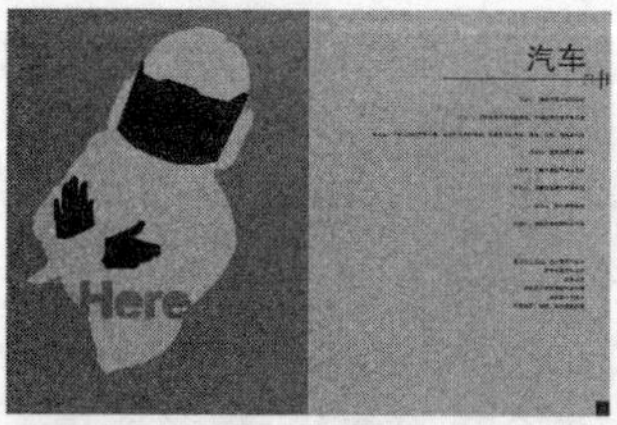

图 2-28 汽车

图 2-29 玩

图 2-30 突破固有观念

图 2-31 记忆唤醒

图 2-32 设计交流论坛

楼的展厅靠近楼梯口处有一个突出来的长方形空间，当时一看到这个空间，几乎所有的人都觉得很适合把它用作“宅”的展区，不仅有天然的封闭空间，更是所有人必须路过的“交通要塞”。最后在离别天台时，大家甚至拍照留念记录下了当时的情景。

当然，在开会的过程中不可能总是一直和和气气的，总会有意见相左时出现的争执，虽然谈不上“仇人相见，分外眼红”的夸张气氛，但“脸红脖子粗”的情形并不少见。此时，负责人一定要保持头脑的冷静，争执是能够碰撞出灵感的火花，但是如果不够冷静，便不能客观地看待问题，反而会对整个小组的和谐气氛产生影响。这样不管是对争执的双方还是整个小组来说，都是弊大于利。其实，这个沟通的问题在以后我们的会议中也有所体现。让别人接受自己的意见是一件很重要的事，坚持自己的理念有时候很重要，但是更多的情况下应该根据具体的条件进行调整，更不能强硬地让别人被迫接受自己的意见。这不是一个简单的过程，需要大家好好磨合和沟通。

第三次会议老师参与了我们的讨论，当然，督促的意味大过于指导。老师自己也向我们表态：这次的展览主要就是要突出学生策展的特点。因此，老师在其中的作用并不会像之前我们想象的那般大，而主要是配合我们自己的想法。

在这之后，老师给我们提了两个新的要求：在 2008 年下半年开学之后，在大三的学长们的帮助下，策划毕业设计花絮展。这个展主要表现的是在做毕业设计的过程中，各个不同专业的同学如何地努力，如何同老师沟通，与同学交流，整个过程的辛苦、欢乐都会如实地记录下来，希望在展出以后对大家可以有一定的启发。第二是为设计学院设计作品比较丰富的低年级学生策划个展。同时，美术学院学生会的学长专门到我们学院和老师说有意向与设计院举办联展，但还处在设想阶段，能不能成功还有待商榷。这些计划都吸引人，很有创意，成功的可能性也很大。老师还提到一个讯息是 5 月 19 号，新设计院展厅将有研究生毕业设计展，这对我们来说是一个学习的好机会，可以提前过去学习别人是如何布展，也可以在展览结束时看看有什么值得我们借鉴的东西，甚至可以沿用他们的某些材料以节省开支等。

在之后的会议中我们也讨论到了声音在展览中的运用。在现在的展览中，传统媒介与新媒介的结合越来越受到关注，参观展览的人对展览的要求也越来越高，除了视觉，对听觉甚至触觉都希望有新的刺激。展览中需要的元素很多，这也就使得展览的准备工作变得很琐碎。比如说，我们在展览中需要用到许多投影仪和电脑，据初步估算，最少也要用到三个投影仪，电脑的问题比较好解决，自用的笔记本就可以了，投影仪就只能向院里借用了，要借三个不是很容易办到，这个艰巨的任务就交给小组中负责外联的李啸寅和洪榆祺了，与之相似的还有用于陈列收集小组展品的带锁玻璃柜。另一个影响我们工作进度的问题是有时会出现拖拉的毛病。原定于5月4号就要交上来的各小组用于单独陈列的展板直到现在都没有上交，当然，造成这个情况的另一个原因是我们组与他们的沟通不及时。但为了保证整个展览的一致性和顺利进行，最后决定我们自己再多做这份工作。

虽然之前已经大概定下了各小组展览的方式，但是计划总是没有变化快。“我们去哪里玩”这一组，经过我们重新地思考，计划设计出有趣的参展路线，用调侃的环艺制图表现我们的展览情况，安排几种不同的线路来参观展览，可以从内部参观到外部或是从静态参观到动态等。在进行这个小组的讨论时，由于老师正好推荐了上海美术馆的荷兰“Power”设计展，于是“我们去哪里玩”这一组也就借这一机会提前实践一下自己的能力，组织我们去上海看展览，一切的行程安排包括车票、看展的顺序安排、路线等都一起交给这个小组来操办，老师则在上海和我们碰头。一切听起来十分让人期待，初步定下的日期是5月31日和6月1日，并最终成行，由王雨憓写下上海游记。

对“宅”那一组的安排则与之前有了很大的改变。之前设想的封闭空间内还会有床等生活用品来达到还原生活真实状态的目的。但后来在老师的建议下决定放弃用实物来布展，而改用平面设计的方式来表现。同时在“宅”的展区周围设计多个出口，用不同的效果指示方向，传达通向不同地方的讯息，比如说可能用凹凸不平的石子路通向户外运动。

另外，对于这次展览的安排还有新的变化，我们计划将前言、主题以及毕业花絮展的展板挂在空中，让观众在其中穿行，同时利用好录音和投影等营造出好的展厅情调，对于是否要设置休息区还有待商议。

至于宣传展览的问题也渐渐浮出水面，一系列的海报宣传必不可少，还有请柬的设计还未着手进行。而此时，迟迟没有定下展览的名称就变成一个硬伤。之前我们商议过，曾经有同学提出用现在十分流行的“符号语言”，虽然想法不错，但一时也想不到特别适合这个展览的名称。于是名字的事就暂时搁浅了。

后来得知展览将安排在新学期开学后，大家都显得比较轻松，但是这样一来，展览的时间就会拖得比较长。老师担心我们会失去一开始的激情，便在鼓励我们的同时，提出在放假前聚餐一次，一是帮我们加油打气，二是帮助大家增加一个互相了解的机会。同时，老师也对我们写作小组提出了假期要完成的任务。看来在假期开始前，我们四个人就要开始整个框架的构建以及

图 2-33 王雨憓看展

图 2-34 参展作品"焚书",投影方式值得借鉴

图 2-35 参展作品"买辆好车得罪谁了?"

图 2-36 我们第一次接触开幕式

图 2-37 休息

分配每个人的任务了。

在假期结束后,大家的第一次碰面带来了各自的收获。张页带来了她假期在上海参观展览所拍摄的海量图片,这也给了我们新的灵感和启发。廖蕾完成了部分的电子版,但是还要在后面进行一些调整。我们写作小组也完成了 PPT 文字的修改以及写作任务的一半,之后,组长陶霏霏给我们提出了新分配的任务。新的任务是初步定下一个人负责一个小组,这样在工作的时候可以更加明确各自负责的内容,这也是之前因为没有确定好,在出现问题后的弥补方法。会议到此,我们该讨论的基本上也都差不多了,接下来我们就开始材料的准备和会场的布置了。

(4) 插曲——王雨憓看展(图 2-33~图 2-42)

在讨论办展览的过程中,老师告诉了我们几个值得一看的上海的展览,这几个展时间上有重叠,得抽出一个周末去看。老师一说,响应的人挺多,看展览特别契合我们这些对艺术一知半解的小青年的猎奇心理,再者出门旅行哪怕再近,都能让人从心灵到肉体轻松快活起来。去的人多就更有意思了,志同道合的朋友在儿童节一起去春游,真是青春浪漫得一塌糊涂。这次看展览又和以往不一样,我们要特别留心别人是怎么办展览的,怎样安排展品,使展览有秩序感,灯光的布置,投影的布置,展板的规划,以及怎样在展览中介绍策展人、策划、展览布置、主办机构、协办机构、展览的时间等等。一句话,就是在我们的展办起来前去偷师,尽量使我们自己的展看起来不是干巴巴的作业陈列。

老师本来想让设计管理课上成立的"我们去哪里玩"小组来负责这次的展览,但是由于有的同学准备当天来回,有的要在上海住一夜,大家又没有很多时间来沟通,最后大家还是同年级的同学聚在一起行动了。通过在网上不懈的搜索,我又找到了一些同时在上海办的展览、活动,最后选择了一个安迪·沃霍尔的展览一起看。在去之前我列了一下这两天大概的计划表,从网上下载了上海的地铁线路,顺便还记下了有美食的边角旮旯。从南京坐动车到上海只要两个小时,早上 6 点左右就有车坐,十分方便。

5 月 31 号一早上了火车后我就昏昏欲睡,但又很难睡着,就在我差不多找到睡着的感觉时,上海到了……

第一天的计划是看安迪·沃霍尔的展和"A+A′2008 — 中国年轻艺术家巡回展第三回",前一个展下午才接待,后一个展晚上开幕,所以上午就随便逛了逛,吃过午饭就往复兴中路去了。坐公交在复兴西路下了车,就开始走,走了很久,才找到一个和展览地址门牌号很接近的弄堂，目的地是弄堂底的一座小房子，有绿树、有竹篱笆还有防盗门，一切都让我十分疑惑，但还是按了门铃，进去以后才安心——没找错地方。这是一个非常小型的展，作品不多，就陈列了两个房间，但都是原件，我看到了很多老师提到的丝网印刷的番茄汤和番茄汤裙，展品 20 分钟不到就看完了，桌上的画册倒是很值得一翻，一页页看过来反而比看展品用的时间多许多。这个展虽然小，但并没有让人觉得没有内容。展览的布置很用心，墙壁用锡纸做墙纸贴了起来，放画册的桌子也与之呼应用锡纸包着，空间因为这样的布置显得更大了，投射在展品上的光也有了更丰富的层次。这个展览禁止拍照，这样也好，看得也比较仔细。

图 2-38 悬挂的方式值得借鉴

看完安迪·沃霍尔的展就闲晃着往多伦现代美术馆去了，跟老师联系的时间是 5 点，本来以为时间绰绰有余，一路玩着过去的，没想到，先坐地铁再打车也只是刚好赶在 5 点到。“A+A 中国年轻艺术家巡回展第三回”今天在多伦现代美术馆开幕。老师的朋友马艳是策展人，所以就把我们带进去了。一进门是一个焚书的作品，表现的形式很新奇，除了实物的书籍还加上了配乐的视频展示，使看展的人们都对展览有几分期许。这个展览创办时就是一个油画展，所以油画的作品比较多，不过第二天在上海美术馆的书店里，我发现有第二回的展品，第三回还在展……有的展品很有趣，一辆普通的自行车，上面插满了各种各样的刀剑兵器，也没有隔离展品，随便你怎么拍。开幕式提供酒水和糕点，让没占过这便宜的我挺高兴。这个展览虽然不小，但是没有安迪·沃霍尔的展览精致，也许就是要这样铺开让人游走体味巡回，这是我们在办展览的时候要考虑的细节问题。

图 2-39 换鞋

图 2-40 符号感觉很强烈

“力量——托尼克设计展”在上海美术馆举办，一般放在上海美术馆的展览规模都很大，展览的处理手法也很成熟。这一次的展览的空间感处理得很好，荷兰女王的形象变迁出现在墙壁的较高处，展厅的一边悬挂着半透明的像素艺术人像，还有展柜边的视听区不断播放着竞选主题的广告，这并不会骚扰到别人，因为每块小播放器都配了一付荷兰的世界品牌森海塞尔耳机。地上铺了十几块艺术家创作的地毯，在进入这个展厅时，观众就被要求套上展馆提供的鞋套，地毯是可以随便踩的，这样使这些艺术品地毯与观众们十分亲近，顺便说一句，这些地毯的脚感真不错。美术馆里有专门放映影像作品的暗室，人们在这里总能放心自在地欣赏艺术。上海美术馆的展馆本身是一个很空旷、很容易使人产生距离感的地方，但是巧妙的布置消除了这种距离感。那天是儿童节，我看到很多孩子和家长一起来看这个展览，并且乐在其中。他们欣赏展览的角度可能不专业，但是展

图 2-41 玻璃展柜呈现精品

图 2-42 领队同学总结

览仍然让他们发现了一些快乐的东西。我想展览如果能通过一些细节吸引本来对展品没有兴趣的族群，那么这个展览就是成功的。

两天不到已经看了三个展，负责影像记忆的脑神经被狠狠地刺激了一把，十分疲劳，但还有最后一个展地球之夜等着我。穿过人民公园，来到上海当代美术馆，有点郁闷。上海美术馆每月 1 号都免门票，而上海当代美术馆的学生票还要 10 元，唉，要是我们办的展胆敢收 1 元门票，恐怕同学没人会来看吧……“地球之夜”是贾木许的一部电影的名字，讲述了发生在地球上的不同角落的故事，展览取这个名字的用意是三地艺术家用不同的艺术作品产生联系，有一些作品由观众参与，通过作品来感知艺术家。这个展览由于是最后一个，感觉有点看不动，所以看得很马虎。如果不是后来在网上看这个展览的主题用意，光凭我所看到的展览很难体会到。不过有的展品还是很好玩的，放在小黑屋里亮晶晶的沙袋，你可以通过摆弄它看墙上波光摇曳的影子，还是在小黑屋里的一只亮着的白炽灯泡，我特高兴的坐在旁边的小木椅上拍了几张照，文艺青年嘛，多少有点自恋。还有一个挺好的展品是一段投射在游览车前窗的影像，内容是怎么一步步的砸烂一辆车，看完一遍后我就在游览车舒服的座位上睡着了(前一天在宾馆看电视看得太迟，不困才奇怪呢……同学看完展览，仔细的留照存证后才来喊我)。这个展之所以不吸引我是因为一些作品并不精致，一些晦涩难懂的作品没有很好地介绍作者的创作意图，使得本身可能很有意义的作品无法使观众理解，产生共鸣。去看这个展的一些网友也很坦率地说没怎么看懂，这都是要办展览的我们要好好考虑的问题。

(5) 实战——课程展览

展览海报

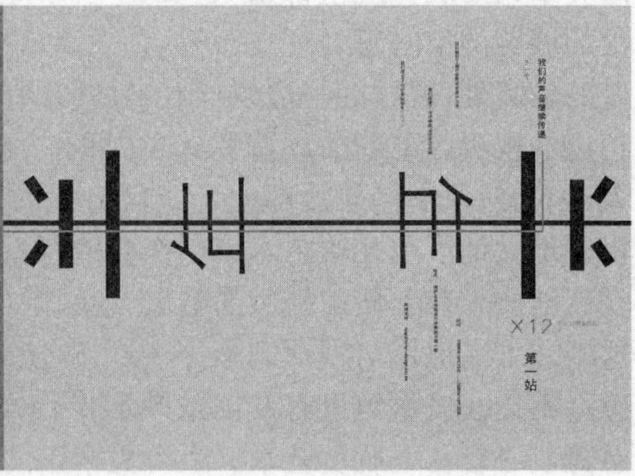

展览主题

布展订餐要记在账本上

布展比想象的复杂得多

可以让观展同学带走的名片

晒晒收集品

陈列、陈设、背景的关系需要反复斟酌

撤展点评

DM杂志局部和展厅环境发生冲突

图书馆光线很好，导致白天多媒体投影看不清

学生策展组织主力

二、设计交流空间(2008年4月课题)

迄今为止，这个空间只花费了227元，正聚集着越来越多的低年级学生，而即将毕业的版主们也确实在这里找到了归属感，只要敬业、专业，版主们就可以一直在自己的地里做老大(图2-43、图2-44)。

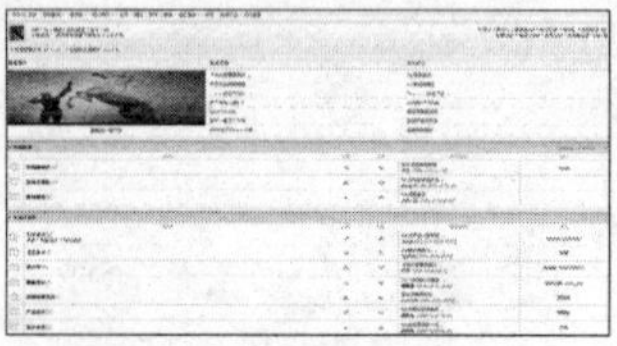

图2-43 设计交流空间页面

图2-44 2009年增容改版：http://nanyi-design.net.cn/

作者：徐祎

1. 选题论证

论坛的由来是在一堂设计管理课上的突发奇想，当时还只是一个几乎什么都没有的简单构思，只是一个由校内网这个网络平台所带来的灵感。

我们对于“校内网”这个网络平台的认知是，它成功的打开了学生时代之间“零距离”的接触，帮助大学生找到了老同学，结识了新朋友，是大学生一个沟通的平台。短短三年时间，它在国内外所带来的影响力已经十分惊人。但是，很显然，它也有局限性。我们进行了小组讨论，市场调查，并且整理出问题。确定了校内网的局限正是局限在了"校内"二字上。所以我们从"校内网"这个突破点出发，提出了"从校内到校外"、"校外网"等概念。我们将设定的目标人群定为即将毕业的大学生和毕业不久的工作人员，目的是为了让学生与社会有一个更好的交流平台。

在之后的两周时间，通过老师的帮助和小组讨论，我们对现有的主题作了更深入的讨论和调查，并且将预设的目标人群范围缩小到周围的群众，即设计专业类的学生。为此，我们做了几份针对性调查表以便更好地了解实际情况。

(1) 调查分析

① 通过对社会实际的调查，我们发现现在的设计类大学生与社会的交流很少，通常只局限于与在校老师的交流，这一点是远远不够的，不利于大学生从院校设计向商业设计的转变。所以我们觉得需要为在校大学生提供一个可以与公司、企业交流的平台来加强双方的交流。

② 校内学生访问调查表总结：通过调查，在校大学生经常与毕业生、在职的朋友交流，交流的内容大多是关于就业问题和经验之谈，90%的同学很想通过与朋友的交流可以获得更多的知识，但由于时间问题大家更希望通过网络交流，如果能有这样一个组织，大家希望能每年有一到两次的见面会，可以让有工作经验的人给没有毕业的同学一些建议，并且可以接触更多不同专业的人士。90%的同学都可以针对性的了解跟自己专业有关的、有工作经验的人所了解的相关知识和就业前景。100%的同学希望能与成功人士交流，并愿意提前走出校园进行实践锻炼。

③ 已毕业人士调查表：利用这次问卷调查，我们有针对性地对课题进行了全方位的调查，我们发现近65%已毕业人士面对工作的压力，是通过自己解决的。在闲暇的时候大部分人是通过网络的方式与校友同行进行联系交流，而且联系较频繁，正是因为网络的普及和便捷，大大增加了彼此的交流，但是他们更渴望通过定期聚会的方式进行交流。80%已毕业人士愿意与母校的师兄弟交流工作经验，并且一致认为用演讲及面对面的方式谈论自己的经验比较妥当。

通过以上的调查，我们确定了课题目标定位为建立一个针对设计专业人群的社会组织，命名为设计交流协会。对于协会我们作出了初步设想和关于协会的简介和性质。

(2) 实施

① 组织名称：设计交流协会。

② 组织目标：为了让即将毕业的设计类学生对公司、企业的设计目标、流程、形式有所了解，从而更好的适应社会环境，同

时也为双方提供选择和全接触的平台，增强设计者之间经验、技术交流。随着组织的逐步发展和成熟，我们将致力于提高设计师的综合水平。

③ 组织性质：暂定为非盈利性。

④ 资金来源：前期是通过拉赞助，募捐等筹集资金。后期将发展为会员制，收取一定的费用。

⑤ 运作方式：

• 建立一个网站展现组织的公共形象，及时发布组织活动的信息，提供一个网络上的交流平台。网站介绍：网络搜集全球范围内的设计类相关信息，及时发布。包括设计竞赛，设计作品发布，企业招聘信息，讲座信息，组织近期活动，聊天平台。

图 2-45 版主大会，主题：昆曲

• 活动方案：定期举办团体聚会交流，交流形式有聚餐，城市行走，茶话会，座谈会等（图 2-45）。活动范围：前期在特定城市内举办，免费对外开放。后期扩大组织后全国巡回聚会，为会员制。主题：定期发放调查表，根据会员反馈信息制定相应主题。

• 企业与学院间活动：组织作为一个媒介，帮助企业承接一些设计项目，为企业提供人才以及宣传竞赛，开办展览，最终达到提升企业形象。

• 为提高设计师综合知识能力我们还将举办以文学、历史、民生、法律、经济为主的一些讲谈。

以上便是在课堂上所作的对于这么一个设计交流协会的初步设想，但在课程结束后，老师觉得我们的课题有实施的可能，便鼓励我们去把这个想法操作起来。首先第一步就是把网上这块建立起来，从学校内开始发展。自此，设计交流空间便这么产生了。设计交流空间这个名称原来只是临时名，本来说等想到更好的名字再改，没想到最初的名字竟也就这么一直延续用了下来。

2. 改良

在初期时，参与论坛建设的人数满打满算也只有 3 个人，刚开始时也是很不顺利的，因为 3 个人中没有一个对论坛的建立有概念，有也顶多是在别的论坛当过版主的经验，当时便是由我来负责建立论坛初步模式的，由于初期时没有经费，我们便选择了一个免费的论坛注册了，建立了一个名为 uu1001 论坛下的 2 级论坛—— Http://uu1001.shgl.com。论坛基本模式建好后，便是论坛的宣传和管理。在宣传上，李子沐同学作为创始人之一付出了很多，她充分利用了她良好的人脉关系，为设计交流论坛做了影响很大的宣传，也正是由于她的宣传，才使得论坛在建立不久就吸收到了各专业的人才，获得了他们的帮助和支持。

在论坛建立初期，开设的版块差不多只有关于专业的内容，显得比较呆板且过于学术化。很快我们增设了玩乐志这一版块，并且找到了合适的人选去管理它。接下来两个月，我们对专业版也进行了部分的简化和添加，并且由于二大叔和 seven. 7 的积极参与增设了计算机技术交流和时尚品牌这两个版块，虽然不久，二大叔由于种种原因离开了，但正是因为他们，论坛才得以在最初的阶段得到发展。论坛在初期时，虽然得到了有效的宣传和推广，也得到了很多同学和老师的支持，但人气不足似乎也是每一个论坛初期所要经历的事情，但论坛里的每位版主即使在人气很低的时候也是很积极的发帖，用这各自的行动支持着论坛的发展。

很快，我们发现了作为 2 级论坛的不方便以及论坛在运作上存在的问题，也有很多会员也会抱怨论坛打开速度太慢，图片上传不了的问题，这使我们做出了一个决定，为论坛购买一个空间，在老师的赞助下，我们改换了新的论坛地址，便是现在的设计交流空间 http://nanyi-design.net.cn。

论坛在新的地方呆了一段时间后便遇到一个事件，而这个事件也导致了论坛资源大量流失。由于奥运期间，国家严查所有网站，关闭了所有还没有备案的网站，导致了我们的论坛被关闭了 1 个多月，直到备案申请被批准才得以恢复。虽然会员的大量流失对论坛是一个很大的打击，也有很多版主因此离开，但新进入的成员仍然给了我们很大希望。

在这段时期里，我们又有了新的管理员加盟，刘东。他的到来也给论坛带来了很大的变化，专业版块由于他而增加了很多的资源，玩乐志也由于他的到来增加了如视觉、影视版块内容。版主人选也都有了很大的变化，不管是旧人还是新人，虽然在说论坛人气太低，但又在论坛上投入巨大的热情，论坛也正是有了他们才能更加的好。

设计交流空间的建立和成长也是得到了老师的鼎力支持和帮助，而老师组织的“设计·学”系列讲座(图 2-46、图 2-47)直接以这个论坛作为网络支持，两者都得到了很好的宣传。

设计交流协会从论坛建立至今只能说是才走了那么一小步，论坛的发展也还是远远不够，虽然历经半年，也遇到过困难和低潮，但有着这么一群人总是支持它，相信可以达到所有人都希望的目标的。

图 2-46　设计·学系列讲座现场

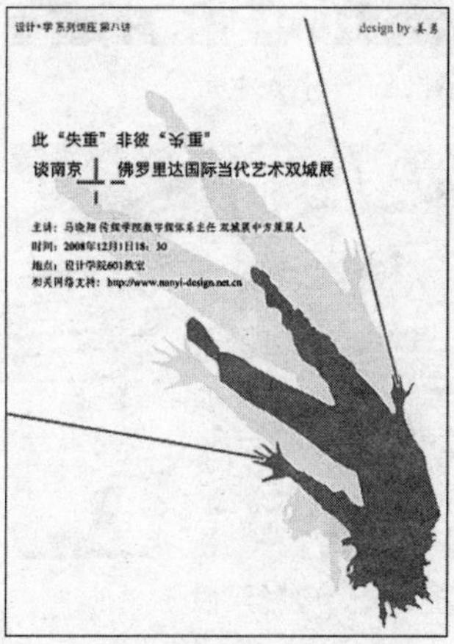

图 2-47　论坛定期发布讲座信息，海报由学生根据讲座主题设计，费用学院报销

三、平民“收集”博物馆(2008年4月课题，图2-48～图2-52)

图2-48 吊牌

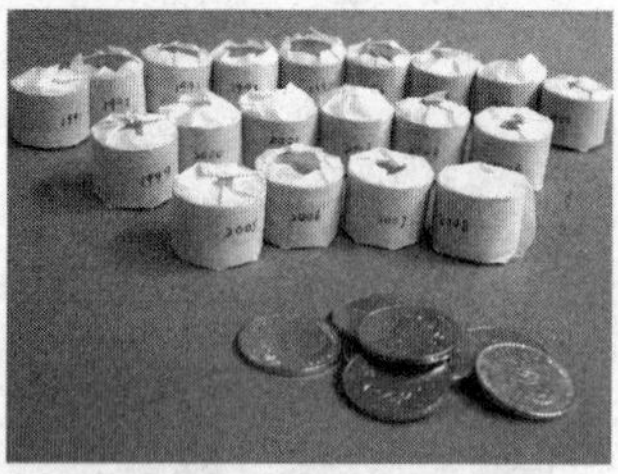
图2-49 各个年代的硬币

图2-50 小人书

图2-51 电影票根

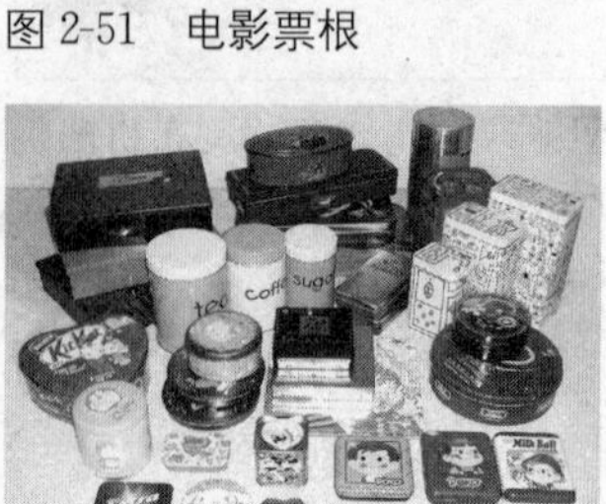
图2-52 铁皮盒子

在课堂访谈环节，这个小组只是反复询问“大家有没有什么个人爱好和收藏品？为什么要收藏？”随着课题的深入，“收藏”与“收集”之间的微妙区分开始显现，在下面这封邮件里，组长提出了自己的想法，使课题的落点变得清晰起来(格式保留)。

作者：张弛。

组员：汤善雯、叶健、王佳家、崔璨、冯文侠、张瑞宁、韩雪。

因为是设计管理的课，所以在展开课题的时候一直试图在收集和设计间建立某种联系，

因设计导致的初始兴趣是一个不错的切入点，

确实有不少的收集始于外观或者设计，

抓住这一点往下说没错，

但似乎有一点过于强化美观的重要性(至少我个人有这样的感觉……)

其实应该说是好的设计、美的事物是能够激发人们的收集兴趣，

但不能否认很多时候收集的出发点仅仅就是为了纪念和回忆，

而和审美并无太大关系，

比如说信件(这个是比较典型的例子，大多数应该说是审美和纪念兼而有之的)，

至少说对于收集，纪念回忆是一个很重要的方面。

这个话题似乎和记忆唤醒有些相似的地方，

那种思想上的缥渺的感觉就不再多说了。

但我所发现的问题是，

在调查的时候，

大多数人有至少曾经有收集，

有一些也是非常的有意思，

但是随着时间或者种种因素很多曾经的收集已经不丢失了，

很少有人把小时候的收集一直保存到现在，

这样的现状多少有一些可惜，

很多收集者也同样觉得遗憾。

我就突然想到，

是不是能够有个组织，

来帮助人们收集保存这些东西，

在人们需要这部分回忆的时候，可以有地方去寻找。

但是仔细想觉得难度很大，

因为这需要场地、资金等等，

并不是一个低投入或者可以靠公益资金来完成的项目。

类似的帮人保留东西的组织，比如给婴儿保留脐带血等等，

但是相对这样的项目是可以找到资金来源的，

比如国家投入，

就算是向个人收取相对高昂的费用也同样能够寻找到与其相对的人群。

可是帮忙收集保留这种琐碎的小东西并不是一项简单的工作，

却没有办法收取过高的费用，

就算附加一些提供收集品来源等信息的服务，也同样没有办法大幅度的增加收费，以达到组织的收支平衡(我相信费用过高，这种组织在国内是没有立足之地的……)。

于是我想是不是可以退一步，

在帮人做收集保存工作的同时，

是不是可以做一个平民化的博物馆长期同步的进行一些展示，

感觉博物馆不一定都是要用来展示文物、名画等等，

或许这些小东西更具有亲和力和趣味性，同时也是能够提供知识的。

这样是不是能够通过门票和赞助一类的多一部分收入，

毕竟这个组织不应该是非盈利性的公益组织，应该是为一部分人提供有偿服务的。

如果再退一步，不要大规模，那是不是应该是一家店？在提供类似服务的同时也提供一些收集品的交流交换服务？……

至于受众，

我想除了部分人为自己保留记忆，会有一部分家长愿意为孩子保存童年的记忆的吧……

这些还需要做进一步的调查考证，但总的感觉虽然这是市场的空缺(至少我不知道有类似的组织)，

可是这似乎离国内的社会现状还是有一些距离的，

毕竟这种服务是针对保留一种感觉来进行的，

感觉是比较抽象的东西，有相当经济基础的人才能玩得起……

这些还是我个人的想法，

不是太确定是不是该做到课题里作为另外一个分支，

把课题做的全面真的不是一件简单的事，

还有时间精力等方面的制约……

不过这个方向真的和记忆唤醒太靠了……

不知道老师的想法……

建议：帮助人们"收集"的组织、平民化的博物馆都是很好的想法，但场地要求很高，短期内很难实现。可以先做成网络形式，创立一个图像收集平台，发出一些"专业"的声音。

四、X 渠道(2008 年 10 月课题)

艺术设计专业学生平时会做大量作业，其中不少作品具有一定的实用价值，特别是首饰、陶瓷、漆艺等现代手工艺课程，因此这组学生希望在学生"作品"与"商品"之间搭建一个通道，实现校园创意资源的转化，这种想法其实和一些创意产业园区或画廊策划的主题性学生作品拍卖有相似之处，但二、三年级学生能够想到组织这样一种"渠道"，已经很难得了。

执笔：王潮。

组员：顾丹亭、马宁、谢彬彬、吴敏、丁页、林密。

1. 摘要：

建立一个基于学生群体中，将学校中学生平时因为时间、经济等原因而不能转化为实物的创意设计进行整合的服务组织，通过我们建立的渠道，使学生作品可以转化为实物或者实际效益。

2. 组织结构：

王潮，整合，负责各项措施的协调和执行，在总体上要把握组织的运行方向，使其不背离原本初衷。

顾丹亭，策划，也是组织的发起人，负责各个运作流程的策划。

马宁，记录，负责组织日常运行的记录工作，并总结记录内容，提供建设性意见。

谢彬彬，外联，负责寻找创意作品的第三方支持者，负责组织日常运行的收支。

吴敏，执行辅助，负责各项措施的具体执行。

丁页，执行辅助，负责各项措施的具体执行。

林密，外联辅助，负责寻找创意作品的加工点。

3. X 组织运作流程概括：

(1) 策划一次创意征集；

(2) 各种途径扩大宣传；

(3) 创意作品接收；

(4) 作品评定筛选阶段；

(5) 市场调研；

(6) 寻找第三方支持者；

(7) 跟踪调研。

4. 运作流程详细参照细则

（1）创意征集策划阶段：

• 选定时间，小组成员商定征集计划；

• 选定本次活动首席策划人；

• 确定本次活动范围（本校内部、本地同类高校等）；

• 确定宣传方式。（海报、网络、广播等）；

• 选定海报、网页等宣传媒介设计人，拟定交稿日期；

• 主要负责人审核宣传媒介设计；

• 宣传执行（宣传要具备针对性，面对设计专业类学生，网络上面对设计类网站和论坛）。

• 补充说明：会议原则，会议目的性明确，效率高，会议前由记录人员准备好会议内容，事先做好分析；会议轻松愉快，集思广益，自由思考，畅所欲言，不予组织成员确定性评价，使与会人员能积极献计献策；可以利用和改善他人观点，积极互补，改进启发；会议作好记录总结，针对个别问题要在下次会时单独列举出来商讨（图 2-53）。

（2）创意作品接收阶段：

• 在规定日期内最大范围收取创意作品。

• 负责接收创意作品的人员可以通过网络收取、定点收取、邮寄等方式收取创意作品。

• 负责人员要保护好作者所交纳的作品，并进行初步分类。

（3）创意作品的评定筛选阶段：

• 创意作品征集完毕后，所有成员到场对作品进行初步筛选。

• 分类依据：工业产品类、手工艺类、装置艺术类、影像艺术类、音乐类、其他类别。

• 初评标准：该创意作品是否具有一定的市场潜力，转化为商品的话有多大空间；该创意作品的完成度有多少；该创意作品是否能投入很少的改动而成为具备较大市场潜力的创意设计；对筛选淘汰的作品由接收人退还作者；对经过改动而可以继续发展的作品由策划人与作者进行沟通，在作者自愿的基础上进行改动。

• 进一步评定标准：已经进入此阶段的创意作品进行进一步审核，同时由组织进行准确的市场调研，分析结果；将创意作品、评定结果、市场调研结果、分析结果一同交与老师审核，进行最后一步审核；对需要改动的作品征得作者同意进行改动；对无法继续深入发展的作品退还作者本人。

（4）寻找第三方支持阶段：

• 首先对审核通过的作品进行分类；

• 根据分类来确定加工方向、第三方来源；

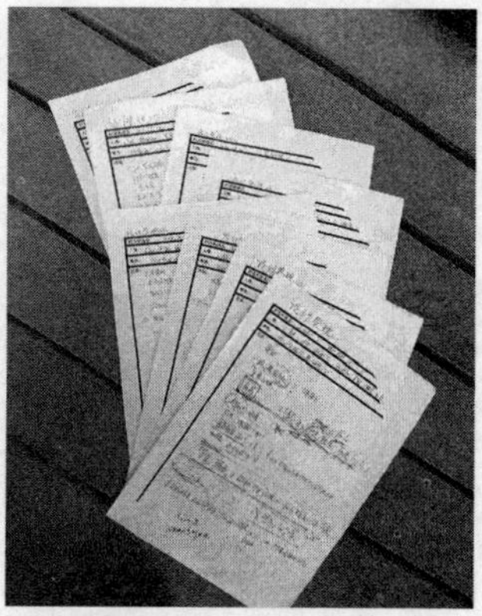

图 2-53　要求学生按照一定格式记录每次讨论的要点，可以帮助他们强化“项目”意识。

• 携带创意作品、市场调研结果等材料与第三方进行沟通；

• 协调第三方和作品作者的利益分配，涉及版权，专利等细节问题；

• 在与第三方沟通过程中要注意保护创意作品不被抄袭和模仿。

(5) 可变情况应对情况措施：经过一段时间运作，校内积累的创意来源枯竭怎么办？

• 根据情况的不同，组织操作方式也有所改变，可以在一定范围内组织主题创意设计比赛来收集创意，可以寻求有需要的第三方合作或赞助；

• 结合某一个校内课程来收集创意。

(6) 组织优势分析：

• 我们目前不设实体店，这样节约了大量成本，平时我们可以利用学校的自习教室作为活动场所；

• 我们扎根于大学校园，与我们的服务对象最为接近，也有利于组织与创意作品的作者沟通；

• 成员来自于设计学院的各个专业，这样有利于创意来源的收集、评定；

• 成立于设计思维活跃的南京艺术学院设计学院，有许多优秀的老师可以指导我们进行作品评定，市场分析，甚至寻找第三方。

(7) 劣势分析：

• 成员为在校大学生，有课余时间但不充足。

• 在创意作品审核完成后，寻找第三方支持是难点，如何让第三方愿意为你的设计作品买单？（我们的设想是寻找第三方支持可以直接找加工者赞助，也可以完全找赞助资金，然后我们组织再用资金去寻找加工。）

• 要让赞助者愿意出钱，在与第三方接触之前要做好充分准备，包括优秀且完整的设计内容、老师的评价、市场调研分析结果等资料，要让赞助者觉得这是一个有回报的投资，这是一个难点。

• 普遍疑问：没有钱，你的组织怎么可能运行起来？（我们的设想：组织不是完全的公益组织，也不是完全的盈利组织，组织通过第三方赞助、出售创意设计作品等方式来获得资金维持组织运行。在组织成立之初，并没有资金的限定，所有后面环节运行起来的前提就是要有丰富的创意设计来源，所以，按照目前我们的规划来看，这是一个“白手起家”的过程。）

5. 设计管理课题发展时间线：

(1) 10—12 周搜集选题；

(2) 12—13 周确定选题（成立 X 渠道组织）；

(3) 13—14 周发展选题（起草组织运行草案）；

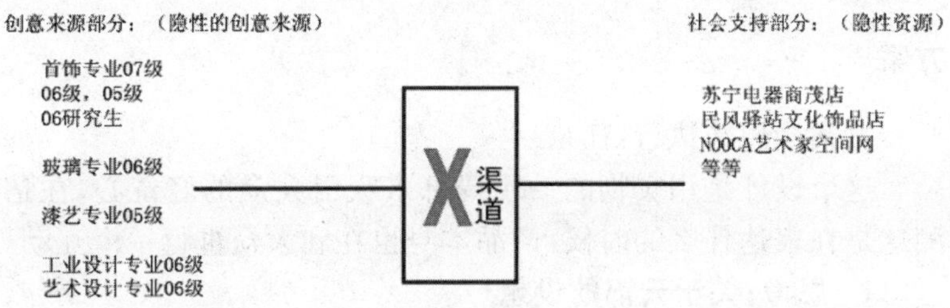

创意来源中列出了涉及到的专业类别，并且资源数量是有保证的，此外还包括设计学院，尚美学院等。

还有一些赞助方是属于直接赞助资金而不参与设计部分内容类型的。

(4) 14—15周继续发展选题(进一步完善组织运行草案，力求标准化、正规化)；

(5) 15—16周继续发展选题(除了完善草案外，进行组织整体形象设计，准备虚拟项目)；

(6) 16—17周选题虚拟演练(设定虚拟项目运行)；

(7) 18周选题实战(真实项目操作：以设计学院学生创作的盘子为例，图2-54)。

图2-54　我们的同学在陶艺课程上做的盘子

第三节　设计实务类

南京云锦研究所项目设计

2008年，南艺设计管理课程开始尝试让学生做真题，即正在进行招标的小型设计项目，其中有学院项目，也有社会项目。各个课题小组自己决定是否参加。当很多人同时参与设计项目，且能够直接看到相互进展的时候，学生的“实务”感觉会很强烈。阶段性的报告、方案分析能够直接反映学生的能力和投入状况。

2009年2月，南京云锦研究所进行品牌形象设计与推广活动，举办了包装设计与专卖店设计大赛，“设计理论与策划”专业第一届毕业生、中央美术学院设计学专业硕士、南京云锦研究所项目负责人之一罗茜尹提供了大赛信息。项目开始时，有16个小组近100人表示愿意参加，但在真实操作的时候，不少学生因为小组意见不合或专业制图能力欠缺放弃了，有的学生最后选择了独立完成，以团队形式善始善终的只有6组。课程最后邀请了罗茜尹前来进行方案观摩和讲评。此处选取两例能够反映年轻人对传统文化解读方式的设计表达。

方案一

方案构想与执行:任京京

这个设计是用实物的一个局部来吸引大众的好奇心,在猜测这是在表达什么的时候,产品本身也在和大众进行一个互动。

1. 思考:关于云锦的设想

关于云锦的受众,大家都思考过,或许云锦研究所更了解云锦销售的情况:

云锦是否需要一个新的形式?

这样会不会失去原来的受众?

2. 破题:云锦文化与产品的关系

例如:是云锦——领带还是领带——云锦

我买了云锦,是个领带……

我买了领带,是云锦……

侧重点应是两者之间哪一点?

我希望的是云锦不仅仅是一些人储藏室里出现,而是每一个人都可以拥有的。

云锦的设计是不是还要像一本古书一样,带着含有灰尘气息的千年文化以及她不可触碰的皇族历史?

我的设计是通过加强产品的重心来表达。从产品本身吸引大众,进而才能发展新的云锦文化,不至于沉溺在古云锦文化之中。

希望也可以有一个贴合大众性价值定位的产品。

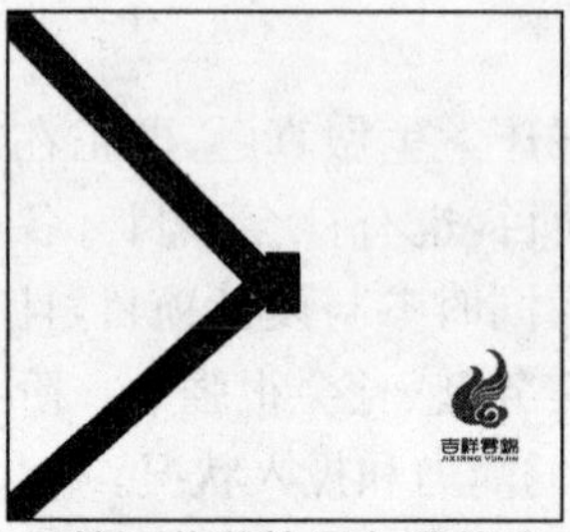
云锦工艺装饰画包装礼盒

云锦领带包装礼盒

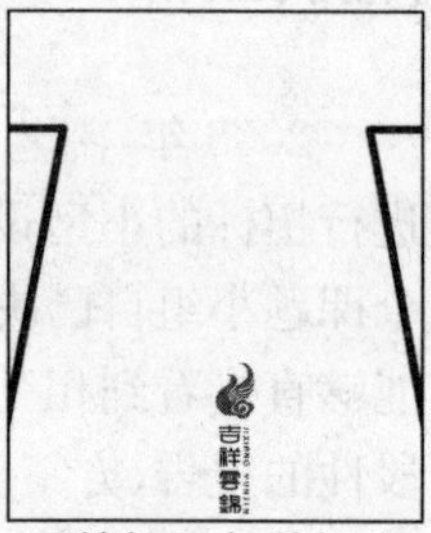
云锦礼服包装礼盒

云锦靠垫包装礼盒

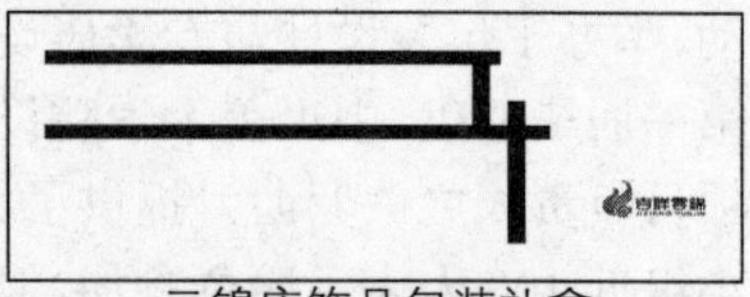
云锦床饰品包装礼盒

云锦床饰品包装礼盒

方案二

方案构想与执行：徐江宁；组员：魏彬彬、刘晓龙、顾晓曙、曹志信。

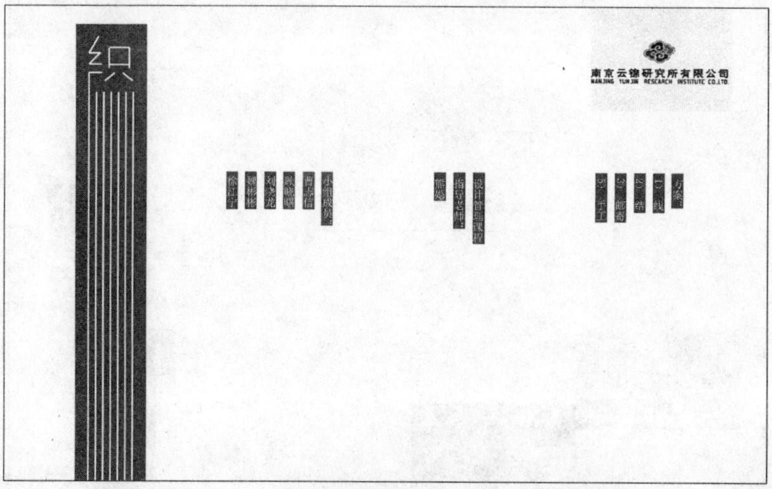

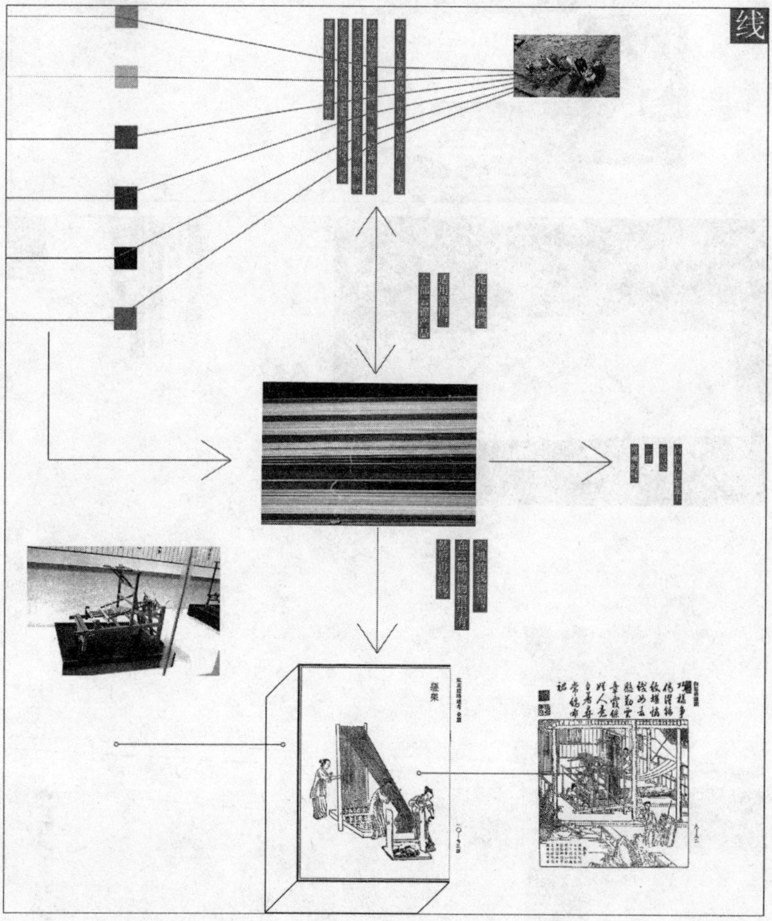

结

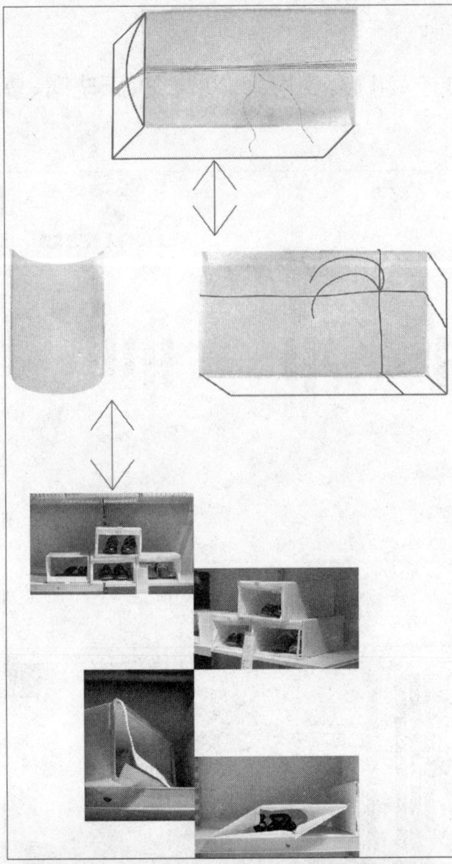

在白色的纸上压印
标识和文字

白纸包装
红线打结

我们大多买来的包装都会扔掉，
很可惜，
这个设计有透明窗，可以看得到
里面的东西。

邮寄

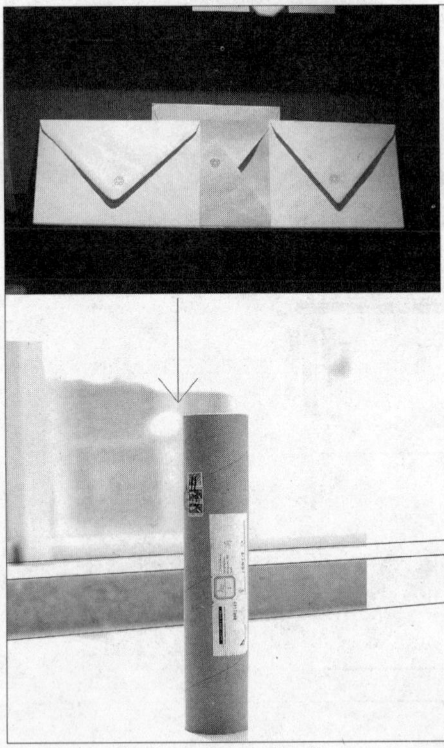

可循环包装

供邮寄的云锦有塑料包装。

防伪标识

领带的展摆放式

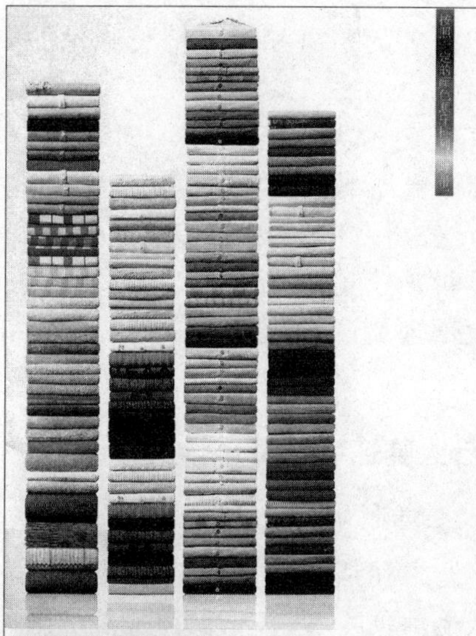

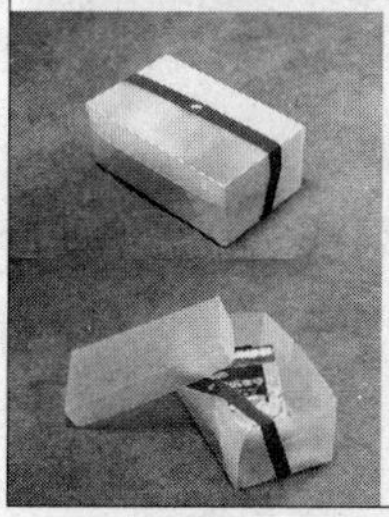

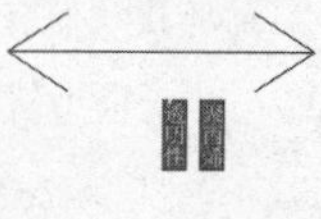

A、云锦工艺装饰画包装礼盒；
B、云锦领带包装礼盒；
C、云锦礼服包装礼盒；
D、云锦靠垫包装礼盒；
E、云锦床饰品包装礼盒；
F、云锦桌旗、餐垫包装礼盒。

彩虹带（视觉与触觉）

设计概念：彩虹带（视觉与触觉）

调研照片：

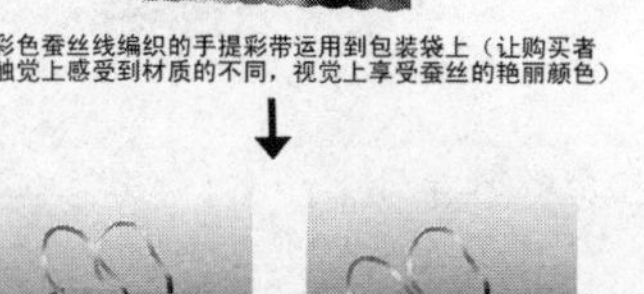

把彩色蚕丝线编织的手提彩带运用到包装袋上（让购买者在触觉上感受到材质的不同，视觉上享受蚕丝的艳丽颜色）

设计大赛相关资料

南京云锦简述(南京云锦研究所有限公司,2009年2月19日)

云锦是中国古代丝织文化的杰出代表,是珍贵的中华文化遗产。1500多年沧海桑田,元、明、清三朝贵为皇家御用品的云锦,至今不失其手工织造技艺的精湛和织品精美绝伦的华彩。

1957年,新中国第一家工艺美术类研究机构——南京云锦研究所成立(现为南京云锦研究所有限公司)。50多年来,作为中华老字号企业,研究所(公司)致力于云锦传统图案、传统工艺的挖掘、整理和保护,濒临绝迹的云锦得以幸存。2008年,云锦手工织造技艺由文化部递交联合国教科文组织申报人类非物质文化遗产代表作。

"吉祥云锦"礼品包装套盒设计大赛征稿启事

2008年,"吉祥云锦"商标荣获中国驰名商标称号。为了更好地表现云锦文化内涵与美的和谐统一,特举办"吉祥云锦"礼品包装套盒设计大赛征稿活动,欢迎各路设计师参加。

大赛要求如下:

1. 突出"吉祥云锦"品牌识别要素;色彩庄重大方;造型稳重大气,新颖别致;完美体现传统与时尚的统一。

2. 包装套盒如下:(6件/套)设计稿应包括以下6件礼盒:

A. 云锦工艺装饰画包装礼盒;

B. 云锦领带包装礼盒;

C. 云锦礼服包装礼盒;

D. 云锦靠垫包装礼盒;

E. 云锦床饰品包装礼盒;

F. 云锦桌旗、餐垫包装礼盒。

3. 大赛截稿日期为2009年4月28日。

4. 稿件效果图一律用A3纸彩色打印。写出创意说明,标明图示效果所需材料,标注尺寸。同时写上参赛者姓名、年龄、性别、联系方式及联系地址等个人信息,以便评出奖项后及时通知。

5. 投稿地址:

江苏省南京市建邺区茶亭东街240号

邮编:210017

南京云锦研究所有限公司　办公室收(请注明"包装设计"大赛投稿)

6. 本次大赛特设：

一等奖(1名)，奖金5000元(伍仟元)

二等奖(1名)，奖金3000元(叁仟元)

优胜奖(1名)，奖金1000元(壹仟元)

税费自理。

7. 评奖结果在网站公示。

8. 本次大赛的最终解释权归南京云锦研究所有限公司。

“吉祥云锦”品牌专卖店形象设计大赛征稿启事

2008年，“吉祥云锦”商标荣获中国驰名商标称号。为了更好地表现云锦文化内涵与美的和谐统一，展示云锦第一品牌的形象，特举办“吉祥云锦”品牌专卖店形象设计大赛征稿活动，欢迎各路设计师参加。

大赛详情请见网站：www. njyunjin. cn　www. njyunjin. com，“吉祥云锦”商标视觉识别要素、品牌核心诉求、产品等资料，请参赛者在网上下载。

大赛要求如下：

1. 突出“吉祥云锦”品牌识别要素；色彩庄重大方，环境优美温馨；产品布局设计合理，充分考虑空间的整体运用，装饰效果既表现民族传统文化的特征，又不失现代设计审美的凝练。

2. 大赛截稿日期为2009年4月28日。

3. 稿件效果图一律用A3纸彩色打印，写出创意说明。同时写上参赛者姓名、年龄、性别、联系方式及联系地址等个人信息，以便评出奖项后及时通知。

4. 投稿地址：江苏省南京市建邺区茶亭东街240号

邮编：210017

南京云锦研究所有限公司　办公室收(请注明“专卖店设计”大赛投稿)

5. 本次大赛特设：

一等奖(1名)，奖金5000元(伍仟元)

二等奖(1名)，奖金3000元(叁仟元)

优胜奖(1名)，奖金1000元(壹仟元)

税费自理。

7. 评奖结果在本公司网站公示。

8. 本次大赛的最终解释权归南京云锦研究所有限公司。

第七章 英国伦敦艺术大学服装学院“时尚管理”课程

图 2-55 首先会向学生们介绍生活、学习开支

图 2-56 介绍品牌分析课程

图 2-57 介绍团队合作方式

图 2-58 自由提问

一、作者介绍

胡伟，男，1984 年出生，南京艺术学院设计学院服装设计专业 2006 届毕业生，毕业后赴英国伦敦艺术大学服装学院重读本科，目的在于系统学习“时尚管理”。目前正在接受英国“时尚管理”本科阶段教学的基本思路和方法。和胡伟的交流主要通过邮件完成，他每次回南艺，我也会邀请他以讲座、沙龙的形式向学生介绍“时尚管理”（图 2-55 ~ 图 2-58），随着交流越来越深入，我觉得他的学习实录可以给国内的学生很好的帮助，也帮助我调整着课程重点和课题，这同样是一份真实的成长记录。

此处保留了一些书信格式和语言，也是为了更好地展现他对设计管理课程的思考，当我告诉他，他的叙述已经有一万字的时候，他觉得很不可思议，也愿意把这样的工作继续做下去，整理自己，也提示他人。

二、课程介绍

1. 第一封邮件：

问：为什么选择了这个学校、这个专业？

回复：

正如您所说的，我现在所学的专业对国内来说是个缺口，这个就是我为什么选择这个专业的原因，当时设计学院几位老师给我的意见我也有参考过，我没有选择的原因就是因为研究生专业不太适合我，因为我觉得出国学的就是国外的基础，这个正是国内现在艺术教育所缺少的，也许我说得有点大，但是我就是这么觉得的。研究生专业所做的不过就是本科的一种延续，不过接触到的人和案例更加的深而已。如很多人一样到英国就是要一个研究生文凭。在当初我也收到了一个研究生专业的 offer，我没有接受，我就是觉得一年对一切还没有认知，就结束了，虽说有了文凭也有一定的见识，但那不如本科 3 年系统的学习，让自己去了解更多。在我看来，很多本科的学生比研究生来的要有水平。

关于我的课程说实话我也有自己的思考，我觉得我现在所学的拿到国内去实施教育的话并不是很理想，因为所接触的环境和学生的学习态度，就是一种不同。所以我就很矛盾，是否要改变，来适应国内的学生和国内的教育体制，这个就是矛盾的地方。我才接触到第一学年，觉得要学的东西太多了。如我上次在您的课堂上所讲，那些学服装的压力真的很大，根本不适合中国的学生，因为他们不知道该如何去做，不知道衣服是用来干吗的，为什么？就是因为他们习惯了有老师指导、修改、提要求，但是在这里，没有详细的要求和指导，更没有老师的修改，他们不知所措。

其实老师，对于您的课，我也有些想要说，你的课改变了我，但是您知道吗？您的课真的能运行得很好吗？就像您所说的人越来越多，我相信充数的人也越来越多。您的课程越来越西化，我们都是从学生时代走过来的，知道学生的状态，但是我们又怎么能轻易地改变呢？

其实我这边的专业学到的最主要的就是懂得与人合作，懂得运用一些管理学原理的知识，来进行团队合作。就像您的课吧，你可以明确定一个主题，可以是服装，可以是环境艺术，可以是平面可以是工造，针对一个东西来让学生明白之间的差别，因为题目很分散或者说学生选择的东西很散，那种差别就很难看出来，当然了认真程度和方案是不可以成正比的。我觉得更好的加深管理的课的目的只有一个，那就是让学生们懂得如何让自己的设计方案进入市场的一种可操作性和可盈利性！这个才是设计的最终目的！

希望和您多多交流！

2. 第二封邮件

问：能否谈谈一些具体的课程？

回复：

我做出了一个决定，就是每隔一段时间就来和你汇报一下“工作”情况，当然了你也可以运用一些到您的课里，或者和其他老师聊天的时候，可以当一个话题聊，也可以和您的学生聊聊！我这么做的目的只有一个希望，您能从这里向我学习一些东西，哈哈！

今天是第一天上课，很热情的、很顺利的和一些要好的朋友亲亲和抱抱！但是紧接着来的就是老师的“狂轰乱炸”。

具体是这样的，我们这学期的课叫 group project management。6 人一个小组，我们组员组成是根据老师在上学期一份调查问卷来做的安排，问卷调查内容分别有电脑操作，组织行为能力，执行能力，策划创意能力，特殊能力等的问题来给自己打分，根据自己所给的分数然后电脑分析得出现在的六人小分队。

很幸运的是我们组的成员和上学期一样，或者说应该全年都一样，5 个女孩和我 1 个男孩。其实这门课和上学期的课内容差不多，但是教授形式、成品质量以及时间上有一定的区别，同样的课题要在 6 周内全部完成，但是量是以前的一倍还要多。教授形式是以演讲的形式来进行和结束。我们分为三个阶段，但是是同时进行，分为：市场，财政数据支持（也就是资金链）和设计。6 人一组，平均每两个人负责一个完整的阶段，包括上课也一样，不是 6 人全部，而是两人一组来进行每阶段小课教授，最后由自己的组员来针对所学的东西以演讲的形式让其他的组员了解并清楚的认识所要学的东西，这个是难点，因为既要当学生又要当老师。所以这样就促使每个学生上课要按时到，还要做好详细的笔记，对自己负责也是对组员负责（虽然我觉得这个有点极端，开始我觉得还是很不错，但是我听后就出汗了，太有挑战性难度了！一时无法接受，但没办法，就做吧！）所以老师采用的扣分方式也是很特别的，因为每个人有 100 个百分点，有个最低的是市场报告是 50%，其他的 50%根据平时的出勤率、小组讨论成员到齐率，还有每个人在做完一次演讲之后所要交的个人发展的一个小报告评分，来得到最后的成绩，当然了，个人成绩也影响这个小组的成绩，很缺德，但是很实用，虽然我是不会缺席的！其实对于我来说最难的不是前面这些，而是真正的 final 的演讲，为什么这么说呢？因为每 2 个人一组，必须在有限的时间内做出自己所负责的东西之外还得认真了解其他 2 个阶段的东西，量很大，时间很紧，因为老师会在你做演讲的时候问设计组的人关于市场组的问题，诸如此类的，所以一点都马虎不得，一旦出现问题就要扣全组的分数，我可不想抹黑！我们会在今天来决定 2 人小组的名单！而我们所做的项目还是关于一个 fashion 的公司，针对它，我们来重新整合，由我们来对其进行一场新的市场研究，并做出一些投资，有成本控制、资金流通问题的研究，还有对现有的商品进行再改造，来满足自己所要做的市场需求并满足顾客的需求。所以来说每个环节都不能出错，而且要快，因为都要拿出一系列的方案来让这个项目可实施性提高！暂时先汇报到这吧！欲知下回如何，请尽情期待！！

3. 第三封邮件（从这封邮件开始我没有再提问题，胡伟自由发挥。）

关于任务分配。

这个星期就要过去了，我们的任务也随着日子的变化而变多。

我们在第一天就完成了我们的logo和组名，然后分配了大概的任务，我是做关于设计和数据支持那一块的，这给了我很大的挑战。第二天我们就制定了时间表，在规定的时间内完成所要完成的任务，每个人的分工，至于细节我会在下一封邮件里给你。第三天我们见了一个老师，她是负责服装设计和一些设计支持的，所以这个光荣的任务又给了我，因为我在前面就说过，每2个人负责一个阶段。老师主要就是和我讲了一些该如何开始和操作这个项目设计，大概听下来还是主要的以小组合作为主，我来分派任务给其他的组员，让她们去收集资料，然后汇总给我，每个人对我做一次总结性的报告，为什么要找这个，理由是什么。所以在第三天我制定了一系列的任务。包括这个品牌的资料收集，还有他们这一季和上一季的服装的色彩分析和销售报告。第四天，没有课，我们小组开会，并把分配的任务做了一个简单的汇报，然后说出每个人的想法，我来根据每个人的想法设计出我们自己的服装和制定自己的色系，还有销售策划。虽然只是粗略的计划，但是实施效果还是可喜的。之后我们又制定了自己的目标，也就是如何去改进我们所要做的品牌，如何去更新、如何以我们的观点去完善它，接着，每个人分配了任务，我主要是负责售后服务的更新，并研究和制作网页。今天，我们将和我们的市场老师，来面对面讲我们前面所制定的销售策略和我们的目标等等。这个待下个礼拜更新。

对了，忘记讲一个很重要的事情了，那就是，我们这个学期的项目就是，老师分配给我们一个品牌，由我们来分析和研究它，并找出它在市场上的缺点和一些销售的盲点等等，以我们所学的知识来改变它，达到我们所希望的样子，并制定一系列的销售、设计、市场研究、销售额的估猜，还有店面的服装陈设等等，达到我们对这个品牌的改变，相当于收购一服装公司，对它进行重新组织，然后改善它的经济销售状况……

4. 第四封邮件

关于交流的问题。

今天是我休假所以开始继续说一些东西！

我们课程进行到这里，其实说有很多成功的地方，当然了也忽略了一些东西，我觉得不管在国内和国际上或者说任何行为中都会存在这样的问题，就是人际交流的问题，没有一个好的交流环境应该说会造成一个项目的失败。在我的课程中我就发现了这样的一个现象，就是如果大家都不主动互相沟通和交流，其他人是不会主动的，所以我又学到了交流的主动性。而且更重要的是大家都不愿意多做事情，都愿意能减少麻烦就减少麻烦，都会选择一些任务比较轻的来做，这样自己的责任都会少一点，这个现象应该大部分都存在吧。我在课程中认识的中国人中(包括台湾和香港的学生)，都是缺少一种交流的方式，下课后就回属于自己的地方，课堂上除了必要的以小组为单位的交流外，其他的时间都是在说中文，当然了我也会这样啦，因为感觉亲切，但是我觉得我们忽略了其他组员的感受，既然是一个整体就应该好好的交流和沟通这样才能取得好的成绩。因而由于沟通等问题，很多人退出了这个课程，还有就是已经被老师列入到退学名单中的中国人不在少数。首先她们继承了在国内的逃课还有代点名之类的习惯，但是老师哪边都有纪录，小组成员又没有很好的沟通和讨论，所以导致很多中国学生都被自己的小组无情的给申请退出，当然了这个也算是主观问题啊。

现在说说我的项目吧，上次的邮件我说了个大概，其实还有很多细节的东西，比如说问卷的设计，选择什么样的人群来做问卷，我们的消费群体定位，还有就是研究和调查消费者群体的生活习惯和喜欢的风格等等，我没有仔细研究过国内的市场是如何操作的，至少在我看来国内的专卖都没有考虑过消费者群体的生活习惯和风格吧。举个很简单的例子吧，一双白球鞋，一双极其普通的、质量与国内并无任何差异的白球鞋，在国外可以卖到人民币 300 多，在国内 20 块左右就可以买到了吧，这是什么问题？有人说是货币问题，真有人卖 300 块一双的白球鞋吗？就算会卖，我觉得中国消费者也不会傻到去买吧，也许有人会认这个牌子而去买，但是真正盈利的是谁，是品牌的拥有者，消费者只是去为了满足自己的虚荣心，会和别人炫耀这不是普通的白球鞋，是某某牌子的。别人会认为你是傻子，但是这个背后我们看到了什么，看到了那种品牌的效应，看到了一种潜在的消费观念。中国缺少的是什么，就是缺少健康的消费观念，很多人都认为同样的东西肯定会买便宜的，我也会这样。那为什么奢侈品在国内会发展的又如此迅速，而这些品牌有多少是国内的品牌，为什么中国总是喜欢买老外的包包？质量好，好看，设计感强？我觉得就是一种虚荣心在作祟，这也就是为什么假的名牌包包也很泛滥，中国的现实情况就是中国是制造工厂，所有的东西都是 made in china。我好像扯的有点远了，我觉得我最近脑子太紧张，老是失眠，老是担心项目做不好，老是觉得我们的市场研究报告会不过关，但是我们已经做了我们所有能做的，我们都在为此而努力！在我看来，设计管理和所有诸如此类的管理类课程，其实说白了，都是种商业行为，我不知道我的定义是否对，至少在学的课程中和所接触的事务中，都是有这样的趋势的，针对一个品牌或社会上所表达的一种需求，针对需求来做出一系列以创造为主的设计管理计划，来达到和满足甚至超越需求。在我看来每个人都有商业头脑，只是看你运用到什么地方，设计管理，时尚管理，我并不知道设计是什么，时尚是什么，我也不知道管理是什么，但是我觉得我知道的是整合在一起，其实就是以盈利为目的的 business。

5. 第五封邮件

关于执行力。

最近真的忙的我快疯了！

课程进行到现在，要说的有很多，其实最主要的还是团队合作，还有就是每个人对分工的执行力！至于课程内容，其实最主要的还是设计经济。商业内容比较多，所以我们在思考问题上都是以利益和试图改变这个品牌对社会的影响力出发的。从上次给你的邮件之后我们每天都不上课了，每天进行小组会议，针对每天自己做的东西进行分析、分工和改进，所以每天都要有东西出来这个就是为什么那么忙。

我们做了一系列的问卷调查，还有一些针对市场所做出的一些数据分析，当然了，这些数据都是学校的数据库提供的，所以我觉得如果要开设这个专业，必要的配套设施要搞定，我们要有大概的经济数据库或者说像有些大学开设经济学专业那样，有自己的一套数据库，可以随时调阅往年一些著名公司或者相关报告。这个很重要，需要花费很多的时间和金钱来建立，针对一些现实状况，可以让学生了解一些相关的网站，自己去调阅。我们也要做相关的设计，比如服装风格的改造、店面设计、橱窗展示等，只要是能让这个店形象恢复或者达到盈利所必须的考虑和改造，我们都要去设计、策划和改造，必须要真实的做出实际的报告，要画出来或者做出来，这就是难的地方。此外，制定计划也是一个难点，通过什么样的方式来改造，还有这种改造会对营业额的增长有什么影响，我们要做一个估测，然后做出一系列的数据支持！还要计算出所需的改造费用等等。

所以我觉得这个项目包括了太多的内容，比如室内改造，服装设计，平面广告设计，盈利预测，市场定位，消费人群分析等等。我最近真的忙的是太糟糕了，如果是普通的作业也就无所谓了，但是我们这个是最后的年终项目，非常重要，如果实施性可行，学校会直接拿到我们所做的公司去做相关的项目介绍等等。但是操作时间又只有 4 周左右，唉，在煎熬啊。如果说您开的专业主要是针对设计来做，所以我觉得应该向学院申请加长课程的时间，可以延长到 2 个月，或者一个半月，这样就可以让学生做得更加深入或者说可以做出真实的东西出来。我觉得这样比较好，不然就真的只是停留在文案上，具体实施却很难做出来，这样也可以锻炼学生以后在社会上操作性，也增强社会竞争力嘛，我觉得不错！嘻嘻！我又要开始忙了！下次再聊。

6. 第六封邮件

还有一个礼拜我们的第一年的课程就结束了，我大概回顾一下这一年的成果吧。

每一年分成三个部分，当然也有三个假期了。刚进校我们被分成了 2 个组，a 组和 b 组，前期基础的课程是 2 个组轮流上，一个是 fashion analyse，还有一个则是 fashion product。其实这 2 个课程最值得一说的还是 fashion analyse，在设计人的眼中无疑这是最头痛的，因为要做相关的统计学、会计学、组织行为学，当然，只是针对 fashion 的公司来组成的。让我们了解一个时装公司大概所需要的一些的运作情况和资金链等等，这也是最基础的。

还有让我们了解了公司内部的人员的运作，一些公司如何做决策来改变一个自己等。第一阶段最主要的就是授课、自主学习、看书之类的。同时有一个名为 undergraduate study 的课程，这是辅助课程，是教你如何写 report 和 essay，也学习了如何运用学校的所有资源、如何做好很规范的 presentation，我觉得这个是最重要的，因为这是整整一年的基础。其次就是 fashion product，这就是我们做项目：老师给一个品牌，我们要为这个品牌找出其服装的风格的弱点，也就是说找出这个服装在品牌销售上，哪个方面做得不是很好，我们对其进行改进并组织一个新的品牌作为我们的自己的成果，所以这个项目在于改造和创造。同时也进行了一个课程名为 culture studies，这个课程说白了就是学一些重要服装风格的历史转变，对社会的影响，然后让我们自己选一个自己认为重要的进行分析并研究为什么这个服装对社会造成影响！第三阶段，是一整年最重要的阶段，就是全部的整合，具体的前面已经说过，利用一个品牌找出其弱点，我们来进行改造整合，但是我们要做出销售策略、市场预估、改造成本和利润增长预测等等，所以比较趋于商业化运作的内容很多！对我来说是个不小的挑战！还有两个礼拜不到的时间，我们要开始制作我们的 PPT，做好时间的估算、内容的补充或删改，与此同时还要对商业报告书进行最后的修订，我们要在规定时间内陈述方案，并要保证内容丰富但是不会杂乱。我们有 15 分钟的时间来做，以前都是 7 分钟，这次时间增加会很容易导致东西很杂很乱，不管是时间少了或者多了，都是不成功的 presentation，所以我希望我们小组可以很好的完成任务！

7. 第七封邮件

至于来英国学习的动机，这个问题还是您让我发现的，其实我最主要的是想学设计管理的课程，但是我搜索了一下，设计管理的课程还是英国比较正统点，有人说美国，但是我不喜欢美国，所以就选择了英国。其实我就搜索到了伦敦艺术大学传媒学院，里面有个 ma 的设计管理课程，我也去参加了面试，很不幸的是，我没有被录取，面试官（是个老先生）告诉我，这个专业我还不够资格，说我太年轻了，通常都是已经有相关工作经验的人才会被录取，当然也有例外的，在国外设计管理专业其实就是创意产业管理，也就是说是纯商业角度考虑下的设计类管理课程。但是那个老先生问我是否愿意上时尚管理课程，其实我当时很犹豫，因为是本科，所以我抱着不拿白不拿的心态，就接下了这个 offer，等回到学校我请教了袁熙旸老师，咨询一下意见，他说在英国除了伦敦艺术大学和伯明翰城市大学有这个专业以外，其他的基本没有，所以我当时我就很坚定地选择了这个专业，我是想以这个专业为跳板，考取设计管理专业的 ma 的。

很多设计专业的学生都知道英国伦敦有个中央圣马丁，那就是属于伦敦艺术大学的，我所在的学院是伦敦时装学院，其实这 2 个学院有着本质的区别，中央圣马丁是趋向于创意类和概念类的设计理念，而伦敦时装学院趋向于商业，但是大部分人还是选择中央圣马丁，为什么？因为这个学院出现了很多牛人，所以明星效应……而我选择的时尚管理专业是属于伦敦时装学院里的本科课程，其实这个课程在我开始看来很“小儿科”，觉得不应该很难，但是上了之后才了解到真正痛苦的地方，这个专业要求的是团队合作，要有很好的交流能力和社交能力，如果你不具备这些，你将很难在学生中间走出一条路，在大学中每个人都想当班长，每个人都想进学生会，为什么？提高自己的能力不假，还有就是在自己的 cv 上好看些，如果你不够突出或者就是属于那种每天准时上课，下课准时回家的乖乖小孩，是生存不下去的，为什么？因为你缺少交流。举个例子，当拿到一个 project 时，以小组为单位，你的表现很平常，没有什么突出的地方，你只能听从老师的安排，听从那些洋学生的安排，为什么？因为你的语言不够那么的出色，你的 personal skill 不够那么出色，别人就不会很尊重你，但是一旦你有了自己的特色，这就会让所有人知道，那下次你就有了话语权，就有了主动权，这个就是区别。这个专业在开始的时候我一直抱怨为什么要我一直学数学之类的东西，但是到后面我知道了重要性，因为这里边一环扣一环，一项学不好，那么就意味着你又要花时间再重新温习一遍。其实说实话这个专业说难不难，说简单也不简单，为什么这么说呢？难的是都是英文的思考方式，还有都是一些国际品牌的研究，要有时尚敏锐度，要对市场分析透彻，这个对于我们来说是难的，简单的是什么呢，简单的就是当你一切都明白的时候，就会很容易上手，并做好一切你所认为可以做的材料。

在这个专业里本土的学生远远超过于国际学生，我这里说的本土就是英国的，不包括欧洲一些国家的，所以他们所知道的东西比我们多很多，当他们一直在讨论 topshop，zara 或者 h&m 的 CEO 是谁，并做出什么决策时，我压根不知道他们说什么，也很莫名其妙的听着那些个名字，这个是我们所缺少的。还有这个专业给我带来最大的技能就是 presentation，面对几十号人站在讲台上讲我们的 project 不打怵，彻底锻炼了我的脸皮。

8. 第八封邮件

伦敦时装学院时尚管理专业初级课程全景。

这门课程是本科三年制，每学年大致分为三个阶段来完成：

第一阶段：10 月 1 日—12 月 6 日

第二阶段：1 月 7 日—3 月 17 日

第三阶段：4 月 14 日—6 月 12 日

下面我就用数字表示三个阶段：1，2，3。

1 是在进行一些基础系的知识，比如时尚分析，这门课也就是一些数据的分析，还有一些管理方面的基础知识，包括统计学、会计学、组织行为学。统计学也就是我们所知道的计算概率，适用于做市场调查问卷，预测市场结果和所需的数据支持。会计学就是简单的教我们如何去做账目，做预算，把所有的钱款进行分类，并很好的管理，进行盈亏的计算。组织行为学其实是一门管理的课程，让我们了解一些企业当中的管理概念，还有员工和雇主之间的关系等。

对于这门专业课的评定工作是以书面考试的方式来决定，在统计学和会计学的考试中可以携带相关的计算器和资料（限定 3 页内），在组织行为学考试中，也可以携带 3 页左右的资料，当然除了考试之外我们还要制作一个知识树，罗列学到了什么，所以组织行为学考试是有一定困难的！考试内容则是老师选择一个企业，罗列他的一些管理策略，我们对其进行分析并要回答出原理，等等！

当然在 1 中还包括英语课程（适用于国际学生），专门教授一些关于此课程的专业术语和专业常识。这门纯粹就是自觉去上，没有人限制自由，也没有考试。

在 1 中还包括一门很重要的非本专业的课程，undergraduate studies（本科教育），这门课主要的目的就是让我们去了解整个学校的运作，我们的专业需要运用到哪些资源，并且教会我们如何去运用它，为自己的学习提供更好的条件，当然，这个需要很好的学校支持，要运用到学校的很多的资源。此门课就是教育性为主，所以也没有考试，但是很有用，对今后的学习会很有帮助。

2 是学习 fashion product，也就是学习做一些简单的项目，但是会细分到每个环节，每个环节由每个不同的老师来教授，还有一些公司人员来解释和说明，包括管理、设计、色彩、市场、数据 5 部分组成。

首先来说说管理，这门课其实和在 1 中的课程有些相似，在 1 中纯理论的东西比较多，但是在 2 中，就是全部结合实际，做一些案例的分析等等。设计，我们讲的更多的是服装类的设计历史，还有一些著名设计师的大型发布会的解说。色彩，这点很重要，是要我们了解色彩对于整个时尚界的重要性，还有色彩所能表达的不同的思想等等，教会我们如何去对色彩下定义。市场，就是让我们了解在真实的实际的社会中，我们的产品和策略要怎么样才能适应整个市场，来满足它，并且利用它来完成自己所需要的利润。数据，就是在电脑室中操作，跟在 1 中学习的统计学差不多，通过一系列的数据分析来预测在未来的一段时间内，市场的变化，我们要做出什么样的管理，市场营销的决策。

除了学习项目之外，还有一门专门是学习历史文化的课，就是要求我们了解一些关于时尚的历史和变革，对我们整个人类社会起到了一个什么样的作用，让我们有一个大概的了解。

在所有的课程中，每个星期都会有一次讲座，请来的嘉宾多是一些知名品牌的销售部人员或者是管理层人员，介绍其公司内部的运作并解答一些关于市场和管理的问题，对我们来说是个很好的知识运用和积累机会!!

关于在 2 中的作业，老师会让我们选择一个项目来做，当然了这个项目是老师来制定和选择的，我们只要执行和服从最初的项目选题的命令就好，其要求和一些规则都会在最初被告知。这门课所需 2 个半月的时间，我们的选题会在第 2 个星期就被公布，当然，这些选题也就是一个品牌的名称，一些要求会在第 3 个星期或者第 4 个星期完整公布，我们会在课题公布的那天分成一个个的小组，成员由 4 到 5 名成员组成，都是由老师来安排，学生没有自主权，每个组都被要求加入国际学生，这样会让国际学生得到锻炼。在每天讲课的同时我们都以小组为单位坐在一起听课并讨论，并提出一些疑问，下课后再一次进行小组会议，对我们的选题进一步的讨论，并定出方案，这边值得说一点，我们这次的方案的前提就是，老师已经规定好我们需要做的内容:对于整个品牌的顾客群,服装款式,设计师,色彩进行改变,做一个详细的销售策划书。我们并不要求对市场作出预测,而是对于我们整个改造计划所需的资金量做出一个完整的计划表。在边上课边讨论边完善项目的同时我们也要进入一系列的整理、设计、写论文的状态,所以2个半月对我们刚开始做项目的新手来说还是个不大不小的挑战,刚开始会遇到很多的问题,我们并不知道如何去做,不知道如何才是正确的,因为老师根本不会提醒你,因为他们只会对我们的计划和对我们提出的方案作出判断,而不会对形式问题做出任何的表示,所以对于我们来说,操作起来还是有一定困难的。当然小组成员之间也不会那么顺利,因为我们并不了解对方,所以会产生或多或少的分歧,但是值得欣慰的是我们所有组员对于我们整个项目的热情是很大的,没有一个人因为自身的原因而逃课或者没有参加小组讨论。

刚进行2时,我或多或少有点担心,怕和组员合不来,怕因为自己是国际学生而遭到不平等待遇,但是我后来发现这点担心是多余的,因为在课堂上真的是以事实和实际行动来说话,你事情做好了,做到了,别人不会看不起你的。在整个项目中我们每个人的分工不一样,每个人完成自己的事情,也要跟别人阐述自己的观点等等,我们的论文以小组为单位,一个组只要写一篇就好了,所以我们需要全体组员合作,完成它,而不是某一位来完成,我们互相之间的磨合、互相了解,在课程中也是一个值得需要解决的问题。

总之在2中,我们不仅仅是学到了如何去对待和处理一个项目,更是学到了如何以小组为单位的去生活和学习!

再补充一些2的学习,在上面我提到了关于学习服装历史的内容,在2和3中都有这门课,在2的过程中,只是学习其中的一个概念和一个大概的基础,所以这次作业只是要求在规定2个月内完成一份论文的纲要、开头和你所要引用的资料和书籍,所以在这段时间内都可以用来收集和来完善自己的论文纲要,当然在每堂课结束后会分班级讨论课上所讲的内容,这个就是全部由学生来进行概念的介绍和提问,还有对自己所写的内容进行分析,所以在2结束后,我们每人都会对自己的论文和这门课有个很深的认识,在3中我会说到关于这门课的精彩的地方。总的来说在2中,我学到了以前从来没有认识的东西,我终于明白了商业秘密的重要性了……

现在我来谈一下在3中的学习,其实在一学年开始的时候,老师就很强调地说,最后一个阶段是一整年中最难的,也是最重要的。所以在开始我们就明白了要在前2个阶段打好基础,好好面对第3阶段。

在开始的第一天，我们就已经被完全分好了组，并且制定了每个人的分工，基本与2中的老师课程的安排一样，只不过这阶段从第二礼拜后开始不授课，只是对我们的项目进行评论和分析帮助。第一礼拜，我们每个人都要认清自己的任务，还是分为：设计，资料收集，数据分析，市场调查，管理等几个方面，值得一说的是这里的管理不是对企业的管理，而是对我们这个小组的管理，管理者主要负责我们的考勤并对我们整个项目执行一种领导者的作用，决定性的决策由她来决定，我们也会提出反对意见。我们的宗旨就是让自己的团对获得最高的认可。确立分工之后我们还是要按照课程安排每天要与老师会面，你可以和老师约时间，也可以在期间去进行询问，这个时间不是所有的组员都去参加，因为每个人的分工不一样，所以要去听的课也不一样，在2中我提过，老师也分了几个任务，有设计，管理，数据支持等，所以每人所负责的环节就要去相关老师那进行一个交流和沟通，当然了，我们每个组员都要把回馈分享给每个成员，这样我们每个人都可以对整个项目在各个环节都有详细的了解，对于整个项目的开展都有一个很好的认识。对于我来说，最难的就是把老师那回馈的内容全部分享给组员，因为有很多的内容，我无法听清楚或者理解不够透彻，所以在我看来是最难的，但是我的组员很帮助我，所以也给我了很大的信心来完成所有的任务。

关于最后总结性的项目，在2中我提到了我们做一个企业的服装样式的改变，还有一些顾客群的调查等，在这次中，我们没有具体的要求，我们按照前2个阶段的学习，由我们来发现我们所负责的品牌在管理、销售等方面的一些缺点或者说销售盲点、弱点，所以我们都要考虑到，所以在难度上高于在2中的项目，在时间安排上也少于第2阶段，所以我们每天都要工作16个小时左右，很累，因为我们都是一天一总结，一天一个进度，我们有详细的进度表，我们必须严格执行，这样才能很好的完成任务。正是因为一天一总结，有很多细节，还有一些要完成的任务都必须在第二天提出来，总结的同时又要做出第二天的报告，与老师进行交流，所以压力是可见的。不过也正是因为这样的压力，所以我们的东西一天都不会拖，我们的东西也很准时的完成，这样对我们组内的所有的人都没有遗憾，因为我们都已经尽力了。回到项目中去，我们一点都不了解刚开始拿到的项目的品牌，所以我们首先要做的就是资料收集，负责资料收集的人就指挥我们去收集各个部分的资料，在第2天，我们就找来各个部分的资料，对其进行分析，每个人都要对其负责的部分来进行阐述，找出缺陷，我们很快就制定出了几个大方向，第二天的课中由总指挥和负责资料搜集的组员与老师交流沟通，剩下的人就是针对几个大的方向，进一步的详细的调查和分析，最后我们确定了1个大方向和2～3个小方向，大方向就是销售，小方向就是顾客、网站、店面、广告等等，我们也要考虑到每个小方向所需的时间，以配合我们整个时间分配。有个大概的方向，我们就会对项目做出一个完整的时间分配安排，在以后都要很严格的执行时间表的安排。补充一点，在3阶段开始的时候，我们就被要求签一份合约，这份合约是我们小组内部制定，由每个组员签字生效，在合约中我们被要求，严格执行集体意见所产生的任何决定。所以在任何决定的执行力上，我们每个人都是很积极的遵守。

最后我们以全班第2名的总成绩顺利结束这一阶段的学习，所以我们都很开心能取得这么好的成绩，我们也认为我们的付出是值得的。

对了，强调一下，在这个课程中，我学习到了很多，就是一种设计和商业的结合，因为以前在国内接触的基本都是纯设计，设计完了，就意味着一个课程的结束，是否能做出来，是否能达到市场中的盈利，都不是最重要的。而这次我真的彻底学到了商业设计的要素，也许真的在这一年的学习赶上了我之前4年的学习量。在2中我说到了商业秘密的事情，在这次课程中我真的能感受到，因为每个小组都好像代表自己公司的利益一样，对自己的内容一概不在外讨论，也不会与其他小组进行讨论，所以在做项目中我感觉就像与全班人为敌，但是一旦结束后，就又回到那种很融洽的气氛中，下课一起去喝几杯，一起去游览等等，不只这样，我觉得还学到了如何小组合作，在我看来这个是最难的，因为本身就是一个国际学生，班级内部的大部分都是本土和欧洲国家的学生，所以我们相互之间还是有点陌生的，合作起来不是那么顺利，但是你做到了脸皮厚也就没有什么问题了。

此外，在3中还有一门课，那就是和2中一样的服装历史课程的学习，3与其他的课程一样，都是不授课的，就是对自己论文的问题进行完善和修改，老师会对你的纲要进行修改和完善，所以在这个基础上做出自己的一个修改和完善，并在每周与老师沟通，让老师了解你的思考过程，这对你最后的论文有着很好的帮助。其实老师们还是比较注重过程的，结果虽然也很重要，但是至少老师看到你努力的过程，这样对你还是会认可的。

值得一提的是，在最后一个阶段的学习中老师有很严格的扣分规则，所以对我们的约束力还是很大的。

第三篇 案例

每个学生，从“会画画”到“会设计”，中间必然有一段较长的探索期，从“会设计”到“会做项目”直至成为“设计管理者”，则需要更多的时间。大部分设计管理教材为学生提供的案例都是比较成熟的、经典的案例，可以拓展学生的眼界，但却无法和他们对话。这是因为学生“可以支配的资源”尚不足以支持他们直接面对经典。因此，本课程希望可以为初进大学的读者提供一组包含阶梯状认知秩序的简单案例：专业、职业、企业、行业、产业直至“资源整合者”，这些概念可以是递进关系，也可能是共生关系，其中包含了设计人员从业过程中会经历的几种身份转换。

这样，课程提供的案例，基本上和艺术设计领域的年轻人创业、就业有关。本篇选取几例：第一例主要涉及专业与创业，介绍南艺设计学院第一届(2001 级)“设计理论与策划”专业毕业的学生完整的创业经历；第二例主要涉及专业、企业、行业，介绍浙江丽水云和县的木玩世家，关注的是手工业世家的历史和现状，“世家”将给我们带来几代人“处变”的不同状态；第三例主要涉及专业、行业、产业，介绍“东方视觉”和“易铺网”这两个网站的创建过程，关注的是设计专业、管理专业出身的年轻人创办的创意产业（创意产业代表着新的时期设计产业形态的转化）；第四例稍有拓展，涉及“多领域的资源整合”，介绍“MOCA”当代艺术馆，这是一个集艺术、设计、手工艺、创意产业、教育于一体的艺术普及与推广机构；第五例是一组信息汇编，介绍了一些国际知名的设计公司或产品公司，主要是提供以这些公司为案例进行研究的思路。

第一例 起步宣言:不准掉头

图、文:张苏艳

张苏艳,南京艺术学院设计学院设计理论与策划专业第一届(2005)毕业生,在学期间酷爱广告策划与摄影,除了吃饭的一切开销基本都放在了摄影上,并两次获得大学生广告节入围奖(中国大陆、台湾金犊奖)。2008 年,张苏艳在南京创建"我家宝贝专业亲子"摄影工作室(http://www.xici.net/b1036444/home.asp)。

一、引言

看过央视《赢在中国》的人都会熟悉那首片尾曲《在路上》:"那一天 / 我不得已上路 / 为不安分的心 / 为自尊的生存 / 为自我的证明 / 路上的辛酸已融进我的眼睛 / 心灵的困境已化作我的坚定"。

这就是那些在路上的创业者的表白。

等我发现自己身处这群人当中时,多少已经忘记是什么促使我走上了这条路。现在最深的感触是走上了这条路才发现它是条单行线。路边随处可见的是"不准掉头"的字样。能做的只有不停地向前。读书的时候,为别人打工的时候,我的梦想是建立自己的风格和专业。我的名字就是我要经营的品牌。我要做的就是提升它的价值,建立一个别人永远都拿不走的身份。创业的时候才发现,要做的远不止这些。特别是在初期,活下来是首要任务。今天你还活着,明天还会吗?谁也不知道。能做的只有不停的往前奔跑,在路上去寻找所有的可能行。

"在路上 / 用我心灵的呼声 / 在路上 / 只为伴着我的人 / 在路上 / 是我生命的远行 / 在路上 / 只为温暖我的人 / 温暖我的人"。

这个时代是"智慧资本"和"文化产业"流行的时代,而能在这个时代崛起的人,就是那些可以把创意和情感转化成产品的人——他们一脚踏在创意的波西米亚世界,另一只脚在野心和追求商业成功的布尔乔亚领域当中。

——《Bobo 布波族：一个社会新阶层的崛起》

二、品牌规划

"专业亲子摄影"这一定位的确定，最早是受中国早教品牌"东方爱婴"的启发。在"东方爱婴"创业之初，市场上已经诞生过一些早期教育服务机构，各大幼儿园更是天然的竞争对手。如何从中脱颖而出？"东方爱婴"创立之初遇到的问题也正式"我家宝贝"现在所面临的问题。

"换个方向你就是第一"，"圈定一个边界，你也可以做成单项冠军"。经过市场调查我们发现市场中的儿童摄影机构基本都定位在"专业儿童摄影"。所以我们最终决定将品牌定位在"专业亲子摄影"。

"我家宝贝"正式营业的时间是 2008 年 7 月 8 日。它的前景是否如我们前期的设想还有待于市场的检验。一切都还在进行之中。虽然，实际操作与当初的品牌规划还有相当的距离，这主要是资金上存在的问题。但是，这样的定位是不会改变的。我们正在做的是在有限的条件下向着理想做小碎步的前进。

1. 品牌名称：我家宝贝专业亲子摄影

2. 品牌定位：打造"专业亲子摄影"第一品牌

这一定位是不同于市场上现有儿童专业摄影品牌的。我们推出"亲子摄影"（这里的"亲子"摄影概念会被很多人单纯的理解成"全家福"。"全家福"是市场中每个儿童摄影机构都推出的服务项目之一）是通过既扩展已经存在的儿童专业摄影产业边界，又跨行业（亲子教育行业）重组而形成的。核心理念是倡导父母和孩子一起"亲子同乐"，促进和谐美满的家庭关系，共同见证成长经历。

3. 品牌的目标消费人群：

a. 年龄：主要集中在中高收入的，有 0—14 岁儿童的家庭，即妈妈年龄在 26 岁—40 岁。从"我家宝贝"正式开业以来所接待的客人来看，都是在这样的年龄范围内，并且基本上所有的家庭都是开车来拍照的，经济基础相对较好。

b. 特性：注重宝宝的早期教育，认同亲子教育的重要性。这一特性的最终确认还有待于进一步的市场考察。尤其是客户群中0—3岁宝宝接受过早教的比重是否占有较大比率。虽然，从目前的市场现状来看，很多的儿童摄影品牌已经先我们一步进驻了几乎所有的早教机构，但是从发展理念上来讲，我们的理念与早教机构更为接近，即，倡导父母和孩子一起"亲子同乐"，促进和谐美满的家庭关系。目前，计划与好宝宝俱乐部河西分中心（南京市妇幼保健院儿童发展中心成立的一个分部）商谈合作事宜。

图3-1 牛牛

c. 消费心理需求：在接受品牌文化及认同品牌的同时，更希望获得超值服务。之前我们做的市场调查的结果显示：37.5%的妈妈很愿意与宝贝一起拍照，共同见证成长（图3-1、图3-2）。62.5%的妈妈可以考虑一起拍摄（见附件一，附件二）。儿童摄影市场的繁荣，让家长们尤其是妈妈们的选择余地很广。她们通常是货比三家。从公司开业经营一个多月来看，经过比较后选择"我家宝贝"的客户看重的更多的是"亲子"这一定位。这一定位带来的超值服务是家庭成员的互动。体现在最终的产品中，我们引导客户在相册里更多的加入与孩子互动的画面。包括我们目前正在研发的亲子DIY手工相册，目的也是如此（亲子DIY手工相册是指由我们的设计师设计一本相册的模本，可以给客户自行粘贴照片。这个数码时代，相机已经很普及了，照片可以是他们日常生活中拍摄的，也可以是在专业摄影机构里拍摄的，家长可以在册子中写留言寄语，册子中还专门给儿童留下绘画的页面等。这样的相册儿童可以每年做一本，有较强的互动性和个性，改变市面上常见的相册只是插入照片的千篇一律的现状。我们计划在南京市第一幼儿园进行试点推广，目前此项目正在商谈过程中）。

图3-2 牛牛全家

4. 品牌战略的特征

"我家宝贝亲子摄影"这个品牌战略的主要特征是：

a. 与众不同的战略定位："换个方向我们就是第一"。

现有市场中的儿童摄影品牌的目标定位是"儿童"，而我们的定位是"亲子"，换句话讲是"家庭"这样的一个个社会单位。

b. 清晰而令人信服的宣传主题：

我们的定位是重视"家庭"这个概念在儿童成长过程中的重要性。父母不应该仅仅作为付费者出现，更应当是个见证、参与成长历程的人。尤其是妈妈这个角色（从目前的经营来看，无论咨询还是最终决定拍摄大都是由妈妈决定的）。

在当前日趋明显的"421"家庭结构模式下(所谓"421"家庭,是中国自1978年实行独生子女政策的结果,即一对独生子女结婚生子后的一个家庭结构:四个父母长辈、夫妻俩人和一个小孩),家长为了孩子不输在起跑线上不遗余力。体现在社会大环境下对"亲子教育"的关注成为育儿的一个趋势。专家研究发现,儿童的早期教育,成功的秘诀有三个:由口头语言自然地引起儿童对文字的兴趣,激发儿童想识字、看书的愿望,形成学习文字的强烈动机,儿童会惊喜的发现书中多姿多彩的世界;从学说话到讲故事,抓住口语发展的重要时期;通过生动形象的故事,根据儿童能理解的一些日常行为和道德规范,合理的利用故事内容,培养儿童形成良好的行为习惯和道德品质。从这三个成功的秘诀中,我们不难发现通过妈妈讲述故事对儿童行为及品质的重要影响。

曾经有人说:"国民的命运掌握在母亲的手中"。从宏观方面看,这话说得非常正确。在婴幼儿的成长中,母亲起着非常重要的作用。婴儿到儿童的这个时期,几乎所有的孩子都是恋母的。在孩子出生后的3年时间里,对他们进行正确的母教,可以说是影响他们一生的关键。所以说母亲是孩子的第一任教师,母亲的语言和行为对孩子的一生将产生重要的影响。那么,如何在摄影中体现这一重要影响?我们要做到的就是:挖掘"天性"的商业价值。孩子喜欢听故事是一种天性。通常情况下,与儿童相处时间最长的是母亲,给孩子讲故事的也多为母亲。目前,市场中的儿童摄影机构的作品绝大部分都缺少真正的故事性和教育意义,多是生日纪念性质的单纯的表现不同年龄阶段的相貌特征。母亲的参与也多被划归为全家福之类,最重要的是没有为母亲的参与做服装、道具、场景、情节上的准备和安排。

我们的具体做法可归结为:有选择的将儿童熟悉的经典故事,改编成可以拍摄的故事脚本(范例见附件四),在场景、道具、服装的配合下,由妈妈、宝贝扮演故事中的角色。将故事情节、文字、图片、亲子教育结合在实景拍摄及后期设计中,最终完成一个完整的作品(相册)。它不仅仅记录不同年龄阶段儿童的外在变化,以及在这一变化中母亲的重要作用,同时将儿童的成长作为亲情文化的延伸,最终达到寓教于乐的目的。这一做法适合的年龄群是有3—14岁儿童的家庭(并非所有的家庭都适合这样的拍摄,考虑到现实中的可操作性,儿童的年龄不能太小。这种拍摄方式出来的产品将是我们的核心产品。)

5. 品牌优势分析

a. "第一"策略:"当第一"本身就是一种营销策略。消费者很难具备专家般的鉴别能力，也没有更多的消费经验可供依循，领导品牌就是他们的选择依据。如果我们选择的是“儿童专业摄影”，那么，从我们诞生开始，仅在南京地区就面临着30家左右同行的竞争。所以我们选择的是圈定一个“边界”，做“单项冠军”。

图 3-3 乐乐一

b. 设计优势：从场景主题开发、亲子服装设计、道具制作、相册包装到时尚亲子电子杂志设计，都将由专业人员设计，保证产品的领导品牌特征。从目前我们推出的产品来看，都为原创设计（图 3-3、图 3-4）。这在与客户的交流中得到了他们的肯定。同时，我们还会更多的征求家长的意见，让他们参与到相册的设计中，通过我们的专业技术，既保证了质量，又为顾客塑造了优质、难忘的体验，形成良好的口碑效应，利于维系长久的关系。

图 3-4 乐乐二

c. 亲子同乐：增强摄影的娱乐性，消除儿童在灯光、镜头下的紧张感，有利于摄影师捕捉最佳摄影机会，创作出令客户满意的作品。

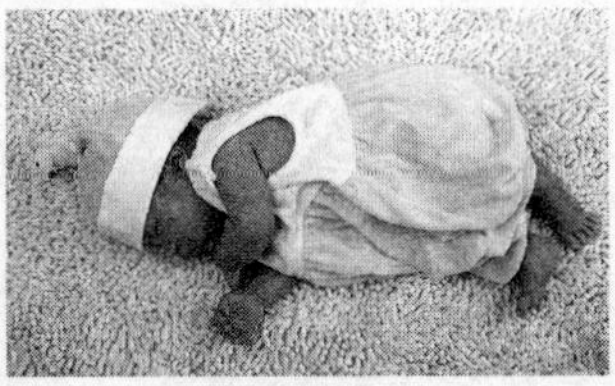

图 3-5 尤优

d. 抗风险性：除了可以同时拍摄妈妈和宝宝，也可以单拍宝宝（图 3-5），灵活性很大，也无形中降低了这个项目的投资风险。

e. 教育性结合趣味性：所有主题拍摄中的亲子互动设计都遵循科学的幼教方案。如在“小小舞蹈家”的主题拍摄中我们讲述的是一个如何面对困难的励志的故事。“我和泰迪的故事”讲述的是如何与人相处的故事。“梦游仙境”讲述的是一个充满童趣和创意的美梦。

f. 模仿难度高：一般的儿童摄影行业门槛都不高。品牌的加盟费从数万到几十万不等。我们希望通过我们的创意提升“亲子摄影”的含金量。我们是始作俑者，没有成功的案例可以借鉴，所以短时间里模仿者不会轻易跟进。现有的成功的儿童摄影品牌也不会轻易改变他们的定位和策略。我们的主题拍摄以室内实景为主，室内实景的劣势是，要求摄影棚的空间面积大，搭建场景的成本比较高，这势必带来投资成本的提高。但换个角度看，这也同时提高了进入这个行当的门槛。

6. 品牌劣势分析

a. 新品牌认知度不高：没有选择加盟而是选择创立一个新的品牌都会遇到这样的难题，都会有一个这样的从陌生到熟悉的必经阶段。

b. 消费者思维定式带来的困扰：提到“亲子摄影”，几乎所有人都会联想到“全家福”。这是现有儿童摄影机构的作品在消费者头脑中留下的印象。所以,我们还面临着一个引导市场的问题。这需要有个过程。

c. 创新能力的考验:寻求"第一"策略需要的保证是品牌持续的创新能力,我们的产品在市场上没有同类的可借鉴。所以,从技术到营销,都是对我们的巨大考验。我们的品牌能否成为妈妈们心目中的首选也是我们将来拉开与模仿者距离的唯一办法。

d. 投资成本的压力:相对于南京地区的其他儿童摄影机构,这个项目如果按品牌规划付诸实施的话投资成本相对较高。其中主要是场地、实景道具、服饰的投入比较大。

7. 品牌战略的目标

a. 短期:这个期限最短为1年,也将是最艰难的1年,其中的主要任务是疏通整个经营的流程。同时让消费者认识这个新品牌。

b. 中期:这个期限应该在2—3年。在这段时间内,在南京本地市场上树立较为权威的高品质品牌形象,达到优秀的口碑传播效应。同时做到整个工作流程可复制和数字化考核,为连锁加盟作好准备。

c. 长期:完成中期的既定目标后,成立摄影集团,在区域范围内发展连锁加盟,逐步壮大企业。同时,拓展周边产业,包括亲子服装、玩具等。

8. 品牌战略的可持续发展

一旦这一战略获得成功,模仿者随之而来只不过是时间迟早的事。如何增大模仿的难度或者说拉开与模仿者的距离,主要应做到以下几点:

首先,先入为主创造品牌"第一"的效用。根据特劳特的分析,消费者心智模式有五大特点:其中之一是消费者只能记忆有限信息,不能指望他们对现有品牌有一个全面的了解,所以定位要抓住要点和关键点。要迅速在消费者心目中树立"亲子摄影第一品牌"的认知。前期广告的较大投入必不可少,目的是先入为主。迅速提高在这个领域中"第一"的品牌形象和客户忠诚度。

其次,如果我们不能实现用规模优势带来的成本优势,对后来者形成阻碍,那么我们的重点应该放在产品创新上。产品是一切商业运作的核心。要做到每一年都推出新的拍摄主题。儿童摄影有这样一个特点,它不是一次性的消费行为,而是一个连续性的消费行为。从满月、三个月、周岁,十岁,甚至在这其中的每个生日家长都会选择拍摄。所以，只有不断创新的产品，才能留住客户二次，甚至更多次的消费，也只有不断创新的产品才能形成优秀的口碑效应。

第三，整个品牌战略是个系统的工程，不能简单的照搬照抄，而是需要通过内部的协调整合，才能从创新中获得价值。市场上现有的成熟的专业儿童摄影品牌不会轻易转型，这不仅有操作上的原因，也有认知上的原因。我们所要做的是为了长期的目标，如何让这个系统的工程得以连锁发展，形成规模效应，进一步加大模仿的难度。

9. 品牌广告宣传策略

这里的宣传策略主要是适合创业初期我们的现况，大的方向上是实施顾客导向的整合营销沟通，一是牢牢锁定目标客户群，所有的营销沟通都瞄准了 0～14 岁的儿童和他们的妈妈；二是实施口碑营销。以企业文化、品质、服务、情感、公益行为、事件、体验去创造口碑。具体方法如下：

a. 网络

前期，网络是主要的推广方式，因为它比较经济且覆盖面比较广。除了品牌自身的网站外，虚拟社区（西祠、天涯、网易、新浪、猫扑等）中的亲子版、儿童版、摄影版是我们的宣传重点（图 3-6）。要有策划的在网络上发布连续性的软广告宣传。在热门门户网站中设立讨论版，由专人负责。还有就是这两年兴起的博客营销，这里的博客营销包括公司的博客以及摄影师的个人博客。随着公司的品牌尤其是到了连锁加盟店的加盟，我们会加大网络广告投入，如付费排名搜索引擎营销。

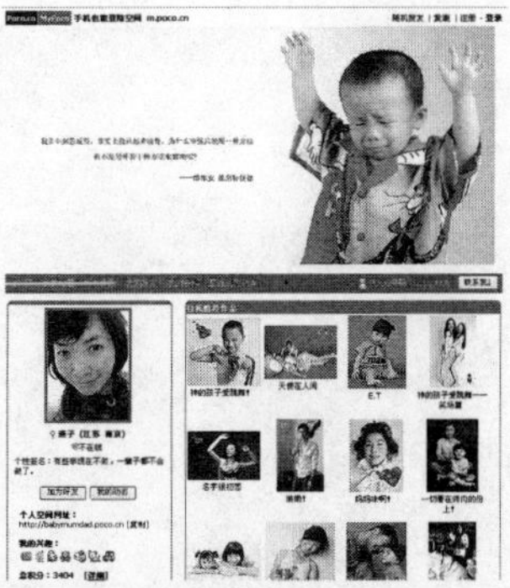

图 3-6　张苏艳的个人摄影空间 my. poco. cnid-52529998. shtml

b. 公关

主要做法有：积极从事公益活动，借助新闻和公益活动传播提升企业品牌形象，合作对象为：妇联、儿童福利院等；异业联盟，强强联手，联合做促销活动，重点是妇幼医院、早教机构和幼儿园、少儿节目、妇幼杂志、妇幼用品品牌、银行等；利用我们自身的衍生产业带来的宣传效应，自行开发的服装可作为衍生产业，如“亲子时装”，通过与公众的互动、体验来传播品牌（图 3-7）。

图 3-7　与电视台的合作活动

c. 艺术妈咪俱乐部（名称暂定）

依靠我们的学院背景，对在“我家宝贝”消费的客户以俱乐部会员的形式定期的举办关于艺术与设计方面的讲座与交流，提升妈妈们的艺术品味，培养她们成为我们的意见领袖。这也是为了让客户在接受品牌文化及认同品牌的同时，获得更超值的服务。

附件一：

关于亲子互动摄影问卷调查

宝宝小名：　　　　性别：　　　　年龄：　　　星座：

妈妈姓名：　　　　职业：　　　　教育程度：

您的宝宝参加过早教课程吗？

A. 是的　　　　　　　　B. 还没有

您通常选择什么时候带宝宝去专业的摄影店拍摄照片？

A. 满月　　B. 百日　　C. 周岁　　D. 十岁

E. 每年的生日　　　　　F. 没有去过

列举出您所知道的儿童摄影店：(如果没有请写“无”)

您带着宝宝曾经到过其中哪些店：(如果没有请写“无”)

您认为其中(南京)哪家店给你的印象最深：(如果没有请写“无”)

如果您是准妈妈，是否有拍摄孕妇写真的计划？(不是准妈妈，可跳过这题)

A. 有计划　B. 没有计划　C. 还没考虑

如果您是准妈妈，能接受的写真价格最高是多少？(不是准妈妈，可跳过这题)(单位：元)

A. 1 500 以下　　　　　B. 1 500—2 000

C. 2 000—3 000　　　　D. 3 000—5 000

您能接受的拍摄一次儿童生日套系相册的心理价位最高是多少？(单位：元)

A. 1 500 以下　　　　　B. 1 500—2 500

C. 2 500—3 500　　　　D. 3 500—4 500

您给宝宝讲故事吗？

A. 是的，经常　　　　　B. 讲过，不经常

C. 很少讲

您希望宝宝培养哪些方面的特长？

A. 音乐　　B. 绘画　　C. 舞蹈　　D. 其他

您的宝宝最喜爱的玩具或卡通造型是什么？

您的宝宝最爱听的故事是什么？

您结婚前拍过个人写真吗？

A. 是的　　　　　　　　B. 没有

成为妈妈后，您是否还考虑过去拍写真？

A. 很想　　B. 可能不会　C. 不会

成为妈妈后，没有再去拍写真的原因有哪些？

A. 没时间　　　　　　　B. 身材不如从前了

C. 价格有点贵　　　　　D. 其他

宝宝生日时，您是否愿意与宝贝一起拍照，见证成长的历程？

A. 很愿意　　　　　　　B. 还是宝宝单独拍比较好

C. 可以考虑一起拍

您能接受的与宝宝共同拍摄套系的心理价位最高是多少？(单位：元)

A. 1 500—2 000　　　　B. 2 000—2 500

C. 2 500—3 000　　　　D. 3 000—4 000

E. 4 000—5 000

您和宝宝一起去拍照时，最重视哪个方面的因素：

A. 服务态度 B. 价格　　C. 相册质量 D. 服饰

E. 化妆　　F. 摄影水平 G. 道具选择 H. 卫生环境

您相信星座对人的性格的影响吗？

A. 相信　　B. 不太相信 C. 不太了解星座学

如果拍摄地停车不是很方便，这是否会影响你的拍摄计划？

A. 会的　　B. 不会　　C. 没考虑过

您认为您的消费个性属于哪一类：

A. 理智型　B. 冲动型　C. 犹豫型　D. 个性型

您的消费习惯有下列选项中的哪些？

A. 喜欢刷卡消费

B. 对品牌较为认同

C. 喜欢在中高档商场购物

D. 对钟情的产品不太计较价格

E. 相信口碑

您的月收入为下面哪一类？(单位：元)

A. 2 000—3 000　　　　B. 3 000—4 000

C. 4 000—5 000　　　　D. 5 000 以上

附件二：关于亲子互动摄影调查问卷的分析

2008 年 3 月 18—2008 年 3 月 20 日期间调查、访问了南京市里的 8 位妈妈，现场答卷的六位，网上答卷的两位。

被咨询妈妈及宝宝的概况：被咨询的 8 位妈妈中，一名职员、两名会计、两名老师、一位个体工商户、一名设计师、一名翻译。62.5%本科学历以上，25%大专学历。62.5%的妈妈月收入在 2 000 元—3 000 元，25％在 5 000 元以上，其中一位妈妈目前是在读研究生，暂无固定收入。被咨询的宝宝中，有 6 名女孩，2 名男孩。3 个 0—1 岁，4 个 1—2 岁，1 个 6 岁。

调查表内容分析

1. 50％的宝宝参加过早教课程。调查宝宝是否参加过早教课程有两个目的，一方面是了解妈妈们对新事物的接受能力；另一方面，早教与幼儿园的最大区别在于教学方式，早教改变了传统幼儿园中的关起门来“圈养”的方式，而是通过妈妈宝宝一起互动的方式来学习。专业的儿童摄影中，强调的都是儿童，而我们的亲子互动摄影强调的是妈妈宝宝互动。

2. 75％的妈妈带宝宝去过专业的摄影店拍摄照片，37.5％的妈妈选择每年生日都去。25％的妈妈还没有带宝宝去专业的摄影店拍摄照片。通过这个答案我们可以发现大部分的妈妈都带宝宝去过专业的摄影店拍摄照片。虽然在今天的家庭中，数码照相机已经很普及，但是人们对专业摄影还是很信任的，在重要的时候，比如宝宝生日，还是愿意花钱去专业的摄影机构拍照留念。

3. 妈妈们所知道的南京市的专业儿童摄影机构有：酷宝贝、宝贝天使、纯真童年、金色年华、小时候、迪斯尼梦幻世界。其中 40％的妈妈知道“宝贝天使”。87.5％的妈妈觉得南京没有她们印象深的专业儿童摄影店。这说明两个方面的问题：一方面，“宝贝天使”是南京专业儿童摄影知名度较高的品牌。另一方面，大部分现有的儿童摄影品牌留给客户的印象不深。这一点值得我们深思。

4. 37.5％的妈妈能接受的拍摄一次儿童生日套系相册的心理价位在 1 500 元—2 500 元，12.5％的妈妈能接受 2 500 元—3 500 元，50％的妈妈能接受 1 000 元左右。50％妈妈能接受的与宝宝共同拍摄套系的心理价位最高 2 000 元—2 500 元，50％的妈妈能接受 1 500 元—2 000 元。我们目前进行的财务预测中，相册的定价为 2 200 元。50％的妈妈能接受这样的定价。

5. 50％妈妈经常给宝宝讲故事，50％的讲过但不经常，没有很少讲的。我们的产品强调的是挖掘“天性”的商业价值。孩子喜欢听故事是一种天性，通常情况下给孩子讲故事的以妈妈居多。当然，我们不能排除有一些家庭是爸爸讲的故事多些。但作为商业操作来讲，我们的客户群还是定位在妈妈和宝宝身上。

6. 妈妈们希望宝宝培养的特长集中在三个方面：音乐、绘画、舞蹈。这个调查会对我们设置场景故事提供建议，我们会在故事中加入这三个方面的元素。

7. 调查中发现，宝宝最喜爱的玩具或卡通造型有25%的是天线宝宝。最爱听的故事25%是关于小熊的。总的来说，宝宝们喜欢的玩具、卡通造型、最爱的故事大都不同。

8. 62.5%的妈妈结婚前拍过个人写真；37.5%的妈妈婚前没有拍过写真。成为妈妈后，37.5%的很想去拍写真。37.5%可能不会；25%的不会。75%妈妈不去拍写真的原因是没有时间和身材不如从前，25%认为价格有点贵，12.5%认为没有合适的写真馆。宝宝生日时，37.5%的妈妈很愿意与宝贝一起拍照，62.5%的妈妈可以考虑一起拍摄。总的来说，追求“美”的意识，不会因为成为妈妈而消失。所以，我们通过亲子互动拍摄，让妈妈和宝宝们在为他们设计的专业摄影机构里一起更美。

9. 妈妈和宝宝一起去拍照时，最重视哪个方面的因素集中在三个方面：摄影水平、服务态度和卫生环境。这是我们在将来的操作中所要解决的核心问题。

10. 62.5%的妈妈相信星座对人的性格的影响。25%不太相信，12.5%不太了解星座学。星座的调查出于客户管理的考虑。

11. 50%的妈妈认为如果拍摄地停车不是很方便，会影响她们的拍摄计划，50%的妈妈认为不会影响。这个调查将会对我们的选址的远近提供参考。

12. 被咨询的妈妈中，37.5%是理智型，37.5%是个性型，25%是个性型，没有冲动型。50%的妈妈喜欢刷卡消费和对品牌较为认同。25%喜欢在中高档商场购物，12.5%对钟情的产品不太计较价，12.5%相信口碑。通过这个调查，我们将会在门市设银联的刷卡机。同时，我们应该发现品牌对妈妈们的影响是巨大的。

附件三：《妞妞梦游仙境》亲子互动套系拍摄脚本

注：每个主题故事既可以拍摄亲子互动套系，也可以单独拍摄儿童套系，其中，拍摄脚本和服饰选择不同。每个故事都有一个主场景，50%的镜头要在这个场景中拍摄完成。30%为单色背景下完成后结合后期设计，20%为人物特写。

主要人物：妞妞和妞妞妈　　妈妈扮演：妞妞的姐姐和女王

妞妞服饰：该主题亲子服饰三个系列中任选一组

妞妞姐姐服饰：该主题亲子服饰三个系列中任选一组

女王服饰：带扑克图案的晚装服饰一组

场地：摄影棚内实景一组

适合人群：3—10岁的女孩和她们的妈妈

成品相册10张，20面(每个镜头约占一面，两个跨页)其中妞妞单独占10面，妈妈单独4张，妈妈和妞妞同画面6张。

场景道具统计：在达到拍摄效果的情况下可用更轻便易移动的替代品，难以实现的场景或镜头可以用文字注释，避免道具成本投入超出预算。

手绘：大树野外背景（或用道具树桩）

玩具道具：兔子一只（包括服饰）、猫一只（包括服饰）、钟一只

木制：小桌椅、梳妆台、小门、小窗、三面墙

塑料：盘子、杯子、小梳子、格子地板革、

布料：窗帘

（还可加入花、灯具等，让空间更真实、饱满）

拍摄脚本（略）

附件四：我家宝贝周年纪念——“百家展”策划案（进行中）

“百家展”计划在“我家宝贝”开业一周年时推出。我们会从这一年公司拍摄的客户中挑选一些家庭，同时联合“妇联”等机构，挑选一些贫困家庭。为这100个家庭拍摄兼具商业和创意的作品。这样的宣传方式是现有儿童摄影机构所没有的。通过这样的作品展示，在人们的心目中牢固地树立“专业亲子摄影第一品牌”的形象。

第二例 世家：木玩世家与中国木制玩具城[1]

世家，旧指门第高贵、世代为官的人家，《孟子·滕文公下》："仲子，齐之世家也。"渐渐的，以某种手艺、专业世代相承的家族也被称为世家，如清代著名的建筑设计世家"样式雷家族"。陆文夫先生的代表作《小贩世家》："小贩而称世家，有点不伦不类"说的正是这两种世家的混合体。无论是世禄之家或是小贩世家，世家的故事总能给我们带来一些"传统"、"当代"、"资源重组"、"资源再生"的各种思考，这些故事，有的成为了历史，有的则还在继续。

2003年，中国轻工业联合会授予浙江云和一个特别的称谓："中国木制玩具城"（图3-8），这个称谓代表云和县现有的700多家木制玩具企业的身份。其中，何氏家族发展史成为云和木玩发展历史的缩影。《东方财经》"渣打财富人生"曾经做过一期节目"木头传奇"，传奇的主角便是这个家族的第三代传人何彬。（2008年11月30日，中央电视台《对话》节目曾做过相关话题——玩具闯入互联网）

图3-8 中国木制玩具城标识

"木头传奇"的片头讲述了何彬与木制玩具、与云和的渊源："云和，在民营经济全面开花的浙江省只能算是一个不知名的小城。可就是这个既不产木材，也不销售玩具的小城，却成为全球木制玩具制造的基地，产量超过全国的70%，接近全世界的40%。这一切都源于30多年前那位第一个将木制玩具带到云和的老爷爷。而他的孙子何彬，从出生那天开始，就承载着何氏家族乃至整个行业的希望与使命。"当我们仔细阅读与何彬、与云和相关的资料的时候，可以发现，把握时机和坚持主业是云和木玩得以在国际玩具市场立足的根本，这两点并不神奇，却需要灵活的心智维系。

一、何寿祯与云和木玩的起点:老手艺人步行500公里找活儿

1972年,一个名叫何寿祯的老手工艺人从云和步行三天赶往上海,希望在上海玩具进出口公司找到一些玩具订单带回去厂里做,公司职员交给他一个锄头手柄,让他三天之内做一个样品送来,老人意识到这是一种敷衍,就在上海的一家五金店买了一把锄头和一个刨子,重新加工了一个成品锄头的手柄,在约定时间拿到玩具公司,得到公司的认可,因此顺利带回三种玩具样品:悠悠球、陀螺和技术球。随之而来的问题是如何将样品试制成功,这个过程体现了手工艺人的素质,何寿祯用了半年时间对样品的结构、造型反复琢磨,终于试制成功,再次到上海取得了第一批订单,十几个人组成的手工艺作坊运营起来,这样也开始了云和百姓生产木制玩具的历史。

二、何尚清与和信木玩的发展:从乡镇企业到私营企业

1980年,何寿祯老人将工厂交给儿子何尚清管理。1992年,改革开放,民营企业获得一个比较自由的发展空间,云和的木玩企业开始增多。1993年,何尚清决定"下海",成立了云和县和信工艺厂,将原先属于乡镇企业的作坊改组为私营企业,1994年,和信工艺厂改名为和信玩具有限公司,1995年,为了拓展业务、接触到更多的中间商,何尚清将企业迁到了深圳,1996年产值已经达到1500万元,拥有200多名员工。1997年,东南亚金融风暴导致和信的一个香港客户欠款200多万,和信也因此受到牵连,几近破产,此时,何尚清一直带在身边的儿子何彬开始考虑用什么方式帮助父亲渡过难关。

三、何彬与木玩世家国际化:电子商务

何彬生于1978年,他的童年是在各式各样的木制玩具中度过的,他自己用积木搭建的玩具车被父亲改装以后也可以接到大订单,这是一般的孩子难以接触到的生活,何彬的梦想则是做一名服装设计师或平面设计师。由于家庭环境一直很好,何彬不需要考虑生存,也比同龄人更早接触到高新技术,90年代刚刚在中国兴起的互联网便是何彬玩乐的一大主题。正是在深圳目睹家族企业即将破败,何彬在网上聊天的内容开始涉及到寻

求出路，B2B 的概念首次被引入和信，和信玩具的信息出现在互联网上，一些海外客户开始关注这家企业，这样的自救行为虽然没有立刻解决和信的经济问题，却铺设了一个更有潜力的大市场。1998 年，互联网泡沫，何彬在互联网上的一切交易行为都变成免费的，这一年成为他做电子商务的真正起点。1999 年，何彬说服父亲将企业回迁到云和，因为互联网上的贸易往来已经不用考虑地域问题，当年的云和已经拥有 300 多家玩具企业，和信的综合实力并不强，何彬需要稳定更多的海外客户。2000 年，他与美国 blue orange 公司的创始人网聊，建议对方开发的游戏产品用木头材料做，这种意向促使两家企业成为贸易伙伴，并开始了长期合作与共同发展。

2003 年，SARS 影响了展会销售，何彬在电子商务领域得到的订单达到企业总产值的 100%，互联网的优势尽显。与此同时，在进一步思考企业的发展方向时，何彬已经不满足于一种本质上是 OEM 的生产方式，即处在产业链的低端被动生产、代工，此时，一项荣誉给他带来了新的思路。2004 年 6 月，由中国电子商务协会和阿里巴巴网络公司联合举办的首届中国网商大会在杭州召开，全国 500 多名网商首次集体亮相，大会公布了从 250 万家上网企业中经过网上投票、专家评审产生评选出的中国十大网商，何彬榜上有名，和信从此被更多网商及电子商务的使用者认识，并正式明确了以电子商务为主要营销模式的策略，对于和信而言，更大的收获是结识淘宝网上海商盟盟主丁楠，通过委托独家销售的形式，何彬的“木玩世家”（图 3-9，图 3-10）商标和一些自主设计的产品出现在淘宝上，开启了内地市场对这一品牌的认知率。2005 年，何彬将企业利润的近 30% 投入到研发，真正完成了自主品牌的创建，与贴牌加工的产值比为 4:6。现在，何彬在尝试整合传统销售渠道和电子商务的优势，通过开设直营店、加盟店和独家销售自主品牌的形式控制销售渠道，并通过更主动的设计创新和技术研发维护“木玩世家”，这种魄力也将带动云和县其他的 OEM 企业转向创新型企业，避免受制于海外客户。

图 3-9 何彬和木玩世家的年轻团队

图 3-10 “益智、环保、健康”是木玩世家的宗旨

2007 年，关于中国玩具制造的安全问题被全面曝光，美国最大的玩具公司召回了 1200 万件中国制造的玩具，很多玩具企业受到牵连，纷纷破产，广东佛山的一家企业老板甚至自杀身亡，但这些问题并没有波及到注重“益智、环保和健康”的和信，从中可以看出三代人的共同努力为产品质量打下的基础。何彬认为，每一代人有不同的责任和贡献，爷爷是在解决温饱问题，父亲则解决了很多工艺、制造的问题，并把中国木制玩具整体的形象、品牌和工艺带到全世界，这两代人的积累才使和信能够在

国际市场具有足够的竞争力，而他自己的目标就是研发更多的木玩，将企业做大。

四、云和产业链

何彬解释自己在1999年劝父亲回迁云和的原因是"离开云和的产业链，很可能我们的竞争优势就消失了。"今天看来，当时年仅21岁的何彬其实是预见到了一个完整的产业链和成熟的行业环境将会给家族企业带来的保障。

云和县的官方网站里大量关于木玩的文章、公告证实了何彬的决定是正确的，从来料加工、贴牌定制、零部件改造、包装设计直至自主品牌，政府的政策扶持使得云和县的大小企业集体受益，而宏观层面的发展战略调控并未削弱企业的竞争力，相反，可以促动更多的企业家集思广益，合力发展县城木玩产业规模和品种。2007年，云和县举办第三届中国木制玩具节，县委书记廖思红说："木制玩具将成为一项文化产业，成为云和最具影响力的名片。"在木玩产业已经稳定发展的基础上提出文化口号，这种思路是成熟的，这是一种看得见、摸得着的文化感受，势必会得到更多人的回应，针对文化产业展开的各种策划早在第一届木制玩具节期间就酝酿起来了。

1. 成立工业园区

2001年，云和县木制玩具特色工业园区问世，同年升级为省级特色工业园区、省级乡镇工业专业区；2006年3月浙江省政府正式批准为省级工业园区，4月经国家发改委审核认定为浙江云和工业园区。企业集聚于园区，更使木制玩具原材料、产品设计、生产技术、人力资源和资金等得以集聚，企业交易更加便捷，管理更新更加迅速，传统的劳动密集型的生产方式生产出国际市场十分畅销的高品质木制玩具。同时，各企业之间、各劳动者之间既合作又竞争，共同铸成纵横交错的网络关系，在极其有利的创新环境之下，使用弹性生产方式，整个产业获得了高速度的增长。

到2005年底工业园区已建成2.18km^2，累计完成投资17.83亿元，建成厂房136万m^2。年产值13.97亿元，同比增27.74%，占全县工业总产值的82.56%；上缴税收6287万元，同比增19.94%；管理企业257家，其中玩具企业206家，年产值超亿元企业2家，500万元以上规模企业43家；59家企业通过ISO9000认证，14家企业通过IS014001环境管理体系认证，5家企业通过了ISO18001职业健康安全体系认证，2家企业通过了ICTI国际玩具协会商业行为守则认证,4家企业成功申报浙江省绿色企业,3家企业通过FSC森林体系认证,2家企业通过省级清洁生产审核。

2. 活动策划

木制玩具节

从2000年开始,云和县已经成功举办了三届中国木制玩具节。以2007年11月举办的第三届中国木制玩具节为例,短短三天时间,和信玩具有限公司就签下了很多订单,而西班牙、日本、韩国、德国等国家的商团也纷纷在云和投资,投资项目除了木制玩具,还涉及金属制造、阀门等行业,小小的云和城刹那间成了国内外客商青睐的投资对象。根据云和县政府新闻中心的统计,玩具节期间签约的项目就有三大类29个,其中投资类项目18个,总投资10.3亿元;外商独资项目1个,中外合资项目3个,这4个项目合计投资1010万美元;产业合作协议意向1个;木制玩具贸易类项目10个,总贸易额达3.88亿元。

论坛、讲坛

2005年举办中国玩具企业发展论坛;

2007年举办中国幼教与玩具开发商高峰论坛;

2008年美国次贷危机以来,由县人民银行为400多位“玩具人”开设金融讲坛,思考对策。

公益活动

2008年5月16日,中国第四届文化博览会在深圳会展中心举行,云和工业园区作为浙江省代表团成员参加,工业园的工作人员说服了会务组将原本作为礼品赠送的玩具改为义卖品,在会展期间举行了赈灾义卖活动。

3. 焦点关注

循环经济

国际玩具标准修改、原材料价格上涨、世界范围经济危机等等,都在影响加工制造的成本,云和县引入了“循环经济”的概念,大部分玩具企业增设“集尘设备”采集企业生产过程中产生的玩具木糠,根据推算,木糠回收率已经达到90%,这意味着,一个企业平均每天回收木糠2000公斤,一年可回收60多万公斤,市场价格每公斤16元,集尘设备每年就可以为企业节省生产成本近100万元,有趣的是,云和县还有企业直接将木糠作为原料生产“木糠”玩具,年产值也达1500多万元。这种健康的双赢是云和木玩的一大特点。

儿童教育

不难想象，一个生活在童话城堡里的孩子，同时接触完整的童话生产线，他接受的教育和个人价值观会与其他社会环境中成长的孩子有什么不同，云和县的儿童教育不仅仅是一种责任，也已经成为一种特色，像何彬这样长大的孩子越来越多，他们中的很多人也会沿着父辈的足迹继续往前走，写出更多美好的童话生活。

主题设计

从门类上看，木玩产品设计已经很齐全，包括文学类、历史类、数学类、物理类、英语类、地理类、经济类、艺术类、音乐类等，可以作为益智玩具，也可以作为礼品、装饰品。但是很多企业还希望有更多的延伸产品，这里总结为主题产品，如“云和木玩‘动’起来”，强调的是木玩与动漫产品的结合，“在城市与童话中寻求契合点”，强调的是木玩与世界知名童话主题、新生代原创童话的结合，只要仔细观察现代人的生活状态，主题设计就有很大的空间。

第三例　跨界：整合＋专业化

中国尚没有设计产业的说法，很多中国企业并不注重“设计”在产业链中的位置和作用，但在整个商品世界又存在这样的事实：在相同功能和价位的情况下，消费者看重的正是设计，只是在有些行业，设计的作用表现得更明显，比如建筑、汽车、手机、服装、玩具、家居用品等，而另一些行业，设计似乎正处于潜伏期，它对于产品的意义还没有被充分挖掘，比如创意产业、当代艺术、新媒体艺术等。

一、嘿社会与中国当代艺术第一门户[2]

2008 年，当我们检索一些和当代艺术、设计会展相关的信息时，会发现一个新的门户网站——“东方视觉”（图 3-11）频频出现在搜索引擎的首页，这个网站曾冠以“中国当代艺术第一门户”之名。对于大多数年轻人而言，网站首页内容非常具有吸引力，专业研究者或艺术青年、学生都会乐于看见这样的标题和标题下丰富的内容：展览史、嘿社会、嘿板报、嘿画廊、艺术家、供应商……不用看视频上出现的大小画家、批评人，仅仅这几个栏目就可以让你感知当代艺术的脉络，而网站具体内容则涉及建筑、艺术、设计、数字、传媒、电影、音乐等几乎一切与创意相关的领域。

图 3-11　“东方视觉”网站以轻松的语调标示“东方视觉　开心出品”：www.ionly.com.cn

1. 视觉文化大于一切

“东方视觉”是这样介绍自己的：“作为中国最好的艺术行业网站正与中国的艺术家和艺术机构一起冲向全球艺术领域。在过去的四年中通过网站平台有效地对业内资源进行整合，目前已经积累了 3000 个艺术展览资料，50 万张作品和现场图片，5000 名艺术家资料，1200 个视频，92 万条拍卖数据，日点击量达到 300 万。东方视觉已经成为了国内艺术从业人员和艺术市场投资者的重要新闻发布浏览平台和信息查询工具，同时也是国外了解中国以及亚洲当代艺术信息的重要渠道。在未来我们将继续沿用新的技术手段来和中国的艺术家、美术馆、画廊、拍卖行一起快速加入全球艺术市场的运行机制，并期待获取中国在全球艺术市场中应得的艺术地位和市场份额。“东方视觉”拥有以下几个重要的品牌项目，包括一个非营利性的艺术计划‘展览史’，当代艺术最为活跃的社区‘嘿！社会’，年度艺术权利人物排行榜‘五四榜’，以及全球发行的中英文艺术报纸《嘿板报/HEY NEWS》。我们分别在北京和上海设立了办公室并各有侧重地组建了运营团队，在艺术资讯、市场、评论方面具有独到的价值评判体系。”这段信息体现了一种成熟、清晰的发展思路，门户网站的最终指向其实是建立一种视觉认知和视觉文化的标准，因此，在未来几年，无论艺术、设计、文化的关键词变成什么，这个网站都能够找到话题、找到资源，生长下去。

2. 全方位互动媒体集团

东方视觉的创建人也叫何彬，生于1982年，毕业于江苏师范学院艺术设计专业，1999年创办城市网站FM1024.COM；2001年创办东方盛世网络发展有限公司出任公司首席执行官；2002年9月导演中国华源集团企业宣传片《华源生命》；2003年3月导演商业MV《成全》；2003年4月主持导入金陵科技学院CI系统工作；2003年5月创办东方视觉ionly.com.cn并投入试运营；2003年8月30秒公益广告《中华瑰宝》获得全国广告金奖；2004年3月参加费飞非当代艺术展；2004年4月策划东方视觉数字影像展……现在，何彬在上海证大现代艺术馆负责中央美术学院艺术管理硕士教育点，这个工作将帮助他整合高校、画廊和艺术圈里的众多资源，整合，正是东方视觉的又一个指向。在接受视觉同盟的采访时，何彬说：“我有一个梦想，我希望可以整合东方视觉、创意产业以及资本运营等各方面的有效资源去打造一个囊括网络、平面、电视的全方位互动媒体集团。我会为此而倾注，一旦离开这些我的青春理想也不会有什么意义，所以我无法抛开他们。”何彬曾经评价中国艺术设计类网站的建设，认为均质化是一个主要的问题。

事实上很多艺术设计类网站也在做全方位互动，只是资源相对而言没有何彬调动得准确，网站的策划人也缺少一点琢磨的精神，这是创意产业得以维系的重要条件。

二、易铺网与中国式商铺

这个案例关于中国“铺王”陈建明。陈建明1992年本科毕业于清华大学，2001年获得北大国际MBA学位。2003年，曾经做过几年房屋中介的陈建明看中了商铺交易中介，并创办了易铺网(www. yipu. com. cn,图 3-12),要做“中国商铺流通服务领域的领导者和整合者”,5 年过去,他不只做到了这一点,还给中国商铺开发商树立了一种新的形象:开发的总体品质和投资最大获益才是真正的财富。

图 3-12 打开易铺网,会发现页面信息量非常大,几乎涉及一切商业领域,体现创办者“整合”的自信,这种整合不同于实体投资

1. 说出来的书

2002 年,陈建明开始参与一个超大型购物中心的开发项目,为了更好地整理自己的思路,他开始给妻子讲各种理论,并让妻子把这些零散的想法整理成文,每天讲三四个小时,坚持了几个月以后,项目没有做成,他们却整理出一整套中国商业地产行业调研报告:“我希望这些报告能够成为国内商业地产的开发商今后投资开发的指导工具。”因此,陈建明把可以卖几十万元的报告结集成书,在易铺网急需资金的时候自己出钱出版了,这些报告就成为他在全国商业地产行业为自己做的广告,因为做得专业、细致,不少开放商的目光开始向他聚焦。

2. 中国式商铺的根本

“从前期的策划、设计、招商、融资各种工作都是我在做,如果说我能够通过这个项目实际的操作。能够很好地做整理,梳理出一个有利于国内这个行业发展的模式也好,或者说方法也好。我想不止是满足了我个人的成长需要,也能够对行业有一定的参考。”

陈建明成名后,很多开发商请他去给投资人做讲座,但他说出来的东西有时会让开发商非常失望:“经常给个人投资者会讲,购物中心的商铺不能买、商场的商铺不能买、太大的项目商铺不能买、没有管理的商铺不能买、开发商第一次做商业地产的商铺要谨慎买、面宽太窄的商铺也不能买、进深太深的也不能买、整个项目从规划设计方面没有考虑到一些硬件条件的也不能买、没有基本的这些停车交通保证的这种商铺也不能轻易去买,总之给投资人提供了很多大家避免风险的方向。”陈建明认为自己这样做才是正道:“说实话底下坐的一大半都是中老年这些长辈人,大家可能很辛苦挣来的钱,希望能够投资,有很好的收入。那么看见这些朴实、普通的长辈,从我来说,我是希望能够帮助他们。不仅一方面少犯错误,另外的话能够有很好的收益,这是一个最基本的良心或者责任心的考虑,也是易铺网它长期发展的基础。”

现在,陈建明是中国商业联合会专家委员,北京市政府顾问,中国商业地产联盟理事,中国经营商户联盟理事长,北京大学、清华大学客座教授。现任易铺网、创业开店网及赛睿顾问董事长，于1999年被北京市政府新闻办公室授予“特殊贡献奖”。长期从事房地产咨询、开发、招商、融资工作，谙熟中国房地产以及商业房地产的理论和运作，已经为新加坡凯德置地、泰国正大集团、北京中远房地产、山东鲁能集团、北京新燕莎投资集团等国内外知名企业提供了专业化商业地产综合服务。已出版著作有《中国超级购物中心SHOPPING MALL投资开发指南》、《商业房地产投资、融资指南》、《商铺投资指南》、《铺铺为赢，商铺投资实战》、《店店为赢，创业开店指南》及《购物中心招商指南》等著作。

陈建明会告诉商铺投资者很多投资禁忌，也会帮助开发商论证投资价值，他在做的事情其实就是通过自己的观察和亲历，确定各种策略，理顺开发、投资与消费的关系，并将他个人推崇的商业伦理和责任意识渗入其中。

第四例　推手：MOCA·儿童工作坊与艺术设计推广[3]

图 3-13　MOCA

2007 年夏天，我在上海多伦美术馆策展部策展人马艳的陪同下去 MOCA 看展，当时很奇怪怎么会在人民公园里有这样一个小小的展馆，展览品质、气息也非常好。自从第一次去过，以后每次去上海都会去转转，也开始组织学生去看展览，学生都很喜欢那里。自 2005 年秋天开馆以来，MOCA 举办的展览一直受到好评。这个小型展馆背后有一组清晰的策划思路，经过简略检索可以整理出解读 MOCA 的一些线索。

MOCA 也有一个官方的名字“上海当代艺术馆”(MOCA Shanghai)，有一个非官方的博客 http://blog.sina.com.cn/mocashanghai，在那里我们看到了一系列“非营利”、“文化艺术推广”、“设计”、“新媒体”、“影像”、“儿童”相关的话题。

图 3-14　洗手间的墙纸图案是中文和英文句子，如“低档的人撒一泡高档的尿”

一、原创资源之“人”

1. 投资人：龚明光

MOCA 的主人、执行馆长龚明光是香港翠之宝翡翠珠宝公司董事长，在珠宝行业已经享有很高的知名度，并且有经济实力投资私人艺术馆，他也更喜欢自己在当代艺术馆的工作。

图 3-15　露台装置

2. 建筑设计：刘宇扬

2000 年，人民公园里的这个角落只是上海市政府建的一座玻璃花房，配合龚明光建立当代艺术馆的初步构想，香港设计师刘宇扬对它进行了再设计，使之成为全球第一座玻璃制的现当代艺术馆。(图 3-13～图 3-16)

图 3-16　乐队

3. 创意总监:陆蓉之

任何一个优秀的艺术馆都离不开选题策划,离不开优秀的策划人和创意总监,陆蓉之的"义务"加盟使MOCA变得丰富、生动且不失深刻(图3-17～图3-21)。

图3-17　当代艺术馆文献展

图3-18　新媒体艺术作品对场地、设备的要求很高

图3-19　意大利"菲拉格慕"鞋展

图3-20　"菲拉格慕"阳光展厅

图3-21　"菲拉格慕"的亮点之一:奥黛丽·赫本穿的鞋

4. 契机

其实就是一件事和一个潜在趋势促成龚明光创建MOCA,首先,龚明光在和人聊天的时候得知上海人民公园玻璃花房的转租消息,其次,上海正隐隐约约显现出创意产业、当代艺术、新媒体艺术的各种主题。这样,龚明光就很有可能做成一个很有前途的当代艺术以及与之相关领域的展示空间和交流平台,并可以使他个人看重的儿童艺术教育普及问题有一个比较高的起步。

二、资源整合之"事"

1. 系列活动

儿童工作坊:2007年9月4日开始,每周六下午2点—5点

(图 3-22)；

12+当代影像展映：2007 年 9 月 12 日开始(图 3-23)；

MOCA 讲座：如《他人的世界》策展人讲座 & 艺术家讲座；

上海当代艺术馆文献展：已初现双年展趋势，2006 年 9 月，推出第一届上海当代艺术馆文献展《入境：中国美学》；2008 年 9 月，推出第二届上海当代艺术文献展《梦蝶》。

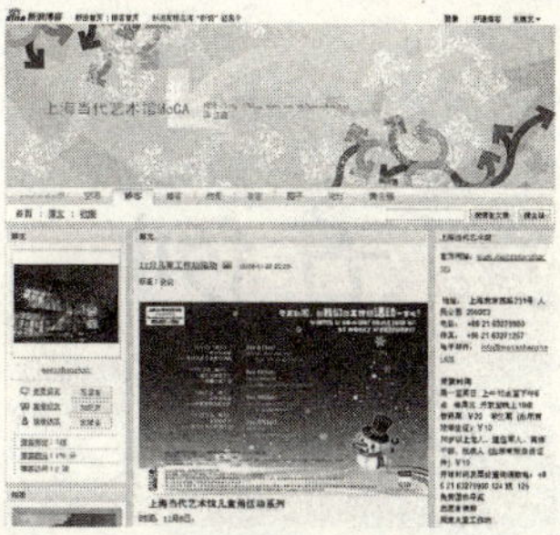

图 3-22 摩卡博客关于儿童工作坊的活动介绍和预告

2. 承办国际当代艺术展、设计展、新媒体艺术展

环保×设计——300 位日本设计师作品展 2007 年 12 月(图 3-24)；法国的皮尔和吉尔回顾展(Pierre et Gilles Retrospective)；瑞士今日设计展(Swiss Design Now)和意大利制造之艺术：当代艺术和设计展(Italy Made in Art：Contemporary Arts & Design)。

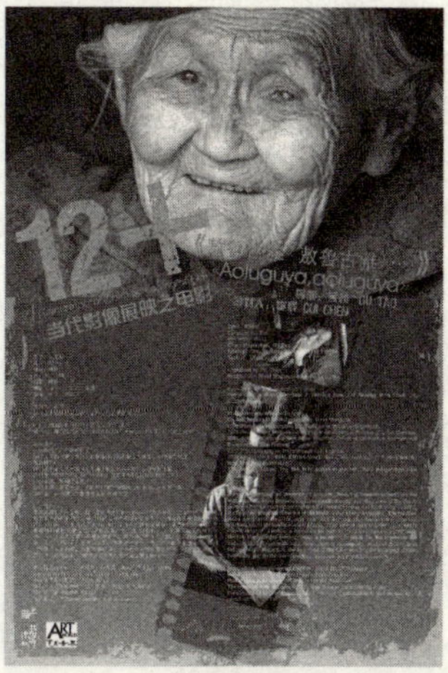

图 3-23 12+影像展海报(摩卡博客图片)

3. 推广国内当代艺术、设计

虚拟@爱(Fiction@Love)；

无休无止(Restless)；

原创——动漫美学新世纪展(The Originals：Neo—Aesthetics of Animamis)。

4. 自我推广

上海当代艺术馆这样评定自己的工作"(展览、活动)都是由本馆策展团队准确结合中国当下社会语境的倾心之作，深受观众欢迎。另外，来自等海外交流展给上海带来了新鲜的艺术空气，特别是吸引了众多年轻观众的关心和喜爱。上海当代艺术馆将以中国当代艺术状况为研究主体，通过上海当代艺术馆文献展体现出中国当代艺术的走向与潮流。"

图 3-24 日本设计展海报(摩卡博客图片)

第五例 国际设计(制造)公司

本例选取3个在设计管理研究领域经常谈到的国际设计(制造)公司,主要介绍这些公司的定位和阶段性的发展思路。很多知名的设计(制造)公司均拥有几十年甚至上百年的历史,业务覆盖面广、网站制作精良,有些专设中文页面。直接阅读公司网站文献可以了解更多未被研究者提炼过的内容,自由设定分析主线,如"设计文化"、"设计组织"、"人力资源"、"管理模式"、"品牌战略"等等,这样可以帮助我们主动思考设计公司的战略规划和执行。

一、意大利阿莱西公司(Alessi)

1. 定位:设计工厂、实用艺术实验室、艺术介质

阿莱西(http://www.alessi.com)将自己定位为设计工厂(Design Factory),并将自己的发展历程视为意大利设计文化形成的一个缩影。公司总裁阿尔伯特·阿莱西(Alberto Alessi)近年来更加强调阿莱西作为实用艺术实验室(Research Lab in the Applied Arts)和艺术介质(Artistic Mediator)的价值。而阿莱西的核心竞争力也正表现为对生活趣味和现代美感的深入理解与多元表达。阿尔伯特认为自己并不参与设计,但却是设计师们的设计师,他的工作实际就是一个设计管理者的工作:根据公司总体发展策略制定阶段目标,选择合适的设计师或合作伙伴,按计划完成设计研发和品牌推广工作。

2. 发展期:工作坊、设计工作坊、设计与制造公司

1921年,阿尔伯特·阿莱西的祖父乔万尼·阿莱西(Giovanni Alessi)在意大利北部建立了一个工作坊,主要制作家用金属器皿。20世纪30年代中晚期,阿尔伯特的父亲卡洛·阿莱西(Carlo Alessi)将自己学习工业设计的经验引入工作坊,使阿莱西的产品初显现代设计的痕迹。

20世纪70年代,法律专业毕业的阿尔伯特开始接触家族企业,他不愿意将阿莱西等同于厨房用品专卖店,因此聘请了大

量顾问设计师为阿莱西服务，其中不乏国际知名的设计大师，如亚利桑德罗·曼迪尼（Alessandro Mendini，1931—），阿尔伯特请他担任公司的设计决策人，与自己共同梳理阿莱西的发展历史、明确设计风格，并最终提炼出"整体哲学"（Overall Philosophy）和"100％形态"（100％ Make Up）等构成品牌核心价值的观念，进行主题产品的设计与研发。在这个过程中，阿莱西初步形成了自己的设计管理思路，即基于"整体哲学"观念下的产品多元化设计，这种设计创新总能找到思想的来龙去脉。

3. 成熟期：成立设计研究中心、发展项目经理

1987 年 10 月，美国金融危机影响了消费市场，阿莱西迅速进入危机管理状态，成立设计研究中心，对公司所有设计提案和项目进行全面评估和整理，针对功能、品质、情感判断、互动、价格等影响设计营销的要素进行细致分析，通过对每种要素设定不同档次，寻找明确坐标，创造适合危机市场的新产品。如"功能"的 5 个层次：①不实用、轻微的不满意；②不是很有价值、功能不是很好；③标准的；④非常好的；⑤出色。在这 5 个层次中，阿莱西将产品定位在第③和第④档。再如"品质"和"情感判断"的 5 个层次：①不愉快的：闻起来伤害了感觉，勾起痛苦的情感；②不是很好，但有点欲望，有点犹豫；③不能准确从情感上定位；④有吸引力的；⑤令人兴奋的。这 5 个层次中，阿莱西将产品定位于第④和第⑤档，因为这体现了阿莱西的设计哲学，并成为衡量产品质量的标准。现在，这样的层次解析以及横向、纵向比较所形成的评价体系已经成为很多企业进行产品研发的参照。此外，阿莱西在这一时期加大了与一些设计机构、制造公司和设计师个人的联系，在"整体哲学"的前提下，通过多元化的产品适应市场变化，并在这一过程中，发掘项目经理，组成更具应变能力的项目小组。这些灵活多变的应对措施帮助阿莱西强化了设计发展的主线、稳定了原有的设计资源，并为未来的产品规划提供了更宽阔的空间。

4. 可持续发展

20 世纪 90 年代以后，阿尔伯特启用的年轻设计师越来越多，同时仍然在补充和调整公司发展战略，在任何时期都不放弃以最微小的细节表达生活情趣的设计思路。现在的阿莱西已经成为塑造家用产品视觉文化的先锋。

二、美国赫尔曼·米勒公司(Herman Miller)

1. 定位:办公家具设计与制造

赫尔曼·米勒(http://www.hermanmiller.com)是美国最富盛名的办公家具设计与制造公司之一,是仅次于海沃氏公司(Haworth:http://www.haworth.com,始建于1948年)的全球第二大办公家具制造公司。

2. 发展期:传统家具制造公司

1905年公司创建之初,只是一个传统家具制造企业(当时名为"恒星家具公司":Star Furniture Company,1909年更名为"密歇根恒星家具公司":Michigan Star Furniture Company),根据客户提供的样式或复制传统式样制作家具,生产方式比较被动。1909年,18岁的普瑞(Dirk Jan De Pree,1891—1990)成为公司的一名职员,开始思考如何更主动地经营这样的家具制造公司。

3. 转型:现代办公家具设计与制造公司

1923年,普瑞决定创办属于自己的公司,因此说服岳父赫尔曼·米勒买下了公司的大部分股份,并将公司改名为赫尔曼·米勒,开始进行生产思路和营销结构的大规模调整。1936年,在设计师罗德的影响下(Gilbert Rohde,1894—1944),普瑞决定用"现代"的观念重塑赫尔曼·米勒的形象,即简约的设计、可靠的原材料、去除无谓装饰的自然风格等。20世纪50年代,赫尔曼·米勒与工业设计领域里诸多具有传奇色彩的设计师们建立了稳定的合作关系,如阿尔瓦·阿尔托(Alvar Aalto,1898—1976)、野口勇(Isamu Noguchi,1904—1988)、查尔斯和蕾·伊姆斯夫妇(Charles Eames,1907—1978,Ray Eames,1912—1988)、乔治·尼尔森(George Nelson,1908—1986)等。

1945年,普瑞通过《生活》杂志(*Life*)认识了乔治·尼尔森和他的作品以及设计观念,立刻聘请他担任了公司第一位设计主管,任期长达20年。乔治·尼尔森是一个极其推崇设计创新的人,他认为设计师必须富有激情地、创造性地思考设计的价值,思考人类的需求。这种明确的设计主导意念帮助普瑞完成了赫尔曼·米勒的转型。

20世纪60年代开始,赫尔曼·米勒开始更有针对性地对办公家具进行研究,如开创板式设计系统、采用人体工学原理进行工作椅系列设计和系统家具设计等。此外,公司还出版了多本与办公家具设计项目管理或设计管理有关的著作,如1968年的《办公室:变化中的设备》,1980年的《协商环境》(*The Negotiable Environment*),1988年的《领导是一门艺术》(*Leadership is an Art*)。

4. 可持续发展

2002年,赫尔曼·米勒公司再次定义自己所作所为:我们做什么?我们研究工作和生活的环境,提供产品设计与服务,使人们的工作更有效。通过这种自我提醒,公司在40多个国家"为各个角落的消费者提供完善的服务"。

三、瑞典宜家集团(IKEA)

1. 定位:价廉物美的家居用品商场

宜家家居(http://www.ikea.com/cn)提出了一种"宜家方式",即寻找既节约成本又不乏创新的方法,以低价格制造好产品,这也是宜家一向坚持的"瑞典传统":"瑞典设计方法也是宜家产品系列的基础。迄今为止,宜家产品系列都是在瑞典开发出来的。通过对颜色和材料的选择,宜家产品系列虽然不是最流行的,但却是现代的,实用,仍不失美观,是以人为本和儿童友好型产品,代表着清新、健康的瑞典生活方式。这些方法与宜家在瑞典南部斯莫兰的起源有着密切的关联,在那里,人们以勤劳、生活节俭和将他们所拥有的有限的资源最大限度地加以利用而著称。"

2. 发展期:从小商贩到第一家宜家商场

宜家的创始人英格瓦·坎普拉德(Ingvar Kamprad,1926—)出生于瑞典南部,自五岁开始就开始向邻居们卖火柴,七岁踩着自行车向更多的人卖火柴,通过卖火柴了解了批发零售产生的利润,并开始通过这种方式售卖更多的小商品。1943年,17岁的坎普拉德用父亲给自己的一笔奖金正式创业,将自己名字的首字母和出生地的首字母合成为IKEA,仍然以低价销售各种小商品。1948年,将家具制造商的产品引入宜家的尝试获得了意想不到的效果,宜家开始扩大销售的产品品类,并为产品制作目录册。1953年,面临低价格竞争的宜家,为了向消费者展现产品功能与质量,开设了一个家具展间,同时成功推出平板包装的概念。1958年,第一个宜家商场在瑞典开业。

3. 成熟期:宜家集团、全球最大的家居用品零售商

20世纪60年代以后,宜家概念逐渐形成:低价产品、易用设计、便于运输的平板包装、减少服务成本的自助式消费、宜家儿童年(联合国将1980年定名为儿童年,宜家随之将这一年定名为“儿童起居室年”,从此在卖场专设儿童家居用品区)、宜家铁路(2001年)、向户外延伸(2002年)等等,这些富有远见的经营举措帮助宜家成为全球最大的家居用品零售商。在这个过程中,随着宜家规模的不断扩大,为了使其获得更好、更专业的管理,坎普拉德希望建立一个所有权制度和一个代表着独立和长期行为的机构。1982年,他将宜家集团交给了位于荷兰的斯地廷·英格卡基金会(Stichting INGKA Foundation),1986年,坎普拉德从集团管理层退出,作为高级顾问继续关注着宜家的发展。

4. 可持续发展

相比阿莱西和赫尔曼·米勒,宜家集团在可持续发展问题上投入了更多精力,它的产品覆盖领域比前两者更广,消费层次更丰富,因此需要承担的社会责任也更多。

在2008年《宜家可持续发展报告》中,集团总裁兼CEO安德斯·戴维尔格(Anders Dahlvig)说:“十年前,我们没有一个确实的可持续发展综合计划。当时,不是所有人都认为可持续发展对我们的业务至关重要。而今天,没有人会怀疑这一点。如今,我们众多的尽心尽职的员工积极主动,面对未来共同的目标,每天都在作出自己的贡献。社会与环境责任已经成为我们日常工作中不可分割的一部分。”在这份报告中,宜家也谈到了全球金融危机对宜家商场造成的影响,并通过全球裁员的形式进一步削减成本,这意味着,宜家将更关注自助式消费以及针对这种消费方式形成的新产品计划。

我们可以通过近年来宜家网站出现的新话题更全面地了解宜家,如“我们的责任”涉及食品安全、森林管理、气候变化、社会工作,而《社会与环保责任报告》、《人与环境》等与宜家集团及其运营业务相关的电子文件正尝试帮助消费者理解宜家为全球可持续发展做出的努力。集团可持续发展经理托马斯·伯格马克(Thomas Bergmark)向公众介绍了宜家2008年度的重点项目和成果:推进“宜家进入可再生能源时代”;评估宜家的整体“碳足迹”;修订宜家行为准则(IWAY);棉花项目取得显著成果;增强与世界自然基金会、联合国儿童基金会、救助儿童会的合作伙伴关系。

中国的消费者们已经很熟悉宜家了，虽然不同层次的消费者对宜家的产品质量有不同的评价，但几乎所有消费者都深深认同“宜家方式”，这就是一个企业最具生命力的表现。

四、国际设计管理案例检索的途径

除了阿莱西、赫尔曼·米勒、宜家，还有一些设计（制造）公司，创建时间虽然相对较晚，但在设计界也已产生较大影响，如1969年由哈姆特·艾斯林格（Hartmut Esslinger，1944—）创建的青蛙设计公司（http://www.frogdesign.com）、1993年由几位产品设计师创建于荷兰的Droog公司（http://www.droog.com）等，另有一些更专业化的产品设计（制造）公司，也在设计管理研究领域引起诸多关注，如创建于1887年的德国电器公司（http://www.aeg.com）和创建于1891年的荷兰皇家飞利浦电子公司（http://www.ofcourse.philips.com）。

此外，一些设计信息共享网站也可以为我们提供很多丰富的设计师或设计公司的资料，如创建于1999年的意大利Designboom（http://www.designboom.com），内容涉及艺术、设计和建筑，随着网站知名度的不断提升，Designboom开始举办国际设计竞赛、在线讲授设计类课程、开设网上商店，网站的策划者们正在将这一信息空间拓展为一个更大的设计商贸集团和设计研究中心。

如果想进一步了解国家、地区的设计发展和设计政策，可以通过政府网站获得相关信息。欧美很多国家都设有官方设计网，通常表述为“设计博物馆”、“设计中心”，这类网站更新快、信息量大、图片质量也比较高，值得设计专业学生定期浏览，以了解国际设计及其研究趋势。如英国设计博物馆（http://www.designmuseum.org），美国国家设计博物馆（http://cooperhewitt.org），德国斯图加特设计中心（http://www.design-center.de），丹麦设计中心（http://www.ddc.dk）以及前文提到的日本产业设计振兴会（http://www.jidpo.or.jp）、韩国设计振兴院（http://www.kidp.kr）等。而一些综合类博物馆的官方网站则会提供很多建筑、艺术、设计的历史文献，展现不同时代的人的物质文化生活状态，如大英博物馆（http://www.britishmuseum.org）、英国维多利亚和阿尔伯特博物馆（http://www.vam.ac.uk）、英国塔特博物馆（http://www.tate.org.uk）、美国大都会艺术博物馆（http://www.metmuseum.org）、美国古根海姆博物馆（www.guggenheim.org）、法国蓬皮杜中心（http://www.cnac-gp.fr）等。

与此同时，定期浏览一些专题网站可以帮助我们加深特定领域设计知识的理解，在浏览的过程中可以自行分类，如根据设计风格、设计师或设计历史重要事件命名的博物馆，有德国包豪斯设计博物馆（http://www. bauhaus. de）；根据历史时期命名的网站有"1900 年代"（http://www. circa1900. org）；根据专业类别发布资讯的网站有英国视觉文化主题网站 Vad（http://www. vads. ac. uk）等。

类似网络资源可以通过设定中英文主题词进行检索获得，如果能够在本科学习期间养成良好的网络信息检索、阅读和整理的习惯，对积累专业知识、设计管理知识和专业英语知识都会有所帮助。

设计管理课程“案例检索与分析”课题

案例教学并不是提供样板，而是希望学生可以按照一定的思路，自己主动地吸纳相关知识，形成适合自己的案例库和研究线索。有不少方法值得初学者尝试，如将对话节目、访谈节目写成文本，重新整理结构；每天收集一个创业的故事(手写)，每个月进行故事的筛选和分类，并尝试点评，每学期将自己觉得最有价值的资料输入电脑、定期整理文件夹；到自己力所能及的地方看展览、参观设计公司或创意园区、参加设计竞赛并收集参赛作品信息等等。

一、课题说明

40 课时(每周一次，每次 4 课时)的设计管理课程，案例讲解只占 4—6 课时，更多时间是要求学生进行专项案例的检索与分析。由于每次课程间隙较大，因此每周课上教师会给定一个主题词，要求学生以个人形式完成相关练习，必须“举例”阐述自己对主题词的理解，可以是完整的个案分析，也可以是多例、多角度分析。作业第二周课上提交，前 30 分钟由学生自由上台陈述，之后教师用 1 课时左右时间讲评并分析相关概念，其余时间做团队课题。这样，案例教学实际贯穿整个课程，每个学生至少需要做 8 种案例。

一、二年级学生对设计的概念、类型、职业构成都不熟悉，结合南艺设计学院丰富的图书资源，这部分学生主要完成“检索”工作，通过直观浏览图书主题和内容，形成对专业的初步认识。这项工作主要在图书馆进行，这也便于教师在现场指导阅读。具体课题如下：一年级学生以了解学院图书馆资料为主，课题包括“设计学院图书资源总述”、“图解设计学院图书分布，并制定阅读计划”等。二年级学生开始进入专业学习，主要根据学院各专业方向检索相关信息，并要求在本专业知识检索的基础上，完成一项跨专业知识信息的检索与初步分析，课题包括“现代手工艺的类型”、“现代居民住宅形态”、“服装展示 10 例”、“‘好’的设计10例”、“‘好的商业设计’10例”等。

进入三年级以后，部分学生开始兼职，与社会有较多接触，在案例分析环节就要求这部分学生介绍自己的兼职经历，并针对兼职过程中出现的问题进行讨论。而四年级学生面临毕业，需要强化对专业设计的职业化过程的理解，通常会被要求检索与当代设计师、设计公司工作状态或设计趋势有关的内容，同时，强化四年级学生“责任设计”的意识，也是案例教学的重点。具体课题如下：三年级学生以了解设计师创业经历为主，主要完成案例“分析”工作，如“我的兼职报告”、“实习小结”、“设计师创业故事10例”、“危机管理10例”等。四年级学生主要完成主题检索与分析，教师提供一些检索思路，有些检索条件非常具体，如“日本设计师坂茂、汉诺威世界博览会日本展厅设计、纸管小学”，有些则需要学生自己添加条件，如“青年设计师、品牌”、“中国、设计公司”、“行业设计协会、设计组织”、“循环经济设计”等。

二、学生课题二例

此处介绍两个连续课题作业，即学生对第1周与第2周课堂给定的主题词的理解，3位同班同学用不同的方式完成了课堂练习（表格、即兴演讲、ppt陈述报告），其中可以看出学生对课题理解存在偏差，将作业分类讲评可以帮助师生找到偏差的原因，改善课程质量。

需要注意的是，每次课程的关键词或是从“设计”向“市场”、“社会”扩散，或是从“市场”、“社会”向“设计”聚焦，教师必须设定一些潜在线索将不同的主题词串联起来，最后学生可以看到一条具有8—10个节点的思考线索，每个节点又可以做出自己的研究结构，这是一种知识生成的方式。经过课堂实验，通过这样的方式丰富学生的设计管理知识是最有效的。

1.“市场价格构成”

作业1——作者：李敏

搜寻身边的各类产品，我认为市场价格的构成主要源于制造商、中间商和销售商三大块，故得出基本表格如下：

<table>
<tr><td rowspan="7">制造商利益</td><td colspan="2">根据消费者未被满足的需求制造商品</td></tr>
<tr><td>原料成本 *</td><td rowspan="6">＋利润</td></tr>
<tr><td>加工成本 *</td></tr>
<tr><td>设计成本</td></tr>
<tr><td>储藏、物流成本</td></tr>
<tr><td>运营成本(人工) *</td></tr>
<tr><td>风险、应急费用</td></tr>
<tr><td rowspan="3">中间商利益</td><td colspan="2">追求中间最大化的价格差</td></tr>
<tr><td>信息整合</td><td rowspan="2">＋利润</td></tr>
<tr><td>储藏、物流成本</td></tr>
<tr><td rowspan="4">销售商利益</td><td colspan="2">以营销推广吸引消费者</td></tr>
<tr><td>产品成本 *</td><td rowspan="3">＋利润</td></tr>
<tr><td>营销成本 *</td></tr>
<tr><td>品牌运营成本</td></tr>
<tr><td rowspan="3">其他共同影响因素</td><td colspan="2">税收、汇率等 *</td></tr>
<tr><td colspan="2">产品周期、附加价值等</td></tr>
<tr><td colspan="2">消费者竞价等</td></tr>
</table>

打"*"项目为必须

上表所反映的是现今市面上大部分商品的价格构成，其余较为特别的产品还各有其特殊的市场价格构成方式。例如：粮食等生活消耗品——受国家宏观调控，即使是全球一体化的今天，价格也并非完全市场化。时装——产品周期的影响显著，设计、品牌运营和营销成本所占比重巨大。电子产品——基本和时装相似，但中间商的作用最为突出，市场价格多受其引导。艺术品——审美价值、历史价值、精神价值、社会价值等等各种附加价值的最大程度的体现。其市场价格构成的一大部分力量来自于消费者本身。

作业 2——作者：杜东升

大家下午好！

07 级杜东升，网名零下一品。

刚才听了两位同学的关于市场价格构成的演讲（注：一位是讲旅游市场价格，一位是讲纸巾市场价格），讲的很好，准备的资料很多，也很充分。只是很多理论的东西没有听的特别明白，非常遗憾。

在刚刚过去的这个假期，我也随旅游团去了一次青岛，对于旅游这个行业的价格构成，我想和第一位做演讲的朋友做一下交流。

请问唐蒙(演讲旅游市场价格构成的同学):你认为我们所说的回扣,在旅游行业里是怎样发生的?它是否在影响我们的旅游花费?

(唐蒙:我们应该尊重这个行业,不要对回扣太苛刻……)

好的,谢谢,回扣这个问题我还是拿到我的兼职生活里来讲吧。

其实商品价格的形成要素一般包括生产成本、流通费用、税金和利润四个部分,怎么来理解生产成本,从爱国者机箱来说,就材料而言就有普通钢材和镀锌钢板,而面板有平面面板和立体面板、烤漆面板和磨砂面板,还有各种样式的面板设计。它们的价格也是各不相同的。

在此,设计师是在哪里影响商品价格的?

(同学答:外观设计。)

流通费用,这怎么来理解,假设爱国者机箱有两个进货渠道,一个是深圳,一个是上海,从上海有5块钱一个的运费,从深圳要远一些大约要10块钱,那么我们从哪里进货?深圳。

为什么?因为上海的机箱也是在深圳生产的,一个机箱从深圳绕道上海再到南京,价格一定比直接发货到南京贵得多。

还有一个税金的问题,在谈这个问题之前,我先问大家一个问题:瀚视奇HW191显示器采购价格为820元,为什么可以以795的价格调拨给销售门市?

(同学答:你已经说了,是税金。)

对,就是税金,可能大家还不是很明白,可是大家一定遇见过这样的问题,也就是到商场买东西的时候,开发票的价格和不开发票的价格是不一样的,例如一个200块的内存条,开发票的价格可能是214。这又是为什么?一般发票的税点在7%,200加上7%的税,也就是214。

而在显示器这一块大约有3%的税,而且年终瀚视奇供货商还将有返点。

另一个问题就是利润,在我看来,这才是影响价格最重要的地方,一个90块钱的机箱的正常报价是240左右。业务员的提成,也主要来自这里。一般会有35%的提成。这比一些设计师的设计费要高很多。

在此提出另一个问题,找熟人介绍买东西一定便宜吗?

解释这个问题,我举一个例子,甲认识乙,乙又和丙熟,丙认识我,现在甲通过乙、丙认识我买了一个机箱,价格会便宜吗?不会。

通常情况下,会留给丙50块,乙100块回扣。这样的事情在销售中很常见。

谢谢大家。

2.“目标客户”

作者:丁维佳

主题:和而不同

第一步:知识检索

维基百科:在市场营销业和广告业里,目标受众又称目标顾客、目标群体和目标客群。是一个营销活动所作为目标的人口群体。营销活动主要指推销广告活动,但也可以是政治竞选活动或其他宣传活动。目标受众可以是某一个人口群体,如年龄组、性别、婚姻状况等等。常见受众有青少年、女性、单身等等。目标受众也可以包括几个不同的人口群体,比如所有 20 到 30 岁的男性。营销过程也可以计划如何对待其他非目标群体。决定一个产品或服务的适当受众是市场调查中很重要的一部分。不了解自己的目标受众能造成一个超额的低效力的营销活动。

MBA 智库百科:目标顾客是指企业的产品或者服务的针对对象,是企业产品的直接购买者或使用者。目标顾客要解决的根本问题是,企业准备向哪些市场区间传递价值,企业与市场营销渠道中的各种力量保持密切关系的目的就是为了有效地向其目标顾客提供产品和服务。顾客的需求正是企业营销努力的起点和核心。因此,认真分析目标顾客需求的特点和变化趋势是企业极其重要的基础工作。

第二步:提出观点——我所认为的和而不同

Customers(消费群体)并无特定性,在商业社会只要你能承担起此产品价格即可成为消费者,但是与商品流动性相似,消费者具有不确定性。“顾客是商业服务或产品的采购者,他们可能是最终的消费者、代理人或供应链内的中间人。”

而 Target Customer(目标消费群体)即公司所瞄准的消费者群体。这些群体具有某些共性,从而使公司能够(针对这些共性)创造价值。

第三步:分析“和”——目标客户的重要性

定义消费者群体(Target Customer)的过程也被称为市场划分(Market Segmentation)。顾客的需求正是企业营销努力的起点和核心。因此,认真分析目标顾客需求的特点和变化趋势是企业极其重要的基础工作。

第四步：分析“不同”——目标客户存在分类

以下是从市场营销学知识中了解到的，企业如何根据购买者和购买目的来对企业的目标顾客进行分类。

①消费者市场：消费者市场由为了个人消费而购买的个人和家庭构成。

②生产者市场：生产者市场是由为了加工生产来获取利润而购买的个人和企业构成。

③中间商市场：中间商市场由为了转卖来获取利润而购买的批发商和零售商构成。

④政府市场：政府市场由为了履行政府职责而进行购买的各级政府机构构成。

⑤国际市场：国际市场由国外的购买者构成，包括国外的消费者、生产者、中间商和政府机构。

举例——

女工挎包	针对人群	主要需求
	帆布包(25—50元) 普通大众 学生	便携，装东西
	ESPRIT挎包(300—500元) 大学生或年轻上班族 主要20—30女性使用	便携 平日使用 休闲 追求时尚
	POLO挎包(1000—3000元) 上班女(哇) 主要25—40女性 使用	一定品牌含金量 时尚休闲 身份象征
	HERMES挎包 (60,000—150,000元) 奢侈品追求者，较富裕阶层	身份象征，品牌爱好 社交功能 送人礼品，攀比，收藏
	HenriesBirkmBag订制 (约600,000—800,000元) 奢侈品爱好者，经济实力较强，明星，富豪等等	身份象征社交功能送人礼品 收藏品牌狂热

目标客户不同、客户需求不同、心理承受价位不同、产品价格不同、企业战略不同会带来市场分层。

第五步：进一步分析“不同”指向的新概念——市场区隔、细分

“在满足消费者需求的过程中，不断地与某一群特定对象进行对话。”这一群特定的对象被称为市场区隔，而市场区隔不只是静态的概念，更是动态的过程，是了解某一群特定消费者的特定需求，通过新产品或新服务或新的沟通形式，使消费者从认知到使用产品或服务并回馈相关信息的过程。

"细分"是指根据客户属性划分的客户集合。它既是客户关系管理(customer relationship management, CRM)的重要理论组成部分,又是其重要管理工具。它是分门别类研究客户、进行有效客户评估、合理分配服务资源、成功实施客户策略的基本原则之一,为企业充分获取客户价值提供理论和方法指导。

消费社会,每一个企业都追求目标客户的准确把握,企业根据潜在的忠诚顾客和顾客的

终身价值把顾客分为4类:白金顾客("顶尖"客户),即与本企业目前有业务往来的前1%的顾客;黄金顾客("大"客户),即与本企业目前有业务往来的随后4%的顾客;铁顾客("中等"客户),即与本企业有业务往来的再随后15%的顾客;铅顾客("小"客户),即所剩下来的80%的顾客。

第六步:根据市场区隔、细分等概念思考顾客价值计算的问题

① 顾客作为某品牌的顾客的时间周期;

② 企业的贴现率;

③ 每个时间周期内顾客购买某种品牌的频数;

④ 顾客购买该品牌产品的平均贡献;

⑤ 顾客购买该品牌的概率;

⑥ 其他一些信息。

举例——

客户具体属性	细分属性	消费层类别	年收入水平
政府行政机关	官员	高消费层	10万以上
	公务员(中级)	较高消费层	6—10万元
	普通公务员	中等消费层	3—6万元
企事业单位	高层管理人员	高消费层	10万元以上
	中层管理人员	较高消费层	6—10万元
	普通管理人员	中等消费层	3—6万元
私营企业	私企业主	高消费层	10万元以上
外资企业	中高层管理人士	较高消费层	6—10万元
个体工商户	商贸个体户	高消费层	10万元以上
	个体工商户	较高消费层	6—10万元
新兴中产阶层	职业经理人	较高消费层	8—10万元
	外企或大型企业员工	中等消费层	4—6万元
	专业人士	较高消费层	8—10万元
	知识型自由人	中等消费层	6—8万元

第七步:归纳——企业根据目标客户做出品牌延伸策略

策略一:多品牌战法

为维护固有品牌形象,以新的品牌切入差异较大的市场区隔。该策略有着广泛的应用,其核心原则是维系原品牌市场的唯一性。如"七喜(Seven-Up)"所代表的"非可乐"市场区隔。

策略二:大品牌战法

如宝洁公司(P&G)的做法,在宝洁的大品牌下,分别以不同的品牌定义进入利益点不同的区隔市场的产品。

策略三:单一品牌战法

以同一品牌进入不同的市场区隔。这种做法能有效节约企业资源,通过品牌力的扩张也能达到市场迅速渗透的目的。但采取该种策略应该注意品牌的可延伸性,如果品牌延伸弹性不足,就会影响品牌在固有区隔中的表现。

策略三:副品牌战法

副品牌战法是在固有品牌的基础上,为与之相关的市场区隔定义以与原品牌相关的品牌。如"海尔小王子"定义小洗衣机——"夏日轻松及时洗"的市场区隔。超级福满多进入"大块面饼、双料包"的市场区隔。"小王子"、"超级"都是对固有品牌海尔、福满多附加了与区隔市场相关联的新的概念。

第八步:两次课题联系思考——图示目标客户与价格构成

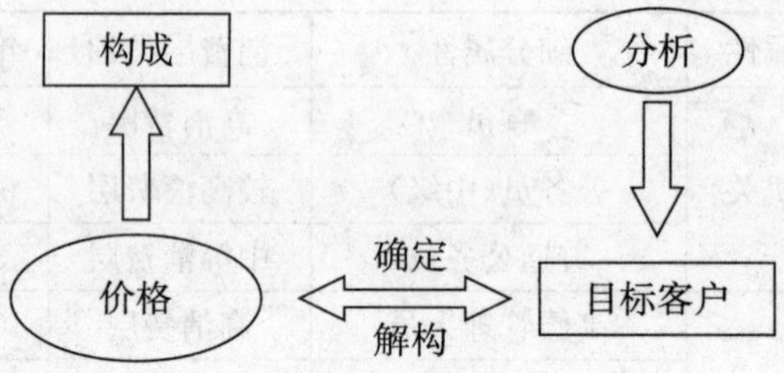

总结:联想——好的商业模式需要考虑的

价值主张(Value Proposition)

消费者目标(TargeCustomerSegments)

分销渠道(Distribution Channels)

客户关系(Customer Relationships)

价值配置(Value Configurations)

核心能力(Core Capabilities)

合作伙伴网络(Partner Network)

成本结构(Cost Structure)

收入模型(Revenue Model)

[注释]

[1] 数据主要来源:浙江丽水云和县政府网站、《东方财经》"渣打财富人生"访谈节目。
[2] 资料主要来源:东方视觉网站、视觉同盟网站关于何彬的采访。
[3] 数据主要来源:上海当代艺术馆官方网站、博客。

第四篇 阅读与思考

设计管理历史、理论、案例、课程之间的很多连线需要阅读者自己组织。可以说，设计管理的学习过程其实是一个思想整理的过程。因此，本篇列出一些阅读资源，从设计管理学习的角度，对 20 余本有助于形成比较完整的设计管理思考结构的中文出版物进行整理、述评和归纳，这些书的共性在于有较强的可读性，结构比较清晰。我们通过介绍每本书的基本信息、分析阅读价值、摘录框架结构、设定思考题、提供小资料，让读者学会看书的目录、关键词、摘要、语录，根据自己的阅读积累和实践积累，渐渐在头脑中形成一个抽取知识点的数据库，使思维能够逐渐通达。

阅读与思考，既是进入设计管理学习的知识准备，也是反思学习过程的检验工具，如果读者能够在翻看的同时检索相关书籍、进行一些小型调研，或许可以得到比较清晰的解题思路。

第一章　读“设计”

自2000年以来，设计类教材出现了出版热，只要有设计专业的高校基本都出版了系列教材，网络上也可以购买到很多英文版、港台版的设计类专著，学生有很大的选择空间，有不少书的选题对未来的设计师们具有较大的吸引力，可以自己设定阅读的顺序，比如《设计菜鸟奋斗记》、《怎样成为一名设计师》、《如何成为设计大师》等，需要注意的是，对于初学者而言，除了看各种各样的设计图片和设计师故事，选择图文结合、概念清晰、能够引导思维成型的史论类文本也很重要。

第一节　设计的原理

一、《艺术设计概论》（图4-1）

图4-1

1. 基本信息

作者：[美]玛乔里·艾略特·贝弗林；
译者：孙里宁；审校：孙乃树；
出版：上海人民美术出版社2006年12月版；
价格：88元。

2. 阅读价值

这是美国艺术与设计专业品牌教材，国内不少学者撰写过设计概论方面的教材，引进的“概论”教材并不多，这本译著的出版带给我们美国人对于设计认知和设计创造的解释。原书名为 *Design Through Discovery*，作者在尝试由内而外地解读设计，即找到与设计关系最紧密的关键词进行讲解，同时，作者并没有零碎地介绍知识，而是通过准确的主题设定串联了看似庞杂的知识点，每个知识点的解释都很明确，也容易理解，适合刚刚接触设计专业的一年级学生阅读。

图 4-2　古林公园写生

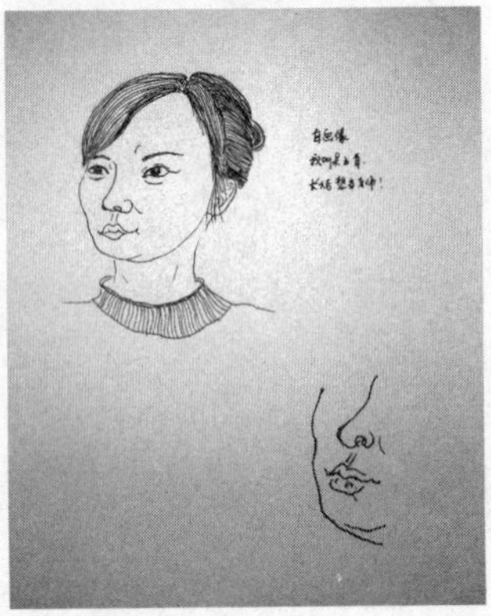
图 4-3　自画像

图 4-4　儿时

图 4-5　外婆家的肥猫

3. 结构浏览

第一部分主题“设计——无处不在”:1,设计的本质;2,设计过程。

第二部分主题“设计的元素”:3,线条;4,空间;5,形状与结构;6,纹理;7,色彩。

第三部分主题“设计的原则”:8,统一与多样性;9,平衡、节奏与强调;10,比例与尺度。

第四部分主题“动态的设计”:11,材料对设计的影响;12,成型技术;13,结构与装饰。

第五部分主题“生活中的设计”:14,我们的四人空间;15,设计与科技;16,商品市场中的设计;17,环境设计。

4. 课题与思考

a:选择一种“直观”的方式“记录”你眼中的设计:线条、色彩、材料、作用、缺陷等等,比如手绘、拍照、博客。

b:从“记录设计”到“做设计”,你有哪些优势?

c:检索:已经出版的高校设计理论类教材,做成文摘卡,获得出版印象;根据检索结果,选择一个主题进行目录比对、列表,如“设计概论”。

学生作业(一年级)

“关于画画的想法”

图、文:吴玉青

你喜欢手绘么?你现在还喜欢么?你有多喜欢?你一般什么时候画?用什么样的工具画?画些什么?画的多么?你喜欢自己画的东西么?你有自己画的方法么?你还在坚持画着么?你有没有向同学或老师介绍过自己的手绘稿,和他们切磋呢?

如果没有,我们现在开始吧!

这只是我个人的想法,不是说作为设计学院的同学都要去研究素描技法,将速写做得像书上那样。眼和手都很重要,眼界高了,自然要求手法要跟上;手法领先了,眼界自然也会得以提高。也许周围已经有同学做得很好了,这里我想和大家分享一个习惯,至于现在做得是否好,我想是次要的,重要的是有没有去做。

这是我第一次去古林公园画速写,用 0.5mm 的黑色签字笔画的(图 4-2)。

这是我自画像(图 4-3),下面半个脸是老师的点评,所以说要切磋,不然自己就不能及时知道不足的地方,也就没有最快的进步了。

有的时候把自己仅有的一张小时候的照片拿出来画(图 4-4),且不管水平如何,就当练练笔吧,自己会有别样的心情。那个时候自己虽然没有清晰的意识,但你现在想,你在画的时候,有没有想到你的线条变成什么样的了,你是否能体会到自己应该做些什么了……

把自己喜欢的东西也记录在速写本上,可以想想自己可以向他们学点什么,想想自己在一个什么样的位置,自己的目标是什么,自己应该怎样做。

把生活中的乐趣记录下来,有空时立刻填画在你的速写本上,这样不但可以练笔,而且你每次翻到这里时你会想起这一件件有趣的事(图 4-5)。记住,好记性不如烂笔头。

无论你在哪里,想画就掏出笔来画,乐意画什么就画什么,把画东西当成取悦自己的一种方式吧(图 4-6、图 4-7)。

我在图书馆看书时经常随手记画一些东西,只要你自己觉得有趣想把它记下来,那么就赶紧动手,画在你带去的本子上,归类收集好,作为你的储备资料收集起来,即使一时半会儿用不到,它也是你积累经验和知识的重要部分,请重视它。

在我上设计创意课的时候,老师对我们讲,这个世界不是为我们设计的,我们必须通过设计改变生活。课堂上无论是想乱涂乱画还是有什么有价值的想法,请认真地记录下来。经常这样干,就会成为你的一个好习惯的,加油吧各位!

这就是后来的想法,为班上的同学设计一张纪念卡(图 4-8),纪念这次让我学到东西的课。

在图书馆经常会见到一位学姐,她说自己是动画专业,平时没事时就喜欢画,画的多了,自己的感觉也就越来越好了,这是她画的蜡笔画(图 4-9),现在每一次很开心的完成自己想画的,想表达的东西后,心里不仅仅是高兴,更重要的是能给自己不断突破自己的动力。

想想自己总是没有时间画,还是真的不喜欢呢?想不想培养自己有这样一个好习惯呢?别人的心得体会能不能带给自己点共鸣或启发呢?以前我不太想这些,往往是偶然的机会受到启发,总之认真地关心一件你有兴趣的事情,坚持不断,那么收获将是能打动你的。

总结:很多很多东西只要自己留心了,就会发现自己是需要它的。很多创意也是如此,就看自己是不是有一双发现美

图 4-6 小学毕业照

图 4-7 小学毕业照速写

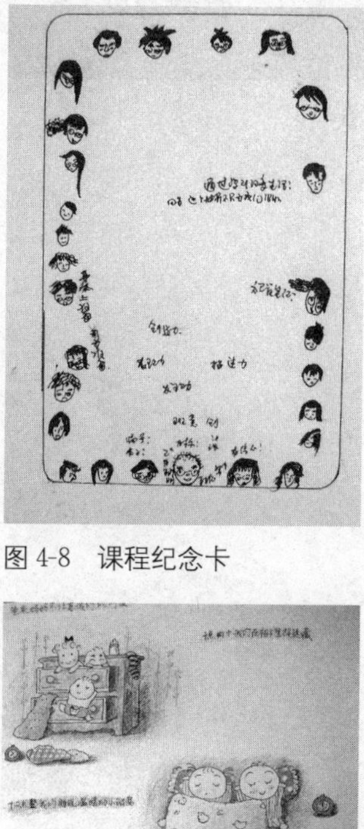

图 4-8 课程纪念卡

图 4-9 与学长交流

的眼睛，想的是不是够深够透，是不是能坚持下来。如果发现自己没有别人的好习惯，那是件非常令人高兴的事，因为它还是被你发现了，你就有考虑它的机会了。如果觉得自己有别人没有的好习惯，那就和你的同学一起分享和讨论吧！

二、《最佳设计 100 细则》（图 4-10）

图 4-10

1. 基本信息

作者：[美]威廉·利德威尔、克里蒂娜·霍尔登、吉尔·巴特勒；

译者：刘宏照、王秀萍、王爱琴；

出版：上海人民美术出版社 2005 年 7 月版；

价格：72 元。

2. 阅读价值

这是一本快速了解设计操作层面知识的工具书，100 细则就是 100 个关键词，一个词一个版面，配有多张彩图，内容明确，同时强调“关系”的理解，每个词还设有“参见”词条，在 100 个关键词之间建立了联想通道，不同类别的关键词有交叉重复，目的是为了帮助读者分类、更快速地检索自己需要的解释，也引发读者联想更多的知识点，逐渐完善自己对设计原则的理解方式。这本书适合对设计创意、设计形态、设计程序已经有一定了解的学生阅读。

3. 结构浏览

这本书提供了两种目录，一是按页码排列，二是按类别排列：

影响设计理解的原则，如供给、共同命运、恒常、谷滕堡图解、信—噪比等。

助人学习设计的原则，如可接受性、曝光效应、层次、操作性条件反射、故事叙述等。增强设计实用性的原则，如 80/20 法则，控制、成本效益、费兹法则、拟态等。

增加感染力的原则，如魅力偏差、认知冲突、防御空间、斐波那契数列、自相似性等。做出更好设计的原则，如趋同、开发周期、安全系数、模块化、最薄弱环节等。

4. 课题与思考

a：用多个关键词列出自己对“设计”的理解，进一步阐释这些关键词代表的内容，并做出相应的图示。每个学期重复一次，关键词可以替换，最后装订成册。

b：以小组形式收集各类企业提出的与设计相关的口号、策略或广告语，了解设计的附加值。在此基础上，构思一篇小论文的结构，要求有标题、关键词、线索、结构安排，现场阐述写作思路。如：商业设计的 ASAP 原则。ASAP：As simple as possible。ASAP 主义者的口号是：我们自愿放弃烦琐无当的功能，并愿为换取简捷有效的使用体验，我们不要较为简单，我们要非常简单。

学生作业(二年级)

乐活的设计理念(图 4-11)

选题介绍：朱琳，叶辰，李妍祺，潘莹；深入：李妍祺

关键词：乐活，设计新理念

线索：以典型的乐活例子引出对当今新的设计理念的思考

结构安排：

引言：我们如何发现了乐活

1. 介绍乐活的含义

2. 从乐活中寻找设计的新理念

2.1 与现今生活中的一些设计比较

2.2 分析乐活下的设计好处

3. 乐活能否推广并发展

3.1 乐活的设计有什么问题

3.2 设计的“度”如何把握

小结：乐活的设计

图 4-11

第二节　设计的历史

很多学生认为设计管理是一门现代、时尚的课程，不需要有设计史知识，但南艺设计管理课程规定学生首先必须拿到两门前修课程的学分，一是设计原理，二是设计史（设计策划与理论专业学生还要拿到专业写作的学分）。设计史发展的主要脉络和大事件将提醒我们在思考一个设计问题时，需要建立一个什么样的坐标：哪些问题是曾经出现过的、哪些问题是已经解决的、哪些设计会对社会的可持续发展产生推动作用、哪些人值得我们系统研究。对于希望成为设计管理者的学生来说，这种知识是必须的。

一、《现代设计史》(图 4-12)

图 4-12

1. 基本信息

作者:[美]大卫·瑞兹曼;
译者:王栩宁、若斓茳-昂、刘世敏、李昶;
翻译顾问:克里斯托弗·可拉奇;
出版:中国人民大学出版社 2007 年 11 月版;
价格:148 元。

2. 阅读价值

大卫·瑞兹曼说:"本书的文字和插图,力图展现出从 18 世纪到 21 世纪设计史的传承与变迁,我希望我选择的这些材料以及我的阐述能够鼓励学生更好地欣赏设计作品,潜心审视所谓独一无二的艺术作品与日常生活用品之间的关系。"与国内的设计史教材相比,这本书的结构安排比较符合设计发展的特征,它淡化了"史"的感觉,强调的是历史事件的作用及其后果,对于现代设计而言,"设计的后果"正在成为一个重要的论题。日常生活、需求、机械化、消费文化、政治等渐渐成为设计史学习必须了解的内容,它们和一些具体的人、事结合在一起,塑造了我们现在看到的物质社会。

3. 结构浏览

全书分为五卷十六章。

第一卷主题"需求、供给与设计(1700—1865)":导言;第一章,需求与生产;第二章,英国及其他地区企业家的成就;第三章,痛苦的增长:19 世纪初的工业发展;第四章,设计、社会与多元标准。

第二卷主题"艺术、手工艺和机器(1866—1914)":导言;第五章,艺术的平等;第六章,工作带来的愉悦;第七章,机械化与工业。

第三卷主题"第一次世界大战后(1918—1944):艺术、工业与乌托邦":导言;第八章,第一次世界大战前后的巴黎和现代艺术;第九章,欧洲的"第一机械时代";第十章,美国的艺术、设计和工业。

第四卷主题"人文主义与奢华:第二次世界大战后的国际现代主义和大众文化(1945—1960)":导言;第十一章,国际现代主义:从理论到实践;第十二章,设计和大众诉求:消费文化。

第五卷主题“发展、抗拒和多元化(1960—2000)”:导言;第十三章,新材料、新产品;第十四章,大众文化的维度;第十五章,政治、多元论和后现代主义;第十六章,关联性设计:平衡操作。

附:现代设计史大事年表。

4. 课题与思考

a:检索论文“设计史的状况”(克莱夫·迪尔诺特,《艺术当代》2005年第5期,上海书画出版社),了解设计史研究的对象、方法、主要问题和趋势。

小资料——“设计史的状况”文摘

“我们面临的是一个越来越多地被设计的社会。如历史学家托马斯·休斯(Thomas Hughes)所说,‘未来寄望于科学,而在科学领域我们不得不寄望于设计,因为它符合节约的原则、公平合理的原则和美的原则。’其实这是个浩瀚的文化命题。阿瑟·普罗斯(Arthur Pulos)在他近期的著作《美国设计伦理:工业设计史》(American Design Ethic:A history of Industrial Design)一书里说:‘设计是美国生活方式必不可少的酵母。由于殖民者需要将荒地改造成安全可靠的避难所,因而出现了设计;在新大陆,设计作为工业革命的天然成分而得到了扩张。美国极有可能是被设计的第一个国家——它的形成是人们经过深思熟虑后的行动结果:他们承认了一个问题,然后以顾全全体的最大利益的方式解决了这个问题。美国并不是偶然产生的:它是被设计出来的。’”

b:从设计管理的角度看,西方设计史有哪些事件值得重读?试说明重读的理由。

例:震颤教(组织)、韦奇伍德(品牌)、福特(生产方式)、20世纪初期美国的“有计划的废弃制度”(促销方式)。

小资料——震颤教(Shaking Quakers)

设计的起点:满足团队生活需要。

设计的原则:以宗教律法作为生活、劳作的统一标准,强调朴素、耐用、整洁。

宗教的力量是潜移默化的,当条件成熟的时候,它甚至可以取代一切政治力量,成为意识形态的主导。在设计的历史

图 4-13 震颤教舞蹈

图 4-14 现代震颤教徒卧室

上，“宗教”是个不常提起的话题，但几乎所有的设计史教材都会提到“震颤教”，因为这是一个关于原创设计、简单设计的典例，也正因为这种设计透出的宗教气息，使很多人对“震颤设计”产生好奇。

震颤教首先是一个宗教组织，也被称为震颤家族。震颤是一种宗教仪式中的舞蹈形态（图 4-13），这个组织由教派女祭司安莉嬷嬷（Mother Ann Lee 1736—1784）创立，教徒们来自英国和法国。1774 年，教徒们随着安莉从英国迁往美国，前后维持了近一个世纪的团体组织活动。教徒们没有个人财产，独身、自律以及封闭纯粹的生活状态导致他们对日用品的要求也是朴素的，为此他们自己设计制造了各种家具和生活工具，并坚信物质产品中应当表达一种基本的道德观念和相同的动因：按照一种你好像要活一千年同时又好像知道明天就会死的态度去做所有的工作。教会写有一本教规强调这种动因——《千年律法》。震颤教从不理会外部世界发生的巨大变化，而专心于物性和人性的修行，“创造性、谦卑和良知”（Anon，2000）也许是对这个组织的设计活动最为贴切的判断，也正是凭借这一系列的设计活动，使震颤教的教徒们成为 18 世纪末期重要的设计师，并潜移默化地打开了教徒从事工业产品设计的通道。

震颤教的设计集中表现着整齐、和谐、实用、秩序等（图 4-14）。为了创造一种完全秩序化的空间及其内部陈设，威廉·丹宁（William Denning）制作了一些离地面约两米并和墙面平行的长木条，在木条上有规律地嵌入一些木钉，用以悬挂室内琐碎的物品，包括椅子。因为教徒们的日用品及服饰都非常简洁，即便是长短大小不一地挂在墙上，也仍然表现出良好的整体效果。为了维持日常开销，教徒们也会制作一些用于对外销售的家具，这些家具在出售之前通常会被涂上各种颜色，而自用的家具则一律保持木本色。震颤教没有任何关于手工制造或工艺美学的理论，但他们的作品本身便是一种理论宣言，这种因宗教信仰带来的造物和用物方式既是独特的，又是广泛适用于工业产品的。德国 Habit 公司和意大利家具制造商迪·帕多瓦（De padova）都发现了震颤家具中值得保留的样式和理念，拍卖会上，震颤教家具开始打破 1980—1990 年期间的世界纪录。

二、《中国设计史》(图 4-15)

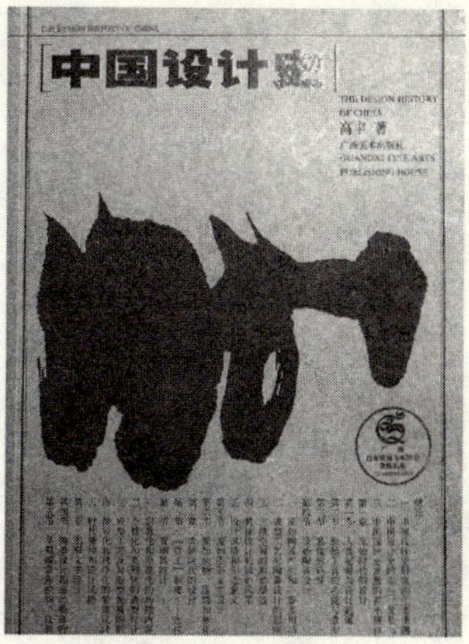

图 4-15

1. 基本信息

作者：高丰；

出版：广西美术出版社 2004 年 11 月版(精装)；

价格：138 元。

出版：中国美术学院出版社 2008 年 1 月版(简装，内容稍有删改)；

价格：45 元。

2. 阅读价值

设计史研究领域一直有一种争论，即设计史的研究对象是否包括手工艺时代的人、事、物，中国设计史研究同样如此。因此大部分与“中国设计史”或“中国古代设计史”相关的研究成果被等同于“中国工艺美术史”，研究者的个人经验侧重于工艺美术描述或是文学描述，并未真正从“设计”的角度解读古代中国的造物活动，即缺少对物件从构思之初到作用于日常生活的整个过程的思考。当我们翻阅古籍，会发现中国古代当然地存在“design”所表达的“设计”的含义，只是表述不同，如“营造”、“作”等，并在较早时期便形成了收集设计图样的传统——古代文献中大量的图谱、图样、图说便提供了这样一条历史研究的线索，但很少有人关注这些内容并提取其中有价值的中国设计历史的资料。

高丰教授撰写的《中国设计史》前后经历了十几年的时间，作者对工艺美术和工业设计都有比较深入的了解，而长时段的文本构思、教学磨合可以让作者不断调整写作主体，树立一种新的阐释方式，既不会与传统割裂，又可以联结到设计的本质。需要注意的是，从目录上我们并不能感受到这种变化，但文章的字里行间透露出作者是处于“设计”的语境对中国古代、近现代物质文化进行了系统整理。

3. 结构浏览(精装版本)

全书分为九章。

绪论：中国设计史研究的主要课题；中国设计史的发生、发展与演变；中国设计史发展的若干规律探讨。

第一章主题“原始时代的设计(距今约 250 万年至 4000 多年前)”：第一节，人类起源与设计起源；第二节，原始工具设计；

第三节，原始陶器设计；第四节，原始图形文字设计；第五节，原始织物、服饰和居住环境设计。

第二章主题“青铜时代的设计（夏、商、西周时期，约公元前21世纪—公元前770年）”：第一节“百工”制度——古代设计发展的重要契机；第二节，青铜器设计；第三节，图形文字设计；第四节，陶器设计和原始瓷器的产生；第五节，早期漆器和织物、服装；第六节，《周易》的卦象构成及其设计思想。

第三章主题“革新时代的设计（春秋战国时期，公元前770—前221年）”：第一节，时代变革对设计的影响；第二节，青铜器设计；第三节，漆器设计；第四节，织物和服饰设计；第五节，交通工具设计；第六节，家具设计；第七节，先秦时期的设计思想。

第四章主题“封建制上升时期设计的高度发展（秦汉时期，公元前221—公元220年）”：第一节，手工业迅速发展对设计的促进；第二节，青铜器设计；第三节，灯具设计；第四节，漆器设计；第五节，织物和服饰设计；第六节，陶器设计与瓷器的发明创造；第七节，交通工具设计；第八节，家具设计与室内设计；第九节，汉字的设计与应用；第十节，早期的书籍装帧设计。

第五章主题“设计的多元与融会（三国、两晋、南北朝、隋唐时期，公元220—960年）”：第一节，从乱世到强盛时代的手工业与设计；第二节，陶瓷设计；第三节，织物和服饰设计；第四节，金属产品设计；第五节，漆器设计；第六节，玻璃器设计；第七节，家具设计与室内设计；第八节，平面之变——印刷术发明和在平面设计中的应用。

第六章主题“设计走向成熟、走向市场（宋、辽、金、元时期，公元960—1368年）”：第一节，手工业、商业和科学技术高度发展对设计的影响；第二节，使用瓷器艺术设计的典范——宋瓷；第三节，辽、金的陶瓷设计；第四节，元代瓷器设计；第五节，织物和服饰设计；第六节，漆器设计；第七节，金属产品设计；第八节，科学和艺术相结合的产品设计；第九节，家具设计与室内装饰；第十节，平面设计迅速发展。

第七章主题“中国古代设计的集大成（明清时期—上，公元1368—17世纪）”：第一节，手工业生产繁荣鼎盛与传统艺术设计巅峰；第二节，陶瓷设计；第三节，古代家具设计的经典之作——明式家具；第四节，室内环境的设计思想与设计成就；第五节，织物和服饰设计；第六节，漆器设计与《髹饰录》；第七节，平面设计的进一步发展；第八节，总结古代设计全面成就的巨著——《天工开物》。

第八章主题“技艺的极致与设计的衰退（明清时期—下，17

世纪—1840年)”:第一节,封建社会没落时期的艺术设计;第二节,陶瓷设计的成就与失误;第三节,织物和服饰设计;第四节,家具和室内设计;第五节,平面设计。

第九章主题“步履维艰的近代设计(清末民国时期,公元1840—1949年)”:第一节,近代中国社会与近代设计的特点;第二节,西方近代文化、科学的传播和工业技术的引进;第三节,近代设计的艰难起步与发展;第四节,近代广告设计;第五节,近代书籍装帧设计;第六节,近代设计教育。

4. 课题与思考

a:检索:论文集《设计史研究》。

b:从设计管理的角度看,中国设计史有哪些事件值得重读?试说明重读的理由。

小资料——古代中国的手工业管理机构

商周时期已经出现官手工业作坊,但各类职事还不明确。秦始皇统一六国后调整了职官制度,设九卿:奉常(掌管宗庙礼仪和历法、医疗)、郎中令(宫廷守卫、议论)、卫尉(掌管宫门警卫、朝贡)、太仆(掌管皇帝的车马和全国的马政)、廷尉(掌管司法)、典客(管理少数民族)、宗正(管理皇族事务)、治粟内史(管理国家财政)、少府(管理皇帝的财政以及国家政务)另外执金吾掌管京城治安,将作大匠掌管土木营建,大长秋管皇后旨意的传达和后宫事务管理。从此以后,“少府”、“将作”在历代手工业事务中担当了极为重要的角色,相当于一个个设计管理机构。

少府,始设于战国,秦汉相沿,为九卿之一,其实是皇帝的私府。此外,因秦军事力量的强大,在军手工业方面有了较全面的发展,军手工业管理制度也日益成熟,以秦国为例,设有相帮、工师、工匠四个级别分别担任军手工业的管理、监督和制作工作。东汉建安十八年,主政者曹操沿用秦朝制度,设置主管宫廷手工业用品的机构少府,并逐步完善其下属的左中右尚方及御府,目的在于集中辖区所有能工巧匠专事宫廷手工业。曹丕建立曹魏政权后又再沿用曹操设定的制度,尤其“尚方”的权限在曹魏有了更大的发展,并增设“将作大匠”,负责官方建筑和土木工程,“将作大匠”的工作实质和秦朝将作少府基本没什么区别,到南北朝时期则成为“有事则置,无事则省”的临时官职。(《宋书》卷三十九《百官志》)工料之事专门设有材官校尉,为官府手工业提供上等木材,类似官员还有司竹校尉。与此同时，蜀汉、孙吴各自经营官府手工业。一般而言，出现专门职务，无非是因为这一职务越来越突显重要。西魏和北周则承周礼官制，由冬官府负责营造和各类手工业事务。南朝各政权均设少府，下有平准掌控织染。与曹操设立的机构相同，北魏也以尚方为名，作为主管宫廷手工业和军事手工业的机构。对纺织品的精品严格控制，只允许在京师官府手工业作坊生产，其余生产均属于违法。而因为官府手工业可以获得最好的材料来源，又有最好的工匠参加制作，自然会生产出最好的产品。魏晋时期原隶属于少府监的尚书，已经独立。到了隋唐时期，尚书又渐渐演化为六部，一直沿用到清朝：吏部（掌管官员的任免考核）、户部（掌管全国的土地、财政）、礼部（掌管祭祀、教育）、兵部（掌管军事）、刑部（掌管司法）、工部（掌管土木建筑和交通）。工部是掌握官手工业的主要部门。隋唐时期又有五监，其中"少府监"主管手工业制作，"将作监"负责宫庙工程修建，"军器监"负责武器及各类军需用品的生产。少府监大小官员统称"令"。隋文帝时，少府监隶属太府寺，隋炀帝时，设独立的少府监，唐高祖时期，又隶属太府寺，唐高宗、武则天时期，曾改称内府监、尚方监，但整个隋唐五代时期，以少府监名出现最多。唐少府监又分五署：中尚、左尚、右尚、织染、掌冶。五署分工相当细致：中尚署负责祭祀玉器和奢侈品，左尚署负责车辂和伞盖，右尚署负责制造马具等，织染署造冠冕，掌冶署虽然从史料上看不到统一说法，却可从名称上得知与金属器物的熔铸再造相关。此外，又有将作监管土木建筑，与战国秦汉管辖类似。少府仍然是皇家私府，因此会有内廷、家令寺等机构。唐代少府仅掌管百工技巧诸务。宋代造办机构前文已经提到，监、局、院、作是重要组成。元代机构及职能基本与宋相仿，金人曾将少府监下治各院改称署。明代相关机构，《中国古代的科技官职》解释得很详细："明洪武年初，工部称为总部、屯部、虞部和水部。洪武二十六年，改称为营缮清吏司、虞衡清吏司、都水清吏司和屯田清吏司。各司直接领导或监督官手工业的行政事务。对于一些任务特别繁重的工作则另设分支机构，特派专官莅事，借以加强领导和监督。这种分支机构大约有两种：一是"分司"，即工部各司的分司，通常以员外郎、主事等高级官员出任，地位较高，可与各司相比，故称为分司；另一是"所属衙门"，地位较低，一切要服从司的领导。一般主管官员是大使。"清以后的造办之事便基本由内务府统领了。

第三节 设计的实务

对于设计而言，课题调查和论证是非常重要的环节，它们影响着学生对“设计实务”概念的理解，但中国大部分设计院校并不专设相关课程，这一点，理工科院校的经验和成果应该得到更多的推广，我们了解越多的分析方法、应用政策，就越能够对设计的实施过程给予有效的组织、协调和控制。

一、《设计调查》(图 4-16)

图 4-16

1. 基本信息

作者：李乐山等

出版：中国建筑工业出版社 2007 年 6 月；

价格：50 元。

2. 阅读价值

这是国内第一本详细解读了设计调查具体方法与目的的专著，它的价值首先在于“设计调查”概念的提出，学设计的学生对调研并不陌生，但往往会得到很多与设计无关的信息，或者对得到的信息无法进行有效整理。专业的调查方式和基本原则可以帮助学生更集中于“什么是真正的设计问题”。

3. 结构浏览

全书分为两章：

第一章主题“设计调查基础”：第一节，设计调查基本目的；第二节，文化与设计调查；第三节，使用动机的调查；第四节，生活方式调查；第五节，设计审美调查；第六节，可用性调查；第七节，如何调查用户的行动需要；第八节，如何调查用户的认知需要；第九节，用户情景分析；第十节，语境分析；第十一节，用户调查基本方法；第十二节，调查效度分析；第十三节，如何验证和改善效度；第十四节，调查信度分析；第十五节，如何改善调查信度；第十六节，如何进行访谈；第十七节，如何设计问卷；第十八节，数据分析方法；第十九节，抽样方法；第二十节，抽样举例；第二十一节，高档产品设计调查。

第二章主题“产品设计调查”：第一节，高档产品因素调查；第二节，MP3 设计调查；第三节，高档家具设计调查；第四节，高档电冰箱设计调查；第五节，高档大巴设计调查；第六节，高档PDA设计调查；第七节，高档数码照相机设计调查；第八节，高档笔记本电脑设计调查；第九节，高档洗衣机设计调查；第十节，高档手机设计调查(1)；第十一节，高档手机设计调查(2)；第十二节，高档小轿车设计调查；第十三节，高档空调设计调查；第十四节，高档复印机设计调查。

4. 课题与思考

a：检索"样本"与"抽样方式"，注意变量问题，即，数据不仅仅是数字，而是反映着各种社会关系。

b：结合自己感兴趣的某一类设计进行深入调查，注意"类"的大小区分和属性区分。

二、《设计和开发的理解与应用》(图 4-17)

图 4-17

1. 基本信息

主编：敖景；
出版：中国标准出版社 2002 年 11 月；
价格：30 元。

2. 阅读价值

由于此书是中国标准出版社出版的，因此在设计院校的传播率并不广，但它提供了一系列关于设计开发的具体内容和操作方式，了解这一领域的知识可以帮助设计专业的学生更客观地面对自己的作品，同时也能够培养起一定的"开发"意识和"专利"意识。

3. 结构浏览

全书共五章：

第一章主题"设计和开发概论"：第一节，产品的概念；第二节，设计和开发的概念；第三节，设计和开发条款的删减；第四节，设计和开发的一般原则。

第二章主题"ISO9001 对设计和开发的要求"：第一节，设计和开发条款；第二节，设计和开发策划；第三节，设计和开发输入；第四节，设计和开发输出；第五节，设计和开发评审；第六节，设计和开发验证；第七节，设计和开发确认；第八节，设计和开发更改的控制。

第三章主题"设计和开发的类型"：第一节，硬件设计和开发的典型类型；第二节，服务的设计和开发；第三节，流程性材料的设计和开发；第四节，软件的设计和开发。

第四章主题“设计和开发文件及控制”：第一节，设计和开发文件；第二节，设计和开发文件控制；第三节，设计和开发记录控制。

第五章主题“概念区别及其术语解释”：第一节，概念区别；第二节，与设计和开发相关的其他术语；第三节，ISO9000 术语解释。

4. 课题与思考

a：检索“设计开发”、“设计研发”、“大学生申请专利”等内容，了解自己的设计作品在这一知识领域中的位置。

b：思考“艺术设计”学习中接触的设计是否存在一些盲点？比如流程、开发、控制，如何根据个人专业属性，弥补这一部分的知识缺失？

三、《设计与法规》(图 4-18)

图 4-18

1. 基本信息

编著：陈汉青、万仞；
出版：化学工业出版社 2004 年 10 月版；
价格：36 元。

2. 阅读价值

这是国内第一本将设计与法规并置研究的专著，它的意义并不在于书本的内容，而是通过书名向更多学习设计、从事设计的人宣传了设计法规的重要性。目前国内还没有形成明确的“设计法”，但知识产权法、著作权法、专利法、商标法、广告法等一系列与设计行业相关的法律法规仍然有必要进入设计师的视线，这既是一本工具书，也是设计走向自律的标杆。

3. 结构浏览

全书分为十个章节：

第一章主题“‘设计法规’概述”：“设计法规”的概念与范畴；“设计法规”的特征。

第二章主题“现代设计与知识产权”：知识产权的概念；设计知识产权概述；设计师应具备知识产权保护的战略意识和水平。

第三章主题“艺术设计与著作权法”：艺术设计著作权作品；

艺术设计著作权;艺术设计著作权的保护。

第四章主题“工业设计与专利法”:专利的基本概念;发明;实用新型;外观设计;专利权的有关原则;专利文献的使用。

第五章主题“商标法”:商标的特征;商标的种类;商标注册的条件;注册商标的有关程序;商标权的保护;商标使用的管理。

第六章主题“设计知识产权法规的联系与发展”:著作权、外观设计专利、商标权的交叉保护;商业秘密;设计知识产权法规的发展趋势。

第七章主题“设计与知识产权相关法规概述”:广告法规;包装设计中涉及的知识产权问题;知识产权与民间创作(文化遗产)保护。

第八章主题“工业设计知识产权管理与策略”:工业设计知识产权管理的重要意义;工业设计知识产权管理概述;工业设计与专利策略;企业商标策略;企业专利、商标策略实例。

第九章主题“工程设计法规”:工程设计的原则;设计阶段和内容;设计文件的审批与修改;中外合作设计;工程设计单位的质量责任与义务;工程设计市场管理;工程设计与文物保护。

第十章主题“工程建设程序法规”:工程建设程序阶段的划分;工程建设前期阶段的内容;工程建设准备阶段的内容;工程建设实施阶段的内容;工程验收与保修阶段的内容;终结阶段的投资后评价。

另有四份附录,包括10种案例和21种法律法规条例。

4. 课题与思考

a:结合将要主修的专业,列出需要了解的设计法规,检索相关内容,并注意更新。在此基础上进一步检索与设计法规有关的案例五种,如“外观专利”。

b:阅读以下材料,思考设计专业的学生如何加强设计作品的版权意识?如何介入版权保护公约?

小资料——全国首次设计作品版权保护研讨会在深圳召开

来源:中国设计之窗 http://www.333cn.com

2005年7月26日下午,深圳市设计作品版权保护研讨会在市银湖旅游中心召开,深圳市政府相关领导、设计界、法律界、教育界专家学者50余人出席了这次研讨会。

研讨会由市知识产权局局长李平主持,与会人员围绕设计作品法律保护问题上作了翔实的讨论,平面设计师协会主席韩家英、副主席毕学峰、张达利以及中国设计之窗总编冯家敏在会上与法律界专家进行了交流。研讨会进行了约 4 个小时，并取得较为满意的结果。

会间发言踊跃，气氛融洽。中国设计之窗冯总编首先介绍了中国设计现状和“万人签名公开信致全国人大呼吁立法保护设计作品维权”的活动。设计界代表也描述了设计作品被侵权的形式和维权操作上的困扰。法院和律师协会专家纷纷出谋划策，就版权保护的现状、版权归属认定、被侵权后如何取证及鉴定、维权赔偿作了系统的解答和阐述；同时指出设计师要拿起法律武器保护自己的设计作品。市政府有关领导则表示要加大版权保护力度，通过强制性的示范文件、专业的法律指引、设立相关咨询和鉴定机构、媒体曝光的方式全方位实施版权保护。有关领导还指出，中国正处于发展中国家，法律制度还不够健全，完善法制还需要一个漫长的过程。有关领导鼓励中国设计之窗一定要把设计维权活动坚持下去，并希望设计师发起一个自律公约，带头保护知识产权，在社会上树立良好的形象。

拥有“设计之都”美誉的深圳，是中国乃至亚洲的设计重镇。从业人员 2 万多人，设计业也成为深圳的第四大产业。深圳率先推进设计作品版权保护具有重大的意义，将会促进中国设计产业的良好发展。

第四节　设计的价值

一、《产品价值分析》(图 4-19)

图 4-19

1. 基本信息

主编：柳冠中，编著：刘吉昆；

出版：黑龙江科学技术出版社 1996 年 12 月版；

价格：24.50 元。

2. 阅读价值

从出版时间看，《产品价值分析》算一本老书，也是国内较早关注到价值分析的教材，十几年过去，即使是在产品设计领域，以“价值”作为主要研究对象的教材仍然不多见。这本书的价值在于把产品设计的关键因子和终端形态单独提炼出来，让读者能够比较直接地关注到设计需要解决的问题。

3. 结构浏览

全书共十一章。

第一章“绪论”:第一节,价值分析在设计中的地位与作用;第二节,价值分析在设计教育中的作用;第三节,价值分析课程在设计专业中的教学方法建议。

第二章“价值分析”:第一节,价值分析的产生与发展;第二节,价值分析的定名;第三节,价值分析的定义;第四节,价值分析中的几个概念;第五节,价值分析的特点。

第三章“价值分析在产品设计中的应用”:第一节,提高产品价值的途径;第二节,产品改进的时机;第三节,价值分析自身的工作过程;第四节,价值分析的应用范围;第五节,价值分析在产品设计中的应用程序。

第四章“确定对象与信息收集”:第一节,价值分析对象的确定;第二节,信息与资料的收集。

第五章“产品功能分析”:第一节,功能定义;第二节,功能分类;第三节,功能整理。第六章“产品功能评价”:第一节,功能评价的含义与概念;第二节,功能评价的目的;

第三节,功能评价的步骤;第四节,产品整体价值的评价;第五节,确定功能的现状成本;第六节,寻求功能的最低成本;第七节,求现有产品功能的价值系数与成本降低幅度;第八节,确定改进的顺序。

第七章“功能方式的创造”:第一节,方案创造的原则及注意事项;第二节,方案创造的方法;第三节,方案创造的步骤。

第八章“方案的具体设计”:第一节,方案的概略评价;第二节,方案的具体设计。

第九章“方案的评价与选定”:第一节,试验新的功能方式;第二节,方案的评价与优选。

第十章“方案的报批与实施”:第一节,方案的报批;第二节,方案的实施;第三节,价值分析成果总评。

第十一章“价值分析案例”:第一节,新产品开发 VE 设计案例;第二节,老产品改进 VA 设计案例。

附录:价值分析作业与作品赏析。

4. 课题与思考

日常生活中的“物”(人造物)的“价值”有几种含义?

小资料——关于“价值”

马克思说：“‘价值’，这个普遍的概念是从人们对待满足他们需要的外界物的关系中产生的。”（《马克思恩格斯全集》第19卷，第406页，人民出版社1979年版）

学生演讲——“井盖的世界”

演讲者：夏颖

NO.1 演讲思路

俄罗斯艺术家曾经发起过一个全球性的艺术项目：将下水道的世界，连接起来！他们邀请世界各地的人们把当地富有特色井盖照片邮寄给他们，呈现出了一个别样的世界！

① 井盖的概念

掩盖道路上或家中深井的防御物；

城市管理设施中的一部分；

其规格、造型纹样，对公共场所的路面景观会产生很大影响（图4-20、图4-21）。

图4-20　色彩、材质与地面环境

图4-21　趣味也可以用在脚下

② 按形态分类：

圆形、方形、格栅。

不同井盖形态的设计原理：

圆形的井盖不易倾斜，能够较好的保护好行人和车辆的安全（图4-22）。

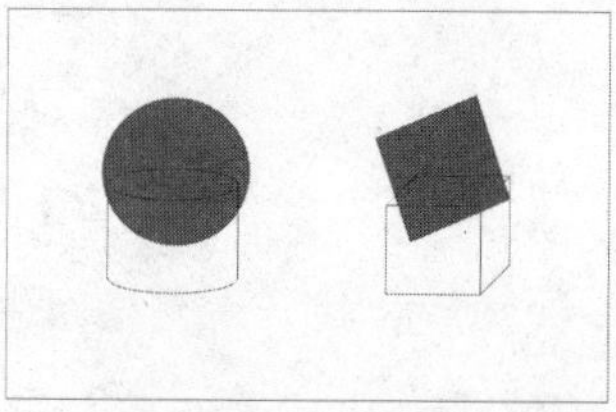

图4-22　当井盖被车轧起时圆形井盖不会掉到井里

方形井盖可以预防雨水等液体的进入；主要用于电缆井和郊区。

③ 日本的井盖艺术（图4-23、图4-24）

图4-23　北海道函馆市盛产墨鱼

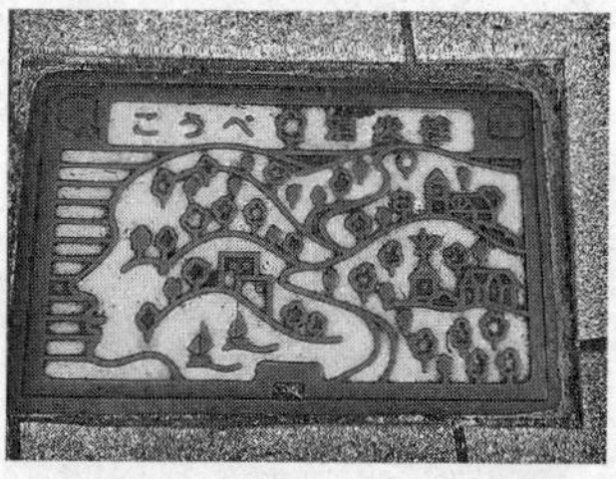

图4-24　好看的长方形井盖

1977年，冲绳首先采用了鱼形花纹的井盖，将建设美好生活环境的愿望隐含其中。随后，国内各地纷纷效仿。日本虽然是方寸之地，可是日本各地政府都绞尽脑汁为井盖大做文章。很多地方选择了当地特产或知名建筑作为图案。

具体设计：

消防栓的井盖大多是方形；

不同的花纹有利于明确各行政主体的管辖范畴；

不同颜色的井盖有提示作用，比如避难所周围的井盖上，除了用箭头指示方向外，还涂上颜色，黄色箭头表示离避难所200m以内，红色则为100m以内。最近，有些地区甚至在井盖上装上卫星定位系统。

日本人还成立了井盖研究会，专门收集全国各地以及海外的井盖照片。看似平凡井盖中却隐藏着如此丰富多彩的信息，可以说，注重细节的日本人把井盖的用途发挥到了极致。

④ 巴西井盖涂鸦(图 4-25)

有时候平面绘制的作品也能达到立体的效果。

图 4-25 巴西井盖涂鸦

美国的袖珍井盖(图 4-26)

美国井盖个数很少，且相对集中在某一个地方，因而在街上基本看不见。

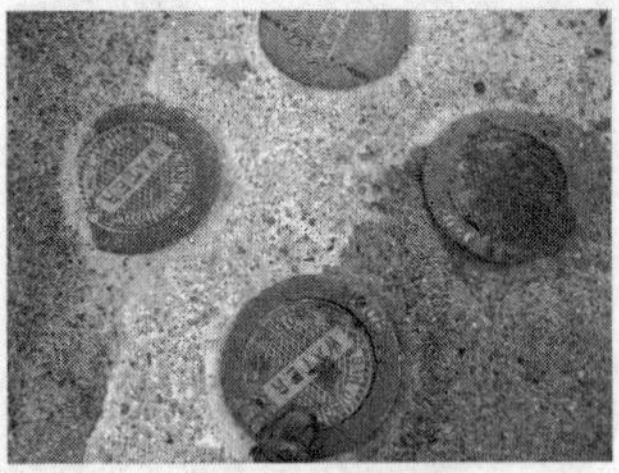

图 4-26 美国的袖珍井盖

⑤ 小结："井底之蛙"看井盖

设计是一种责任。

设计源于生活，应该更贴近生活。

抱着为民服务的信心，从细节之处入手，让生活变得更美好。

⑥ 参考资料

《环球时报》："日本井盖五花八门"；

《城市公共环境设计 3》，新疆科学技术出版社。

NO. 2 演讲总结及主要观点提炼

非常高兴，这次的演讲可以得到周围同学的肯定。对我而言，这实在是一次突破。抛弃所有不足之处，我的突破应该是拥有满满的自信，这些自信来自一种执着。

起初虽然对选题有一定认识，但并不清晰。因而捕捉了一个老师上课时提到的并且自己也感兴趣的关键词，有针对性地在南图借了两本书，却无意间发现了"井盖"这个主题。经过检索发现，俄罗斯的艺术家曾经发起过关于井盖的艺术活动，这就更坚定了我选择这个主题的信心，井盖的世界就此浮现在眼前。

这是一个并不亮眼的事物，但在城市建设中它却功不可没。它为美化城市而生，城市却将它遗忘。好在一些热爱生活的国家注意到了它，在这些国家中，日本是做得最完善的。

首先，在日本不同形状的井盖有其各自的用途。圆形的井盖因为不易倾斜、坠落，而广泛用于城市的下水道工程；方形的井盖可以很好地防止雨水的进入，所以井中存放的以电线、电缆以及消防栓为主。

其次，由于日本灾害频繁，不同颜色被涂在井盖周围，以提醒人们附近有避难所。黄色表示避难所在井盖周围 200m 以内，红色则为 100m 以内。这正是根据井盖分布广泛的特点，有效地实现了资源的优化配置。

第三，日本的井盖上都有极具地方性特色的花纹作装饰，有的甚至还安装了卫星定位系统，主要是为了便于管辖。

最后，日本人还成立了“井盖研究会”，专门收集全国各地以及海外的井盖照片。

可以说，注重细节的日本人把井盖的用途做到了极致。那么，他们是如何做到这一点的呢？或许正因为资源匮乏且自然灾害频发，带给了日本人与生俱来的对生活的责任感。联系实际，我们的设计何尝又不需要这种源于生活的责任感呢！

所以，“设计师的责任感”是我的演讲中最想要表达的，而不足之处还需要请老师与同学多多指出纠正。

二、《设计的精神》(图 4-27)

1. 基本信息

主编：香港设计中心 & 艺术与设计杂志社

出版：艺术与设计杂志社；联合出版：香港设计中心；2008年1月；

价格：48.00元。

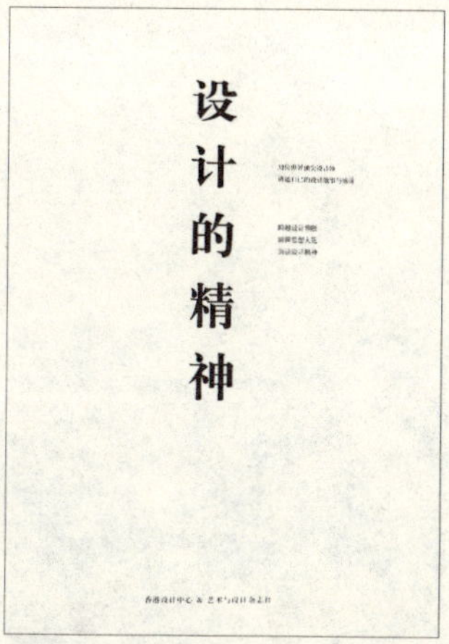

图 4-27

2. 阅读价值

这本书的价值在于汇集了不同设计领域的设计师和研究者，通过各自的实践经验对设计的本质问题进行评析：建筑、产品、品牌、风格、历史、教育、价值等话题的并置，可以让读者了解各设计领域的发展、成就和问题：“32位世界顶尖设计师讲述自己的设计故事与感悟，跨越设计界限，碰撞思想火花，阅读设计精神”(封面文字)。部分文字之后的“Q&A”(提问与回答)环节值得细读，它们更集中地反映了设计师们思考问题的轨迹和真实状态。

3. 结构浏览

全书共32篇文章。

从“我家妈妈”到“情感建筑”(丘德威)；香港海洋公园：亲爱的人民公园(盛智文)；光就是空间的生命(陈仕芳)；人与设计原理(比尔·摩格里吉)；明天的设计学校(克里斯托夫·富莱灵)；从进入到整合，品牌的国际化(陈瑞麟)；芝加哥千禧公园效应(爱德华·库卢尔)；变化中的人与世界(陈秉鹏)；源于自然的心灵感悟(伊娃·基里克娜)；奢华的挑战：变化世界的心理欲望(盖·索尔特)；21世纪的旅馆(霍孔锵)；设计美梦 奢侈品的起源(让·马克·加迪);与鞋结缘(周养杰);“巧克力”与流行趋势(金珍);以小搏大的品牌价值(乔·菲利);劣设计之劣后果(约翰·索莱);“不创新就灭亡”(卡里姆·莱希德);表面之后,造型之外(罗维·威米尔斯先生);设计差异:竞争者无法跨越的差距(马丁·达比希尔);设计的收益观念(皮特·莱克);情景化零售空间(莱希德·丁);区分好想法和坏想法(隆·阿拉德);不要顺理成章地接受一切(施德明);巴黎的新艺术精神(史蒂芬·马丁);香港湿地公园(邓文彬);设计的有效奢侈(汤马斯·侯隆);中国的新设计机遇(王敏);典型的香港风格(邓达智);北京首都博物馆:官方设计体系(严瑞源);迷恋色彩拼贴(赞德拉·罗德斯);发展出来的设计(张永和);中国工业设计的现状和困惑(周佚)。

4. 课题与思考

设计的精神并不难提炼,如何通过你的设计(具体的设计)体现你想要表现的精神?

学生作业——绝对中国·游中国

2003年开始,我在低年级学生的课程中设置了“绝对中国”(图4-28、图4-29)和“游中国”的小练习(图4-30、图4-31、图4-32)。

图4-30 刘琉作品

图4-31 刘也宁作品

图4-32 张页作品

图4-28 李啸寅之一

图4-29 李啸寅之二

“绝对中国”的课题来自广告史和平面设计史的经典案例“绝对伏特加”(Absolut Vodka),“游中国”的课题来自一张图片(图 4-33)。这两个练习的目的在于让学生了解他们对于中国的理解会有多少相似性,相对而言,“绝对”需要提炼的是比较纯粹的中国元素,而“游”则可以更感性、更幽默些,在本科阶段加入这样的练习并讨论、讲评,可以帮助学生思考一个更大的命题:中国设计的精神与合理表达。

图 4-33

第二章 读"管理"

在任何一家书店,管理类的书籍都会放在很显眼的位置,因为任何职业都离不开管理,同时,管理类的书籍又是最庞杂的,因为每个人都可以写一本关于管理思想、方法和历史的专著。除了沃伦·巴菲特(Warren Buffett)、杰克·韦尔奇(Jack Welch)这样的大人物,也有不少小人物因为一个新奇观念的提出和成功操作而列席畅销书,读者已经看到无数"不容错过"、"只需要一本"、"必须要看"等很有煽动性的海报和封面,这时需要强调阅读过程中的"进入"状态,这样可以帮助我们在书堆里找到适合自己阶段性阅读的文本。

对于设计管理的初学者而言,并不需要阅读过多管理学的著作,有时间可以逛逛书店"嗅嗅气味",在经济管理类、市场营销类书架前可以直观地看见一些热点话题和新观念,比如"危机管理"、"跨文化管理"、"事件营销"、"整合营销"等,我们可以记下这些关键词,然后把它们放在一边,先尝试做多样性的课题和项目,通过实践消化概念。

第一节 管理的原理

《改变世界的管理方法》(图 4-34)

图 4-34

1. 基本信息

主编:邱庆剑、黄雪丽;
出版:中国经济出版社 2004 年 10 月版;
价格:32 元。

2. 阅读价值

这本书的价值在于对管理历史上庞杂的理念、方法进行了高度提炼,选择的标准是"改变世界",类似的书籍并不少,但从内容上看,这本书虽以"方法"命名,却涵盖了管理的基本原理、核心概念、主要思想，比较适合初学者把握，其中“中国经理人的反思”、“阅读材料”等章节安排可以很好地与读者互动，并进一步深化“方法”的现实意义。

3. 结构浏览

全书分为12部分，每一部分都设定相同的阐释结构：A，方法诠释；B，方法应用；C，中国企业的差距；D，中国经理人的反思；附：阅读材料。

NO. 1 主题“揭开现代管理序幕的‘科学管理’”；
NO. 2 主题“奠定现代管理基础的‘一般管理’”；
NO. 3 主题“把人从工具中分离出来的‘人本管理’”；
NO. 4 主题“一份耕耘一份收获的‘80、20法则’”；
NO. 5 主题“被誉为管理‘日心说’的‘目标管理’”；
NO. 6 主题“让管理者认清管理核心的‘决策管理’”；
NO. 7 主题“掀起一场生产模式革命的‘JIT管理’”；
NO. 8 主题“让企业形象脱颖而出的‘CI战略’”；
NO. 9 主题“真正认识‘质量’概念的‘全面质量管理’”；
NO. 10 主题“让企业经营趋于完美的‘6σ管理’”；
NO. 11 主题“解决企业无边界扩张的‘虚拟经营’”；
NO. 12 主题“让企业脱胎换骨的神奇配方‘企业再造’”。

4. 课题与思考

关于“趋势”：新概念的提出是否一定指向新的发展趋势？
延伸阅读：约翰·奈斯比特《大趋势》、《定见》。

小资料——技术趋势

20世纪三四十年代，安德烈·勒鲁瓦提出“技术趋势”的概念，他把技术及其物化看作是“外在化过程”：“人的能动性来源于他的技术而不是他的身体进化，尽管今天这种身体的进化又一次——不过这次是通过技术——进入了转化期，就好像技术与活人之间的区别会逐渐消失似的。事实上今天技术似乎正在被活人内在化。”（R. 舍普《技术帝国》，三联书店出版社，2004年版，P151）

第二节 管理的历史

《管理的历史》(图 4-35)

图 4-35

1. 基本信息

作者：[英]摩根·威策尔；译者：孔京京、张炳南；
出版：中信出版社 2002 年 10 月
价格：25 元。

2. 阅读价值

这是一本适合大学生阅读的历史书，作者用自己的视角讲述了很多故事，同时涵盖了管理历史上主要的知识点，适时精简的点评总会让读者不断地将历史事件和眼前的生活联系起来，提醒我们注意："历史不会重复自己，但却可以重复自己的规律"。这也是一本值得精读的著作。历史学家戴维刘易斯评价说："《管理的历史》提醒我们，对于管理来说，历史绝不是垃圾。工商业的每一个方面，无论是市场营销、组织、财务、战略，还是道德规范，都有着悠久的历史和充满人情味的故事……摩根·威策尔一一讲述了这段历程，讲得非常好。"

3. 结构浏览

全书分三个部分十三章。

第一部分主题"管理与文明"：第一章，如今不再有英雄；第二章，管理出现以前的管理者；第三章，管理革命。

第二部分主题"管理的原则"：第四章，市场营销兜了一圈又回到原地；第五章，组织：文明的基石；第六章，金融：让世界转起来；第七章，通往胜利的道路；第八章：探索最美好的世界。

第三部分主题"管理的哲学"：第九章，道德规范和身份；第十章，领导者和服务者；第十一章，风险和回报；第十二章，对知识的探索；第十三章，附笔。

4. 课题与思考

从设计管理的角度看，管理的历史中有哪些事件值得重读？试说明重读的理由？

相关阅读：《品牌的故事》，南希·F·凯恩著，机械工业出版社，2003 年 1 月。

小资料——品牌管理的经典案例：
韦奇伍德陶瓷（图 4-36）

设计的起点：获得更多的顾客，超越斯坦福郡陶瓷；

设计的原则：陶、瓷技术更新；经典且可以标准化的纹样；持久耐用。

“我们至少需要 6—8 个柜台才能给这些穿着整洁入时的女性留下深刻的印象，在这些精美的花瓶的映衬下，我们的商店显得更加光彩夺目。每隔一段时间我们还应该改变一下店内布局，使顾客每次光临时都能有一种新鲜的感觉，这种奇妙的效果是难以言喻的，它将商业和享受完美地融合在一起。在伦敦，任何展出、展览、珍品最终都会成为过眼烟云，只有强大的功效才是真正永恒的。”（《品牌的故事》）

韦奇伍德代表着一种品牌创建的精神：富于远见而又细致入微。18 世纪以后的英国陶瓷业，几乎始终围绕这个家族的进退而发展。这里主要介绍的是“韦奇伍德”品牌创始人约西亚·韦奇伍德（Josiah Wedgwood，1730—1795，图 4-37）。

设计概念产生之初，并没有多少人从更深层的理解去阐释它，似乎一切的创造和艺术没有太大的区别。人们对艺术家和工匠的界定都很明确，唯独对设计印象模糊，也不清楚设计师究竟可以为这个世界做些什么。但这种面目不清的状态被韦奇伍德改变了：设计直接与市场终端联系起来，设计的意图与过程被量化，设计师的工作变得直观了。虽然设计师职业的真正形成比韦奇伍德生活的年代要晚 1 个多世纪，但他确实已经为工业时代的设计师需要做的事情做了系统的归纳。韦奇伍德采取了标准化的图录、生产配方，联合优秀的艺术家、工人、技术人员共同参与陶瓷品牌的创建，并通过展览展示企业的成就。他的发展思路代表着那个时代从制造业走向设计、制造的企业家们的一种典型状态，其成功的主要原因除了技术创新，还有很关键的两点，正是这两点帮助他成为设计历史上第一个将设计过程、设计行为、设计营销等工作整合思考的专业人士：

① 工作笔记——

韦奇伍德会以一种特殊文字记录工作中发生的各种状况，这种文字自然也只有他自己可以解读。另一方面，对人员的管理，韦奇伍德则专门雇佣一位书记员以笔记的方式记录

图 4-36　18 世纪的英国出现了大量的中产阶级，英国作家塞缪尔·约翰逊曾打趣这一时期的人“连上吊都要不落俗套”，韦奇伍德洞察到这样的社会变化，开发出多种工艺，从平民到女王，满足了不同层次人群的消费需求，形成了早期的市场细分观念。图为 20 世纪 30 年代的韦奇伍德工厂。

图 4-37　韦奇伍德像

图 4-38　本特利像

在案。书记员的工作是每天第一个到达工厂:“尽快安置随后而来的员工——鼓励那些按时上班的,让他们知道自己的行为受到了公司的注意;同时警告那些迟到的员工,如果屡教不改的话,将对他们实施延长工作时间或扣发工资的惩罚。”“工作卡”制度也在这个时期应运而生,并成为最难以作弊的考勤方式。

② 事业搭档——

托马斯·本特利(Thomas Bentley,1730—1780,图 4-38),韦奇伍德终身的合作伙伴和挚友。本特利兴趣广泛,有丰富的商业实战经验和管理经验,在政界和金融界也有非常广泛的人脉关系。可以说,本特利为韦奇伍德的事业拓展贡献了全部的智力和资源(图 4-39)。两个人甚至合作争取到修建一条人工运河的机会:特伦特——墨济运河,一条连接斯塔福德郡陶业生产中心、利物浦、赫尔等港口城市以及墨济河、特伦特河、泰晤士河、塞温河四条河流的运河,将极大地缩短商业运输的时间和成本,也为沿河地区的经济发展带来福音。

直至今天,韦奇伍德家族企业都被视为英国经济发展的一个缩影:以专业化的生产带动相关产业的发展,并最终互惠(图 4-40)。

图 4-39 自 1759 年第一家韦奇伍德作坊创建以来,韦奇伍德陶瓷的标志有过多种表现方式,这些图标是指“韦奇伍德与本特利”出品,一直用到本特利去世。

图 4-40 韦奇伍德还是仿制古代陶瓷器的高手,1789 年生产的波特兰花瓶(potland vase),是罗马帝国时期一件精美的玻璃宝石花瓶的仿制品,得名于花瓶的收藏者第三代波特兰公爵(William Henry Cavendish — Bentinck, 1738—1809)。

第三章 读“设计管理”

设计管理的概念首先是由一些国际设计管理研究机构或国外设计院校的学者通过讲学的方式介绍给中国设计界和企业界，接着出现了一些专业出版物、译著等，也出现知名企业和设计院校、设计机构合作举办设计管理论坛、峰会、学术研讨等宣传与交流方式。就目前而言，中国设计管理研究和教学工作正处于展开期，相关的研究成果也陆续出现，但基本是沿用英国或美国的设计管理研究思路，如设计史经典事件分析、品牌管理经典案例分析等，这对于中国设计管理研究虽然有重要的指引作用，却不能提供中国当代设计与管理融合方式的具体参照。中国设计管理学科与国际设计管理学科的共性和差异研究，还需要得到更多关注。近些年国内出版的有影响的出版物列表如下：

中国台湾版本

书名	编著者	出版社
《创新与设计管理》	钟明鸿	超越企管顾问公司，1993
《设计管理——产品之组织、沟通与运作》	邓成连	亚太图书出版社，1994
《设计管理——理论、程序与应用》	刘瑞芬	文京出版社，2006

中国内地版本

书名	编著者	出版社
《设计的营销与管理》	尹定邦等	湖南科学技术出版社，2003
《设计管理》	刘国余	上海交通大学出版社，2003
《设计管理欧美经典案例》	DMI、黄蔚等	北京理工大学出版社，2004
《设计策划与管理》	胡俊虹	合肥工业大学出版社，2005
《设计程序与设计管理》	刘瑞芬	清华大学出版社，2006
《设计管理》	刘和山等	国防工业出版社，2006
《设计管理——企业的产品识别设计》	花景勇	北京理工大学出版社，2007
《设计管理》	王效杰等	中国轻工业出版社，2008

除了出版物，还有不少学者经常发表与设计管理相关的文章，这部分的阅读资料正在逐渐丰富，本章推荐三本比较适合

三、四年级本科生阅读的教材。

第一节 设计管理的综述理论

《美国设计管理高级教程》(图 4-41)

图 4-41

1. 基本信息

作者:[美]凯瑟琳·贝斯特(Kathryn Best)
译者:李琦,刘樱,宫力;
出版:上海人民美术出版社 2008 年 1 月版;
价格:98 元。

2. 阅读价值

这是目前所见第一本国外设计管理教程的中译本,对于我们了解美国设计管理教学内容和方法有很大帮助。从教程内容看,知识层次和结构安排比较清楚,理论、案例、人物专访等多种形式的解析方式可以让读者最大限度地将自己的知识结构与之挂钩,以“了解设计在商业中所处的位置以及设计为一个组织带来创造性价值的重要意义。”(导言)

3. 结构浏览

全书共三章。

首先提示读者“如何最有效地使用本书”,包括:内容提要;什么是设计管理;设计管理的重要性;设计管理大事年表。

第一章主题“设计策略管理”。第一部分“知识”:把握设计的机遇;了解你面对的顾客与市场;诠释客户与顾客的需求;审核设计的运用;确立设计策略;推销设计战略;为长期增长作规划。第二部分“实践”:案例研究:Argus 3 型热成像照相机;案例研究:camper 农夫鞋。第三部分“人物专访”:克里斯博士,伦敦奥雅纳集团全球远景指导与创意总监;人物专访:戴洛·费尔德曼,雅虎产品发展部总监。第四部分“关键技巧”:管理客户关系;引导设计决策;塑造良好的工作关系;口头交流。

第二章主题“设计过程管理”。第一部分“知识”:商业战略的形式;用设计来提升意识;用设计来表现品牌;开始设计项目;设计方法;设计过程;设计过程中的竞争性优势。第二部分“案例研究”:KDE 对 JVC 大楼的设计;案例研究:本田的祖玛。第三部分“人物专访”：玛特·亨特，欧洲 IDEO 公司董事；布赖恩·史密斯，FeONIC 公司董事经理。第四部分“技巧”：管理创意团队；推进设计过程；发展合作文化；可视化沟通。

第三章主题“设计执行进程管理”。第一部分“知识”：项目管理过程；项目管理实践；社会责任与环境责任；设计政策、设计程序及设计指南；将全球性设计转化为地区性设计；衡量设计成败；回顾及修正设计策略。第二部分“案例研究”：FooGo 的形成；案例研究：“丝般”集团。第三部分“人物专访”：柯伦·洛，英国国家患者安全中心，设计与人力部主管；荔妮·艾文斯，A420 的联合创始人。第四部分“关键技巧”：管理能力和领导能力；领导并发扬设计；写下来的信息。

附录：关于设计管理的 18 种观点。

4. 课题与思考

检索中外设计公司，尝试进行公司设计目标和设计策略的分析（相对过程管理、执行进程管理而言，目标和策略比较直观），按照公司规模、业务范围、品牌认知度等进行分类，同时尝试做一份小型设计公司策划案（建筑、产品、平面、服装、装饰艺术、动漫、新媒体等）。如广告设计公司：“李奥·贝纳”（美国 http://www.leoburnett.com）、“东道设计”（中国 http://www.dongdao.net）。

第二节　设计管理的分述理论

《设计管理——企业的产品识别设计》（图 4-42）

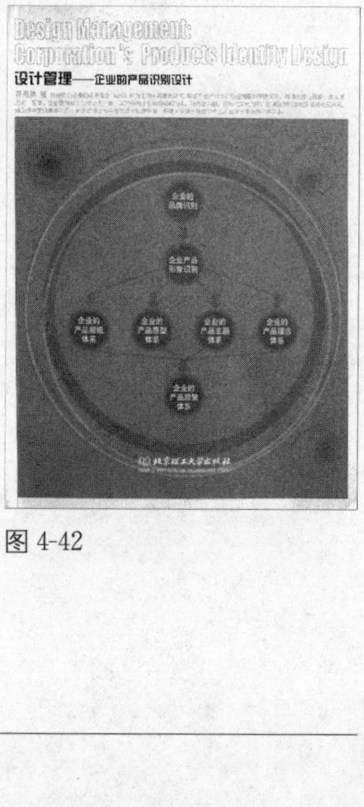

图 4-42

1. 基本信息

作者：花景勇；
出版：北京理工大学出版社 2007 年 1 月版；
价格：38 元

2. 阅读价值

正如作者自己所言：“自认该书定位为畅销专著”，这本书的价值正是在于根据销售定位量身定做的内容和表述方式，其中不乏有较高研究价值的个人思考。在产品设计领域、平面设计领域也有不少设计师和研究者撰写过类似书籍，但基本是“一个"或"一些"设计专案分析,这本书将企业、产品、产品识别设计分别视为设计管理的研究对象,明确了专业领域内的设计管理研究框架。

3. 结构浏览

全书分为四部分共十二章。

第一部分"产品设计事务管理内容体系推演"。

第一章"现状与问题":第一节,现状;第二节,问题的提出。

第二章"企业产品识别设计管理的目标界定":第一节,目标与任务;第二节,从产品设计的本源诉求分析管理的研究内容;第三节,从设计管理到企业产品的识别设计管理。

第三章"产品识别设计管理的理论框架推演":第一节,从企业品牌到企业设计文化的历史溯源;第二节,形式设计文化的内容推演;第三节,企业产品的品牌实现及其文化内容推演。

第二部分"产品识别设计事务管理内容基础理论"。

第四章"如何从工业设计的角度评价产品设计":第一节,产品设计的概念评价;第二节,产品设计的美学评价;第三节,产品设计的人机、材料、工艺、结构、维护、成本评价。

第五章"如何从企业的角度评价产品设计":第一节,用态势图来评价企业产品的识别设计定位;第二节,产品设计的企业评价;第三节,产品设计的战略评价;第四节,产品设计的策略评价;第五节,企业产品设计的识别体系评价与案例。

第三部分"企业识别设计管理的产品体系构建"。

第六章"如何描述一个企业":第一节,企业描述的目的、任务、基本思路与方法;第二节,如何定义一个企业;第三节,描述企业的基本工具之一——历史坐标图系;第四节,描述企业的基本工具之二——企业的特征形态集合与原型数据库的描述体系;第五节,描述企业的基本工具之三——特征文字描述体系。

第七章"企业的产品描述":第一节,企业的产品概念;第二节,产品的分类与创新内容;第三节,企业的产品层级体系构建;第四节,企业的产品树图;第五节,企业产品的生命周期及其设计与管理应用。

第八章"企业产品识别设计的原型体系":第一节,产品形态中的原型现象;第二节,产品设计的原型符号;第三节,从意象到原型的结构转换;第四节,原型的置换与变形——形态修辞;第五节,企业产品识别设计中的原型体系;第六节,把原型作为设计文脉的实现工具。

第九章"企业产品识别设计的主题体系":第一节,从产品的设计设想到设计概念;第二节,企业产品的设计主题;第三节,企业产品识别设计的主题体系。

第十章“企业产品的识别设计的品牌体系与政策体系”：第一节，企业产品品牌的概念辨析；第二节，构建企业产品识别设计的政策层级体系。

第四部分“产品设计事务管理内容体系应用”。

第十一章“企业产品识别设计的案例分析”：第一节，吉罗通多项目中的原型理念形成解析；第二节，吉罗通多项目中的品牌命名的文化原型和识别战略的关系形成研究。

第十二章“设计师队伍的档案与选择”：第一节，现状与任务界定；第二节，选择适合企业需要的设计师梯队的基本思路；第三节，设计师档案的创建与选择及案例分析。

4. 课题与思考

思考“产品识别设计”可能产生的社会效应。

小资料——读书笔记：《社会的麦当劳化》

熟悉的冰激凌，熟悉的餐桌椅，只要跨过那道金色拱门（图 4-43），你就是麦当劳的贵宾，也可能成为它的奴隶。

图 4-43　麦当劳标志

麦当劳创造了快餐业的神话，麦当劳规则却渗透了各行各业。效率、可计算性、可预测性、可控制性成为麦当劳化的标志。

“麦当劳模式的成功表明，许多人倾向于喜欢一个不会出现意外的世界。”这句话，可以概括上述麦当劳化的多个侧面。

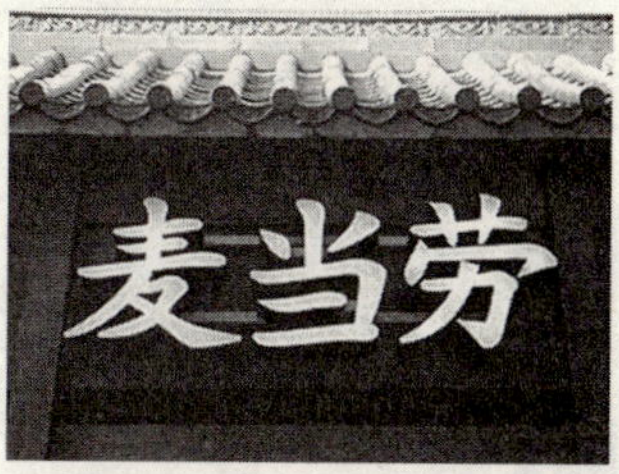

图 4-44　巴黎中国城的麦当劳

1937 年，麦克·麦当劳和迪克·麦当劳创立他们的第一家快餐店，从技术到语言都进行了规定，这正是麦当劳规则化、组织化的起步。而 1961 年买断麦当劳的雷·克罗克，“将麦当劳变成了一种全国性然后是国际性的”产业。今天享用麦当劳，在时空上几乎不受限制，连锁店遍布全球，用餐、服务、氛围始终如一，这是一个不会出现意外的世界，从麦当劳的经验，可以看到，它会试图缩小任何不可预测性，它会让每一处连锁店有条不紊地运行。人人都知道在麦当劳会遇到什么样的服务，会吃到什么样的东西，所有的东西——从食物到微笑，都是统一的。创建麦当劳帝国的人不会想到，若干年后的今天，麦当劳成为社会学研究的对象，并预示着未来几十年可能出现的生活方式。

图 4-45　纽约唐人街麦当劳

“对于有些人来说，麦当劳成了一种神圣的制度”。其中可能包括制定制度的人们。大家共同信奉的准则就是“呆板的技术、标准化的工作规模、非技能化、劳动者（和消费者）的同质性、大规模的工人以及消费的同质化。”雇员不会在麦当劳尝试创新，顾客不会在麦当劳要求“不寻常的汉堡包”，他们的工作内容和用餐内容可以用一连串数字固定，同质化成为必然趋势。

美国著名社会学家丹尼尔·贝尔在其著作《资本主义文化矛盾》一书中分析大众消费时，提到大众消费的产生，初始是归功于技术革命，特别是大规模地使用家用电器，除此，大众消费还得归功于三项社会发明：①采用装配流水作业进行批量生产，这就使得工业产品的廉价销售成为可能；②市场的发展促进了鉴别购买集团和刺激消费欲望的手段科学化；③分期付款方式的传播彻底打破了清教徒对于付债方式的害怕，而交通和通讯手段的革命奠定了国民社会和共同文化的根基。这里需要重点说的是装配流水线技术。在《社会的麦当劳化》中，社会学家乔治·里茨尔也多次提到这一最先运用在汽车行业中的技术，他承认装配线带来的高效，但同样认为装配线带来的更多的是负面效应，认为装配线“培训出机器人般的工人”。

第三节　设计管理的应用理论

《认知——设计意味着商机》(图 4-46)

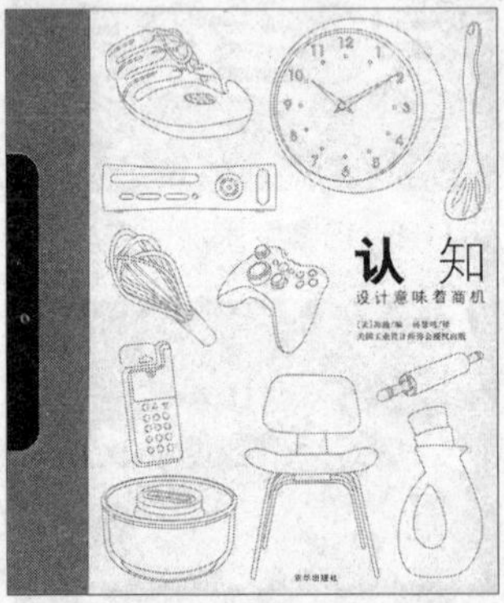

图 4-46

1. 基本信息

编者：海施，译者：杨慧鸣；
出版：京华出版社 2008 年 10 月版；
价格：118 元。

2. 阅读价值

有不少设计师说过这样一个等式：“好的设计＝好的生意”。如果设计师希望通过设计改造物质社会，就必须了解商业规则，能够以一种积极的心态对待设计与商机的关系。事实上，我们在科隆论战、包豪斯宣言、有计划的废弃制度里都能够看到艺术、设计、技术、商业、消费等话题的交织，设计师们一直努力平衡的也正是孰轻孰重的“度”。《认知》直接提出设计与商机的关系（主要是工业设计），并通过众多工业设计师的论证展现现代社会,“设计意味着商机”的包容性。

3. 结构浏览

全书共15篇文章。

通过“视觉化品牌语言”建立品牌财富

戴尔的设计意味着商机

形式服务于感觉

设计与经营在21世纪打造新的联合体

2008年为什么是21世纪最重要的一年(一封来自未来的信)

何曼米勒公司的故事:用好的设计塑造未来

从无到有:创建一个品牌

设计+创新=生意

销售感觉:利用感觉维度驱动设计

设计业的新形势:设计教育的主要方向

真实产品

普普通通是不够的:醒来闻闻咖啡的味道!

扫帚和碗是怎么说我们的

将设计提高到一个全新高度——欧特克数字化工业设计解决方案

美铝材料的应用与产品创新设计

4. 课题与思考

根据主题词“商业设计师”制作信息卡或文摘卡,不少于20人,注意设计师所处时代、专业领域及个人贡献。

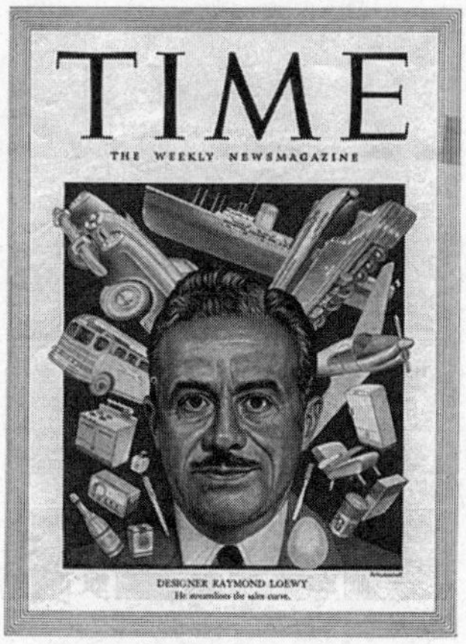

图4-47

小资料——美国商业设计师

雷蒙·罗维(Raymond Loewy,1893—1986,图4-47),美国最早的工业设计师之一。他是法国人,但他的设计活动基本在美国进行,因此被视为美国工业设计家。雷蒙·罗维有着独特的推销自己的方式。二战以后,美国经济进入高速发展阶段,工业设计开始崛起。雷蒙·罗维自20世纪30年代开始成立自己的设计公司,承接的设计业务有交通工具设计、工业产品设计、包装设计(正因为如此,他对美国当时消费层面的影响非常广)。他的事业在五、六十年代达到顶峰。由于业务扩大,雷蒙·罗维雇用了大量设计人员和管理人员,但是他从不允许他雇用的设计师使用自己的名字,所有在他公司设计的项目,无论是谁设计的,都必须用“罗维设计”的标记,以个人名义出品，因此引起争议。但从市场的角度讲，正是这种统一标记，使罗维的公司知名度大幅度提高，建立广泛的用户网，为公司带来可观的利润，更重要的是向社会推广了他的设计理念。在这里，有雷蒙·罗维的最后审定，罗维本人是个完美主义者，因此，顾客不用担心项目设计会出什么问题，"罗维设计"本身就是优秀设计的承诺。他要求产品外形简练，通过外形可以表达使用功能；容易维修和保养；典雅或者美观；使用方便；经济、耐用。这对于今天的工业设计仍然有着重要意义。雷蒙·罗维促进了美国战后设计力量的发展，培养了一代优秀的设计师和具有较好审美素质的消费群体，可以说他们共同担起了当时重建生活理想和生活方式的重任，而这正是今天的设计生产和消费所缺乏的。

第四章 读“中国”

一般来说，优秀的管理思想不分国界，但管理面对的文化群体和市场特征是不同的，尤其“设计”一词的前缀，实际是给管理修饰了一种更渴望民族特征（不仅仅是指文化）的内容。对于大多数中国设计师而言，专业运作的主要环境仍然是中国式的。因此，这一章介绍几本“中国”书，我们可以从这些书的小标题中感知中国设计面对的环境、市场。

第一节 中国制造

设计专业的学生接触“中国制造”这个词，通常有一种敌对情绪，这是因为中国设计界正在推崇从制造走向创造、创意、设计，很多学生并不了解制造究竟指的是什么，有哪些领域、环节，这对于“中国制造”而言是一种无根基的批判，更重要的问题是，离开对中国制造、生产和市场的了解，设计就可能成为鸡肋。

一、《离开中国制造的一年》（图 4-48）

图 4-48

1. 基本信息

作者：[美]萨拉邦焦尔尼，译者：闾佳等；
出版：机械工业出版社 2008 年 1 月版；
价格：28 元。

2. 阅读价值

作者是一名记者。

“2004 年的圣诞节，美国人萨拉忽然发现，39 件圣诞礼物中，‘中国制造’的有 25 件。与此同时，家里的 DVD、鞋、袜子、玩具、台灯……也统统来自中国。面对此情此景，她不禁想到：如果没有中国产品，美国人还能否生存下去？全球化时代真的已经悄悄地进入我们的生活了吗？”2005 年 1 月 1 日，萨拉开始实践一个奇怪的想法，和全家人一起，一年不买中国产品，这本书纪录的便是这一年中发生的各种故事。这本书一经问世就成为畅销书，读者可以严肃地读，也可以轻松地当做一个家庭故事读，但不管用什么方式读这本书，对中国制造的印象都会非常深刻，这种深刻来自作者琐碎、具体的日常生活描述，而不是我们天天会看到的新闻标题。此书前言由美国纳罗夫经济咨询公司总裁乔尔纳罗夫撰写，结束语提示了对“中国制造”的延伸思考：“20世纪50年代，让美国制造业恐慌的是‘日本制造’，如今成了‘中国制造’，将来，说不定又会变成别的什么地方吧。”

3. 结构浏览

全书共12章。

第1章“别了，吾爱”。第2章“红鞋子”。第3章“崛起和中国”。第4章“制造异议”。第5章“一个谨慎提议”。第6章“创造之母”。第7章“不满的夏天”。第8章“红色浪潮”。第9章“中国梦”。第10章“一败涂地”。第11章“中国旺季”。第12章“走到路尽头”。

4. 课题与思考

在你现在使用的各种产品中，有哪些并不是必须购买的？为什么会购买？总价约多少？

二、《制造中国——消费文化与民族国家的创建》(图4-49)

图4-49

1. 基本信息

作者：[美]葛凯(Karl Gerth)；译者：黄振萍；
出版：北京大学出版社2007年12月；
价格：40元。

2. 阅读价值

相比之前介绍的书籍而言，这本书的学术性比较强，因其比较准确地把握了消费文化与民族国家的关系，而这组关系是做“高端设计”的着眼点之一，适合四年级学生及研究生阅读。

“作者介绍”已经体现了这本书的价值：“2000年获哈佛大学历史学博士学位，专业方向为近现代中国史。现为英国牛津大学大学历史系副教授。本书英文版列入‘哈佛东亚专论’，2003年由哈佛大学出版社出版。作者与中国的情缘始自1986年，当时他作为一个大学生在南京大学和北京大学学习中文。

此后他几乎每年都到访中国，或游学或研究。其间为研究民国史，他在台湾生活了三年。此外，为完成博士论文，他还到日本东京大学专门学习、研究了两年的中国近现代史。目前葛凯教授正在写作两本有关中国的专著：其一集中考察消费文化在20世纪中国的变迁；其二则以1950年代为关注焦点，一方面考察中国的城市市场文化在这一阶段是如何被摧毁的，另一方面揭示这一阶段的国际冷战如何反映在中国人的日常生活中。”葛凯的学识和研究态度决定了这本书在学术价值上的重要意义，事实上，“制造中国”也确实提出了一个全新的研究话题，必然会引起更多的讨论，也可能会引导一种新的关于中国制造的研究转型。

3. 内容简介

全书分为四个部分共八章。

第一部分主题“语境与个案研究”：第一章，商品危机及国货运动的起源；第二章，男人形象的民族化。

第二部分主题“作为抵抗的消费”：第三章，国货运动和反帝抵抗运动（1905—1919）；第四章，国货运动和反帝主义抵制活动（1923—1937）。

第三部分主题“展览综合体”：第五章，民族主义商品展览会；第六章，1928年展览会建立的民族主义视觉认知。

第四部分主题“民族国家、性别与市场”：第七章，女性消费群体的民族主义化；第八章，塑造爱国企业家。

结论：国货运动是否成功了？从北美的视角看民族主义的消费主义。

4. 课题与思考

检索“国货运动”，试比较近代中国兴起的“国货运动”与现代中国推广的“中国设计”。

三、《长三角托起的中国制造》（图4-50）

1. 基本信息

作者：刘志彪等；

出版：中国人民大学出版社2006年3月版；

价格：35元。

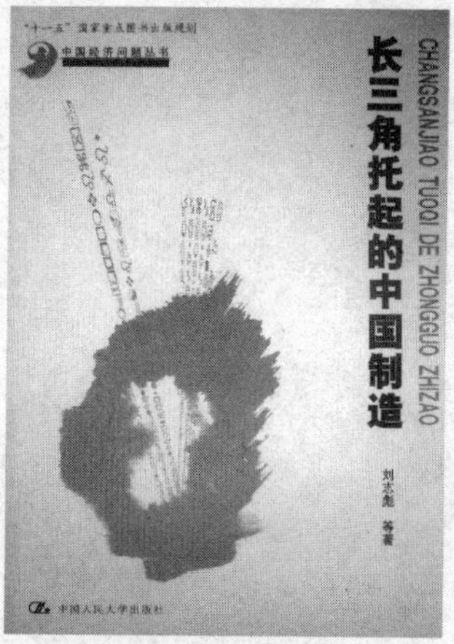

图4-50

2. 阅读价值

这本书的价值在于对制造、经济、产业等几组“硬关系”的深入分析，这是设计专业的学生甚至教师都较少涉及的知识，选择一两本相关读物，可以让我们将设计放置于一个更真实的操作环境中，对设计的价值思考也就会有更多拓展。即使是设计师们也会承认：对中国市场而言，设计在整个加工、制造的产业链中只是微不足道的一小块，因此，中国设计的品质始终无法得到彰显，当我们了解产业链上的各个环节，就可以为设计促进工作做好更充分的准备，这个工作将是长期的。

3. 结构浏览

全书共五个部分二十章。

第一篇主题“历史与现实”：第一章“长三角：中国近现代制造业的摇篮”；第二章“长三角地区制造业：增长的结构”。

第二篇主题“经济全球化”：第三章“国际资本转移与长三角制造业中心形成”；第四章“外商直接投资对长三角制造业的贡献”；第五章“全球化中的长三角贸易一体化与生产非一体化”；第六章“长三角地区的经济国际化与模式的战略选择”；第七章“在‘走出去’的过程中融入经济全球化”。

第三篇主题“制造业升级”：第八章“长三角：以装备制造业为中心的重化工业化”；第九章“长三角地区制造业的加工高度化”；第十章“长三角地区制造业升级与要素依赖”；第十一章“长三角地区的劳动力转移和产业结构演变”；第十二章“生产性服务：长三角制造业发展的支柱”。

第四篇主题“产业组织和演化”：第十三章“政府竞争，进入退出和长三角制造业的重复建设”；第十四章“长三角地区制造业集聚、技术进步与产业升级”；第十五章“长三角企业的成长与转型”。

第五篇主题“发展模式与战略”：第十六章“长三角区域协调、产业分工与政府功能”；第十七章“长三角区域合作建设世界制造中心的制度设计”；第十八章“三沿战略与制造业发展新空间”；第十九章“基础结构建设：长三角制造业腾飞的载体”；第二十章“长三角制造业的可持续发展”。

4. 课题与思考

举例说明“制造业”的核心竞争力。

小资料——"'中国制造'危机——树欲静、风不止"(节选)

(华尔街日报中文网络版 2007 年 9 月 20 日　作者:Ken DeWoskin)

在日本战后重建之初,其主要出口市场对其商品的质量评价也不高,当时日本政府即邀请了爱德华兹·戴明(Edwards Deming)传授质量管理的经验。在戴明 1950 年到访后,日本政府立即承诺要解决质量问题,并且就此进行了广泛宣传。在此后 10 年中,日本培训了两万名统计质量控制工程师。

日本政府的努力取得了切实的成效。"日本制造"被赋予了品质可靠的内含,从而使得日本企业在照相机、电子产品以及汽车等高价值产品领域中赢得了全球领先的地位。在最辉煌的时候,日本质量管理运动甚至将其生产系统、即著名的质量圈(quality circle)理论引向了世界舞台。不只是日本的产品,连日本企业的生产流程都成了世人艳羡的对象。

日本企业主要以自有品牌出口产品,所以品牌质量所带来的市场溢价对它们的成功至关重要。相比之下,中国往往是根据海外企业的外包要求兴建出口生产基地,"隐姓埋名"地照单生产。

美国消费者商品安全委员会(Consumer Product Safety Commission)发布的《2007 年中国项目计划》(2007 China Program Plan)指出,"美国平均三分之二的商品召回是针对进口产品的,而其中大部分产品是中国制造的。"同样,一家关注全欧洲的监督机构也表示,48%的危险商品召回针对的是中国制造的产品,在 2006 年就有 440 多起。美国消费者商品安全委员会于 2004—2005 年与中国国家质量监督检验检疫总局签署了一项谅解备忘录及行动计划,以便在危险进口商品的风险防范方面进行全面合作。不久前,欧盟也与中国签署了类似的谅解备忘录,旨在为加强进口玩具产品的安全性提供一份"路线图"。

中国作出的自卫性反应包括,将危险商品部分归咎于不属于中国制造商责任的产品设计缺陷,并声称中国因进口其他国家劣质商品所遭受的损失并不亚于其他国家因进口中国产劣质商品所遭受的损失。中国国家质检总局局长李长江就美国召回中国产玩具的事件回应说:这些玩具有 85%是按照美国设计要求和美国进口商要求进行生产的。对这些玩具,我都选了几件产品亲自看了,我认为设计当中确实存在着严重的问题，这种产品无论在哪个国家都会召回，因为它容易使儿童发生不安全的事故。

李长江承认中国制造商对于商品的缺陷和召回负有一定责任，但他也提出了一个尖锐的问题，即设计方和制造商之间应该如何分担责任。

第二节 中国市场

一、《作局——大企业中国营销写真》(图 4-51)

图 4-51

1. 基本信息

编著：中国经营报编辑部 杰雯；

出版：电子工业出版社 2004 年 1 月版；

价格：32 元。

2. 阅读的价值：

这本书串联了众多企业在策划、营销过程中的“思考的起点和终点”，正如编者在后记中所言：“到底用怎样一个题目才能够点破营销看似迷离的外表，直指其实质呢？……‘作局’明白无误地指出市场上形形色色的营销实际上是一个个精心策划的‘局’。”因此，这本书的价值并不在于案例本身，而是编者编写案例的方式，文章没有过多的数据、问卷和列表，完全是在解析“作局者”的思路和工作环境，用“写真”一词来强化这种方式也很贴切。参与案例撰写和点评的作者均是多年专注于营销策划领域的专家，因此使得这本书有很强的故事性，通俗易懂，同时也提醒读者对一个个营销细节问题进行宏观审视的重要性。

3. 内容简介

《作局》的结构安排并不特别，包括四篇内容：

第一篇“策略营销”，前言写到“企业做的一些费钱耗力的事儿都是围绕一个主题——变，企业为什么热衷于此？这是因为企业正在面对的是有史以来最缺乏耐心的一代新新消费群体，这些新新消费群体掌握主动权，忠诚度弱，因此只有不断追赶消费者的不断变化，才能使自己处于动态变化之中。”这一部分案例着重分析企业营销战略与策略，如“天荷坊——新旧元素的创意组合"、"跨国公司隐性战线的'夺宝奇兵'"、"可口可乐、百事、麦当劳的'恐龙处境'"等。

第二篇"创意广告"，这一部分案例着重分析真正具有创意性的广告需要具备的一些基本条件和特殊因子，如"广告玩酷需要本钱"、"耐克的虚拟态度"、"后进入者的买车之道"、"广告步入实效时代"等。

第三篇"经典案例"，这一部分案例着重分析"可以用来分享和保留的经典"，如"当世界向右的时候，我们向左"、"奢侈品的差异化推广"、"20 人的狂欢"等。

第四篇"营销新知"，着重分析如何应用国际营销理论，尤其是一些适用于中国企业的理论，如"到美国收购品牌去"、"多个朋友多条路——你的路况如何"、"自由品牌能否救零售商的命"等。

4. 课题与思考

对"作局"这个词，你怎么理解？能否尝试举例说明（影视、设计、营销均可）？

二、《活化终端》（图 4-52）

1. 基本信息

作者：刘永炬；

出版：机械工业出版社 2006 年 1 月版；

价格：49.80 元。

2. 阅读的价值

作者是一名营销专家。

"色彩、造型、包装等一切终端形式都是销售语言。"这是在书籍封面上的一句话，它给设计师带来的启示很直接，因为大部分设计师做的就是色彩、造型、包装的设计和改良，但在学校里接受专业教育的学生则很少考虑到"终端"问题，这本书可以提供与此相关的主要信息和解题方式："《活化终端》就是利用卖场这个和消费者最近的场所和消费者进行沟通的一本方法论的教科书。它根据消费者接受信息的特点和方式，设计了在卖场与之沟通的空间感觉和色彩感觉以及语言的沟通等诸多要素，让消费者通过这些看到的东西去感受一种合理，在无形中被引导和启发直至达成消费的可能。"（前言）

图 4-52

3. 结构浏览

全书分为五部分共十五章。

第一部分主题“终端的概念及活化的内容”:第 1 章“终端概念陈述”;第 2 章“终端活化的内容和范围”;第 3 章“终端的市场接受方式”;第 4 章“终端活化的工具及利用”;第 5 章“终端活化的条件”。

第二部分主题“市场终端的活化策略与手段”:第 6 章“市场终端活化的核心手段”;第 7 章“市场终端活化的技巧”。

第三部分主题“销售终端的类别与不同组合”:第 8 章“销售终端活化的种类”;第 9 章“终端不同组合的活化方式”。

第四部分主题“销售终端的活化方式与技巧”:第 10 章“销售终端的市场活化技巧”;第 11 章“销售终端的展陈基本技巧”;第 12 章“销售终端的展陈活化技巧”;第 13 章“店面对终端活化的作用与影响”;第 14 章“市场终端活化的管理”;第 15 章“销售终端活化的管理”。

4. 课题与思考

进一步理解主要概念:

终端——

在这本书里,终端的概念从销售扩大到了市场本身,这样就形成终端的两层含义:销售终端:和消费者直接接触的卖场、卖点及直销形式等;市场终端:市场就是消费者或者客户本身,而所指的市场终端就是和消费者所接触的整体环境,包括卖场的宣传、卖场周围的环境启发式营造、DM 入户宣传及消费者所生活的环境等。

活化终端——

终端的含义有两层,则终端的活化也包含了两个层面的内容:“不仅仅是销售终端的活化,而且包括市场终端在内的终端的活化,我们也称它为‘市场生动化’”。

在概念理解的基础上,进行一次市场调研,看看消费者身边的“终端”。

第五章　读“世界”

第一节　丹麦

《从我做起——走向低能耗社会》(图 4-53)

图 4-53

1. 基本信息

作者:[丹麦]J. RGEN STIG, N. RGARD and BENTE LIS CHRISTENSEN;

插图:CLAUS DELEURAN;

译者:高沛峻,李健;校译:吴景山;

出版:经济管理出版社 2006 年 6 月版;

价格:30 元。

2. 阅读价值

“走向低能耗社会”,这是一个伟大的构想。想了解丹麦设计的现状,首先要看看这本书,它提示了丹麦设计的基本限定。这本书 1982 年首次在丹麦出版,26 年过去,丹麦人正在走向低能耗社会。英译本前言说明了这本书的意义:“对于丹麦以外的读者来说,这本基于 20 年前丹麦情况的书有何价值?可以说,除了时间的跨度外,大多数对于选择走高能耗还是低能耗发展道路的内容仍然具有现实意义。我们希望读者通过阅读本书,在考虑或重新考虑我们社会发展目标时有所启迪,并且谨记真正值得探讨的是社会发展趋势,而非实际数据本身。”这本书的标题列得非常详细,因为作者身在其中,观察细致、有感而发。另外,中译本的翻译水准较高,确保了阅读的流畅。

3. 结构浏览

全书分为 13 个部分。

1. 概述:

1.1 这是一本充满哲理的书；1.2 高能耗社会还是低能耗社会；1.3 丹麦能源历史；1.4 能源消耗意味着什么；1.5 影响发展的因素是什么？；1.6 直接能源消耗和间接能源消耗；1.7 能源有很多种形式；1.8 人口增长；1.9 本书的计量单位——美元和美分。

2.未来能源足够还是需要更多：

2.1 五十年前对未来的憧憬；2.2 高能耗社会中的经济增长；2.3 大多数人感到满足；2.4 一些人选择退出；2.5 态度的改变；2.6 生命的价值；2.7 集中与分散；2.8 政府支出；2.9 在低能耗社会中的饱和。

3.工作和技术：

3.1 宗教遗产；3.2 创造性劳动；3.3 工作的社会价值；3.4 有意义的创造；3.5 为了开心而工作；3.6 工作时间；3.7 未来的工作和技术。

4.食品、衣物和日常用品：

4.1 食品和饮料；4.2 衣服、鞋帽和其他私人物品；4.3 高能耗社会中的食品和衣物消费；4.4 在低能耗社会里的食品和衣物的消费。

5.我们的住所：

5.1 住宅的意义是什么？5.2 建筑市场的低迷时期；5.3 现有的建筑形式；5.4 高能耗社会里的住宅；5.5 低能耗社会的住宅。

6.供热：

6.1 热量损失；6.2 抵御自然气候的变化；6.3 免费热量；6.4 低能耗住宅；6.5 做好房屋的保温层；6.6 建造低耗能的房间；6.7 保温与密封并非同一件事；6.8 提高卧室温度；6.9 生活热水；6.10 为什么要高效用热？；6.11 未来的热能消耗；6.12 高能耗社会里居民的热能消耗；6.13 低能耗社会居民的热能消耗；6.14 关于供暖系统的几点看法。

7.室内设施：

7.1 储备还是消费；7.2 设备的使用寿命；7.3 破损；7.4 功能陈旧；7.5 不流行了；7.6 从祖辈依赖的生活变化；7.7 高能耗社会的室内设施；7.8 低能耗社会的室内设施。

8.可爱的电：

8.1 电器的更新；8.2 家用电器产生的“免费热量”；8.3 节省时间和消磨时间；8.4 更多的照明；8.5 加热食物；8.6 电冰箱；8.7 冰柜的使用；8.8 洗衣机；8.9 衣物甩干；8.10 谁洗餐具；8.11 电器设备；8.12 集中供热；8.13 其他电器；8.14 高能耗社会的电能消耗；8.15 低能耗社会的电能消耗。

9. 发展服务业：

9.1 三种服务形式；9.2 服务所使用的能源；9.3 高能耗社会的服务业；9.4 低能耗社会的服务业。

10. 私家汽车或者……：

10.1 交通运输需求；10.2 马达和锻炼；10.3 汽车的“奴隶”；10.4 提高里程数；10.5 公共交通；10.6 未来的交通运输；10.7 在高能耗社会的私人交通；10.8 在低能耗社会的私人交通。

11. 总能耗：

11.1 工作场所的供热；11.2 多用途的电；11.3 商业化运输；11.4 工业生产能耗；11.5 高能耗社会的总能耗；11.6 低能耗社会的总能耗。

12. 政治与能耗：

12.1 为何选择低能耗社会；12.2 政治行为；12.3 信息；12.4 鼓励节约的激励政策；12.5 强制节约；12.6 消极的能源政策；12.7 积极的能源政策；12.8 关于增长的讨论；12.9 国民生产总值；12.10 消费者的自由；12.11 政治分享。

13. 20 年来发生了什么变化？

13.1 简介；13.2 经济饱和及对策；13.3 供热节能——经验与教训；13.4 节电问题；13.5 不考虑环境的交通运输；13.6 结束语。

附录：丹麦介绍。

4. 课题与思考

检索：北欧设计；芬兰“危机设计”工作室（VALVOMO）。

第二节　日本

《不断扩展的设计——日本 GK 集团的设计理念与实践》（图 4-54）

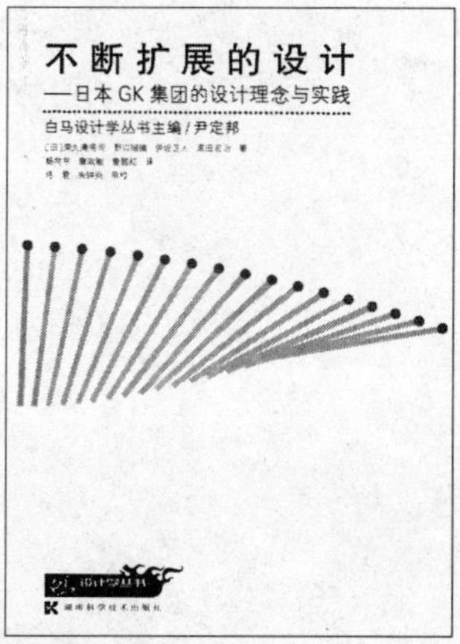

图 4-54

1. 基本信息

作者：[日]荣久庵宪司，野口琉璃，伊坂正人，黑田宏治；
译者：杨向东，詹政敏，詹懿虹；审校：佟君，朱钟炎；
出版：湖南科学技术出版社 2004 年 10 月版；
价格：39 元。

2. 阅读价值

GK集团的历史与战后日本设计的历史几乎重合。由世界知名设计师荣久庵宪司等多位GK集团高层共同撰写的《不断扩展的设计》其实是一套丛书，这套丛书用三册文字解释了日本社会文化、造物哲学对日本设计的影响，并系统介绍日本对待商业设计的态度和对设计产业的构想。这种完整性在其他介绍日本设计的专著中很少见到。"不断扩展"一词即为设计规定了发展的线索，也体现了日本社会的生长规律。日本设计给人的印象是精致、干净、成体系，想了解日本设计为什么会形成这样的稳定品质，可以从这本书读起。

3. 结构浏览

全书分为3册共15章。

第一分册"形态的构想力"包含四章内容。序章主题"作为素质的设计"：第一节，日本的现代化与设计；第二节，作为素质的设计。第一章主题"道具学的提倡与工业设计"：第一节，道具学的起始；第二节，从道具论到道具学；第三节，道具生态学的考察（功能与形态）；第四节，文化的变更与道具；第二章主题"广泛的设计环境"：第一节，信息化与设计，第二节，移动的人和物；第三节，加速的生活节奏。第三章主题"设计管理的视点"：第一节，家政的复兴与设计；第二节，增值的设计功能；第三节，作为经营资源的设计；第四章"形态的构想力"：第一节，形态与交流；第二节，形态与身体；第三节，可进行对话的设计；第四节，设计的成熟化。

第二分册"商品与设计"包含五章内容。第一章主题"现代商品形象"：第一节，商品的活力；第二节，独自存活的商品。第二章主题"第四代商品"：第一节，商品的变迁；第二节，第四代商品的课题。第三章主题"商品生态"：第一节，商品的脉络；第二节，消费的生态；第三节，地区与国际。第四章主题"商品开发的实际"：第一节，设计计划的方法；第二节，项目的立项；第三节，商品企画开发的根源；第四节，商品开发和社会参与。第五章主题"需求型商品设计"：第一节，从必要、欲望到需求；第二节，社会化商品；第三节，需求型商品设计。第六章主题"第四代商品的新领域"：第一节，作为消费态度的文化；第二节，面向社区的商品；第三节，通用商品；第四节，新国际主义时代。

第三分册"设计的产业作用"包含六章内容。第一章主题"创造的催化剂"：第一节，创造的催化剂；第二节，设计的存在感。第二章主题"设计的动力构造"：第一节，支撑创造的三大力量；第二节，设计的活力。第三章主题“设计产业的风暴（透视图）”：第一节，日本列岛的设计势力；第二节，设计事务的肖像；第三节，中小企业的设计敏感度。第四章主题“21 世纪的产业战略”：第一节，“从制造业到创造业”；第二节，合作伙伴地区经营时代；第三节，磁场产业的开展。第五章主题“地区的设计经营”：第一节，地区与设计；第二节，设计中心与设计医生；第三节，设计的软性基础设施。第六章主题“设计产业的展开”：第一节，设计的产业远景；第二节，创造性产业。

4. 课题与思考

思考：日本社会、日本文化与日本设计之间的内在关系。

小资料——认识日本设计的精神

除了《不断扩展的设计》，还有几本书可以帮助我们认识日本设计、日本文化与日本社会的关系。如中根千枝撰写的《日本社会》（许真、宋峻岭译，天津人民出版社 1982 年版）。这本书的中译本序言有一句话：“我觉得中国人重贤能而轻阶序，而日本人则相反。”这句话点名了中国和日本两种不同的成就评介重心。而原序中，中根千枝也用非常简短的语言提炼了日本社会的形态特征：“依我看，所谓“传统”，正是这个社会机体的一个（而不是一个因素），这个机体同时具有某些‘现代的’特征。我所感兴趣的，正是社会自身的基本构成及其潜势——换言之，是社会的延续能力。……社会结构的这种延续性清楚地反映在个人的社会关系的各种时尚中。环境变化时，集团组织是否随之变化，即取决于这种个人社会关系。这种延续性又反映在社会固有的基本价值准则里，并且是社会发展的原动力。社会的坚固，在很大程度上取决于它一体化的程度，和所经历的历史时期。……这个问题，我是从结构分析入手的，而未从文化或是历史方面来铺叙。我称之为日本社会的纵式原则（vertical principle）的机制作用，就是本书的主题。在我看来，日本社会组织最典型的特征，产生于社会关系中联系的单一性：人与人之间，集团与集团之间，从来只有一种单一的明确关系。这种关系的作用适应整个日本社会的独特结构，同种姓社会或阶级社会根本不同。所以，日本的社会准则是很外露的。”这段话中可以提取的关键知识是纵式原则、社会的延续能力、社会准则外露。

由日本物学研究会会长黑川雅之等撰写的《世纪设计提

图 4-55

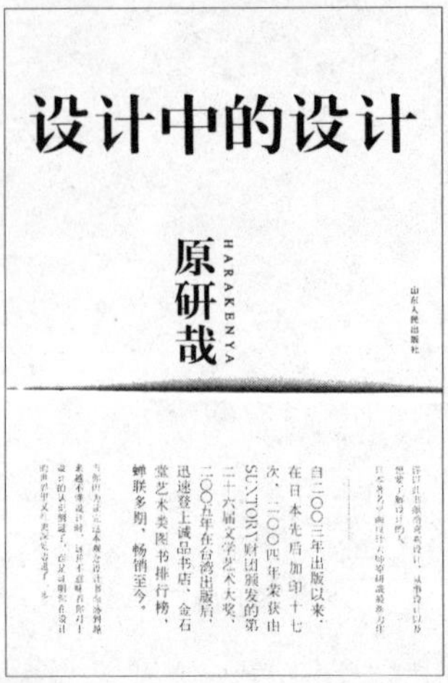

图 4-56

案——设计的未来考古学》(王超鹰译，上海人民美术出版社2003 年版，图 4-55)和原研哉的名著《设计中的设计》(朱锷译，山东人民出版社，2006 年版，图 4-56)，反映着与《不断扩展的设计》和《日本社会》一样的思想，即设计、社会深度的生长功能和自我净化功能(这也让人联想起建筑师丹下健三发起的“新陈代谢”运动，虽然新陈代谢派建筑中较少见到日本传统文化特征，它们仍然给人“日本感觉”，这是文化气质提炼的结果)。日本设计给人的感觉也恰恰如此：似乎总是有一种看不见的力量在强化日本设计的功能和品质，这股力量追求的是更长远的目标，它给人的感觉也正是“纵式”生长的。

由中国学者魏全平、童适平等撰写的《日本的循环经济》，介绍了日本对国际社会相关提案的响应，在国家政策、法规上都开始支持日本走向循环型社会，并强调教育与循环经济的关系：1984 年，联合国成立“环境与开发委员会”，1987 年由这一机构提出“可持续发展”的概念，随后德国率先制定了《循环经济废弃物法》，这一法规给人的直接印象就是德国的垃圾分类收集装备的出现和系统化。……《促进资源有效利用法》，细致地规定了可以实行 3R 的行业或产品的具体分类和操作方式，这意味着设计师首先需要了解“再生”相关的材料、技术处理和应用环境。

第三节　循环的世界

《从摇篮到摇篮》(图 4-57)

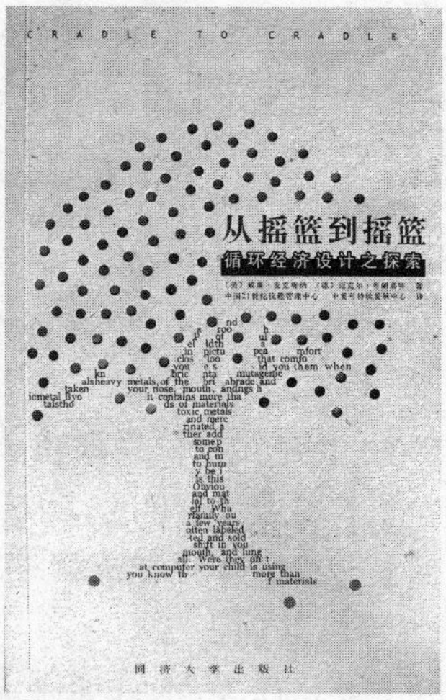

图 4-57

1. 基本信息

作者:[美]威廉·麦克唐纳、[德]迈克尔·布朗嘉特;
译者:中国 21 世纪议程管理中心、中美可持续发展中心;
出版:同济大学出版社 2005 年 1 月版;
价格:20 元。

2. 阅读价值

两位作者,一位是建筑师,一位是化学家,他们带给人类一个完全可以做得到的循环世界。读书的过程令人感动:"献给我们的家庭,以及所有物种的千秋万代。"类似读本还有《欧洲的循环经济与北非的水》等。

中译本尽可能尊重原著(美国出版的原版书使用的是可再生墨水和可循环利用的合成塑料纸)按生态效率理念印刷出版,装帧设计简单、清新,封面采用特种纸"星域飘雪",是真正的环保纸,所有纸浆来自 Ajro Wiggins 公司的再生森林。

这些努力代表着人类今天的造物态度,也代表着一种设计的趋势。

3. 结构浏览

序(邓楠)
原作者序:献给中国读者
绪论"这本书不是一棵树"。
第一章"设计的问题所在"
第二章"为何强调'减少破坏'毫无意义?"
第三章"生态效应"
第四章"变废为宝"
第五章"尊重多样性"
第六章"将生态效应付诸实践"

4. 课题与思考

以你现有的能力,如何将低能耗、循环经济的思考导入设计?

参考书目

[1] Peter Gorb. Design Management. Architecture Design and Technology Press, London, 1990.

[2] Alan Toplian. The Management of Design Projects. Associated Business Press, 1980.

[3] Mark Okley. Design Management: a handbook of issues and methods. Basil Blackwell, 1990.

[4] Margaret Bruce and Rachel Cooper. Marketing and Design Management. International Thomson Business Press, 1997.

[5] Griff Boyle. Design Project Management. Ashgate Publishing Limited, 2003.

[6] (美)凯瑟琳·贝斯特著. 李琦、刘樱、宫力译. 美国设计管理高级教程. 上海:上海人民美术出版社,2008.

[7] (美)设计管理协会编. 黄蔚等编译. 设计管理欧美经典案例. 北京:北京理工大学出版社,2004.

[8] 曹意强. 艺术管理概论. 杭州:中国美术学院出版社,2007.

[9] (英)尼古拉斯·佩夫斯纳. 现代设计的先驱者. 北京:中国建筑工业出版社,2004.

[10] 诸葛铠. 图案设计原理. 南京:江苏美术出版社,1991.

[11] 凌继尧,徐恒醇. 艺术设计学. 上海:上海人民出版社,2000.

[12] 袁熙旸. 中国艺术设计教育发展历程研究. 北京:北京理工大学出版社,2003.

[13] 张坚. 现代设计小辞典. 上海:上海人民美术出版社,2006.

[14] 钟启泉. 现代课程论. 上海:上海教育出版社,2006.

[15] (美)唐纳德·肯尼迪著. 阎凤桥等译. 学术责任. 北京:新华出版社,2002.

[16] (美)查尔斯·霍斯·哈斯金斯著. 王建妮译. 大学的兴起. 上海:上海世纪出版集团,2007.

[17] 张一兵. 问题式、症候阅读与意识形态. 北京:中央编译出版社,2003.

[18] 周宪. 审美现代性批判. 北京:商务印书馆,2005.

[19] 周三多等编著. 管理学——原理与方法. 上海:复旦大学出版社,2005.

[20] (美)斯蒂芬·P·罗宾斯著. 孙健敏等译. 管理学(第9版). 北京:中国人民大学出版社,2008.

[21] (美)罗伯特·K·殷著. 风笑天等译. 案例研究设计与方法. 重庆:重庆大学出版社,2004.

[22] 吴粲. 策划学:原理、技巧、误区及案例. 北京:中国人民大学出版社,2005.